向为创建中国卫星导航事业

并使之立于世界最前列而做出卓越贡献的北斗功臣们

致以深深的敬意！

国家出版基金项目
NATIONAL PUBLICATION FOUNDATION

"十三五"国家重点出版物
出版规划项目

卫星导航工程技术丛书

主　编　杨元喜
副主编　蔚保国

# 卫星导航地面运行控制系统仿真测试与模拟训练技术

Simulation Testing and Training Technologies for
Operational Control System of Navigation Satellite System

黄文德　郭熙业　胡　梅　著

国防工业出版社

·北京·

# 内 容 简 介

卫星导航地面系统在设计、建设阶段均需要仿真验证测试各分系统间功能性能及接口的正确性、均衡性和匹配性;维护操作人员也需要一个仿真平台开展近实景训练。因此,本书从上述两方面出发,详细阐述了地面运行控制系统主要业务的仿真测试理论与方法,以及利用仿真系统对地面操作人员进行训练与考核的方法。全书主要内容包括:全球卫星导航系统的地面段、卫星导航仿真建模与测试评估原理、卫星无线电导航业务(RNSS)仿真测试方法、卫星无线电测定业务(RDSS)仿真测试方法、卫星导航系统管理与控制业务仿真测试方法、信息接口连通性测试方法、GPS 模拟训练系统及其在人员培训中的应用以及一种北斗地面运行控制系统模拟训练方法等。

本书可作为从事卫星导航系统及其地面管理与控制工作者和工程师的工具书,以及卫星导航领域相关专业科技人员的参考书。

**图书在版编目(CIP)数据**

卫星导航地面运行控制系统仿真测试与模拟训练技术/
黄文德,郭熙业,胡梅著. —北京 :国防工业出版社,
2021.3

(卫星导航工程技术丛书)

ISBN 978 - 7 - 118 - 12091 - 2

Ⅰ. ①卫… Ⅱ. ①黄… ②郭… ③胡… Ⅲ. ①卫星导航 - 控制系统 - 测试 Ⅳ. ①TN967.1

中国版本图书馆 CIP 数据核字(2020)第 139495 号

**审图号 GS(2020)2724 号**

※

国防工业出版社出版发行
(北京市海淀区紫竹院南路 23 号    邮政编码 100048)
天津嘉恒印务有限公司印刷
新华书店经售

*

开本 710×1000    1/16    插页 10    印张 19½    字数 364 千字
2021 年 3 月第 1 版第 1 次印刷    印数 1—2000 册    定价 128.00 元

**(本书如有印装错误,我社负责调换)**

国防书店:(010)88540777        书店传真:(010)88540776
发行业务:(010)88540717        发行传真:(010)88540762

# 孙家栋院士为本套丛书致辞

## 探索中国北斗自主创新之路
## 凝练卫星导航工程技术之果

当今世界，卫星导航系统覆盖全球，应用服务广泛渗透，科技影响如日中天。

我国卫星导航事业从北斗一号工程开始到北斗三号工程，已经走过了二十六个春秋。在长达四分之一世纪的艰辛发展历程中，北斗卫星导航系统从无到有，从小到大，从弱到强，从区域到全球，从单一星座到高中轨混合星座，从 RDSS 到 RNSS，从定位授时到位置报告，从差分增强到精密单点定位，从星地站间组网到星间链路组网，不断演进和升级，形成了包括卫星导航及其增强系统的研究规划、研制生产、测试运行及产业化应用的综合体系，培养造就了一支高水平、高素质的专业人才队伍，为我国卫星导航事业的蓬勃发展奠定了坚实基础。

如今北斗已开启全球时代，打造"天上好用，地上用好"的自主卫星导航系统任务已初步实现，我国卫星导航事业也已跻身于国际先进水平，领域专家们认为有必要对以往的工作进行回顾和总结，将积累的工程技术、管理成果进行系统的梳理、凝练和提高，以利再战，同时也有必要充分利用前期积累的成果指导工程研制、系统应用和人才培养，因此决定撰写一套卫星导航工程技术丛书，为国家导航事业，也为参与者留下宝贵的知识财富和经验积淀。

在各位北斗专家及国防工业出版社的共同努力下，历经八年时间，这套导航丛书终于得以顺利出版。这是一件十分可喜可贺的大事！丛书展示了从北斗二号到北斗三号的历史性跨越，体系完整，理论与工程实践相结合，突出北斗卫星导航自主创新精神，注意与国际先进技术融合与接轨，展现了"中国的北斗，世界的北斗，一流的北斗"之大气！每一本书都是作者亲身工作成果的凝练和升华，相信能够为相关领域的发展和人才培养做出贡献。

"只要你管这件事，就要认认真真负责到底。"这是中国航天界的习惯，也是本套丛书作者的特点。我与丛书作者多有相识与共事，深知他们在北斗卫星导航科研和工程实践中取得了巨大成就，并积累了丰富经验。现在他们又在百忙之中牺牲休息时间来著书立说，继续弘扬"自主创新、开放融合、万众一心、追求卓越"的北斗精神，力争在学术出版界再现北斗的光辉形象，为北斗事业的后续发展鼎力相助，为导航技术的代代相传添砖加瓦。为他们喝彩！更由衷地感谢他们的巨大付出！由这些科研骨干潜心写成的著作，内蓄十足的含金量！我相信这套丛书一定具有鲜明的中国北斗特色，一定经得起时间的考验。

我一辈子都在航天战线工作，虽然已年逾九旬，但仍愿为北斗卫星导航事业的发展而思考和实践。人才培养是我国科技发展第一要事，令人欣慰的是，这套丛书非常及时地全面总结了中国北斗卫星导航的工程经验、理论方法、技术成果，可谓承前启后，必将有助于我国卫星导航系统的推广应用以及人才培养。我推荐从事这方面工作的科研人员以及在校师生都能读好这套丛书，它一定能给你启发和帮助，有助于你的进步与成长，从而为我国全球北斗卫星导航事业又好又快发展做出更多更大的贡献。

2020 年 8 月

热烈祝贺卫星导航工程技术丛书

圆满出版

杨元喜

---

于2019年第十届中国卫星导航年会期间题词。

期待 卫星导航工程技术丛书

助力中国北斗系统发展

于 2019 年第十届中国卫星导航年会期间题词。

# 卫星导航工程技术丛书
# 编写委员会

# 丛书序

宇宙浩瀚、海洋无际、大漠无垠、丛林层密、山峦叠嶂,这就是我们生活的空间,这就是我们探索的远方。我在何处?我之去向?这是我们每天都必须面对的问题。从原始人巡游狩猎、航行海洋,到近代人周游世界、遨游太空,无一不需要定位和导航。

正如《北斗赋》所描述,乘舟而惑,不知东西,见斗则寤矣。又戒之,瀚海识途,昼则观日,夜则观星矣。我们的祖先不仅为后人指明了"昼观日,夜观星"的天文导航法,而且还发明了"司南"或"指南针"定向法。我们为祖先的聪颖智慧而自豪,但是又不得不面临新的定位、导航与授时(PNT)需求。信息化社会、智能化建设、智慧城市、数字地球、物联网、大数据等,无一不需要统一时间、空间信息的支持。为顺应新的需求,"卫星导航"应运而生。

卫星导航始于美国子午仪系统,成形于美国的全球定位系统(GPS)和俄罗斯的全球卫星导航系统(GLONASS),发展于中国的北斗卫星导航系统(BDS)(简称"北斗系统")和欧盟的伽利略卫星导航系统(简称"Galileo 系统"),补充于印度及日本的区域卫星导航系统。卫星导航系统是时间、空间信息服务的基础设施,是国防建设和国家经济建设的基础设施,也是政治大国、经济强国、科技强国的基本象征。

中国的北斗系统不仅是我国 PNT 体系的重要基础设施,也是国家经济、科技与社会发展的重要标志,是改革开放的重要成果之一。北斗系统不仅"标新""立异",而且"特色"鲜明。标新于设计(混合星座、信号调制、云平台运控、星间链路、全球报文通信等),立异于功能(一体化星基增强、嵌入式精密单点定位、嵌入式全球搜救等服务),特色于应用(报文通信、精密位置服务等)。标新立异和特色服务是北斗系统的立身之本,也是北斗系统推广应用的基础。

2020 年 6 月 23 日,北斗系统最后一颗卫星发射升空,标志着中国北斗全球卫星导航系统卫星组网完成;2020 年 7 月 31 日,北斗系统正式向全球用户开通服务,标志着中国北斗全球卫星导航系统进入运行维护阶段。为了全面反映中国北斗系统建设成果,同时也为了推进北斗系统的广泛应用,我们紧跟北斗工程的成功进展,组织北斗系统建设的部分技术骨干,撰写了卫星导航工程技术丛书,系统地描述北斗系统的最新发展、创新设计和特色应用成果。丛书共26个分册,分别介绍如下:

卫星导航定位遵循几何交会原理,但又涉及无线电信号传输的大气物理特性以及卫星动力学效应。《卫星导航定位原理》全面阐述卫星导航定位的基本概念和基本原理,侧重卫星导航概念描述和理论论述,包括北斗系统的卫星无线电测定业务(RDSS)原理、卫星无线电导航业务(RNSS)原理、北斗三频信号最优组合、精密定轨与时间同步、精密定位模型和自主导航理论与算法等。其中北斗三频信号最优组合、自适应卫星轨道测定、自主定轨理论与方法、自适应导航定位等均是作者团队近年来的研究成果。此外,该书第一次较详细地描述了"综合PNT"、"微PNT"和"弹性PNT"基本框架,这些都可望成为未来PNT的主要发展方向。

北斗系统由空间段、地面运行控制系统和用户段三部分构成,其中空间段的组网卫星是系统建设最关键的核心组成部分。《北斗导航卫星》描述我国北斗导航卫星研制历程及其取得的成果,论述导航卫星环境和任务要求、导航卫星总体设计、导航卫星平台、卫星有效载荷和星间链路等内容,并对未来卫星导航系统和关键技术的发展进行展望,特色的载荷、特色的功能设计、特色的组网,成就了特色的北斗导航卫星星座。

卫星导航信号的连续可用是卫星导航系统的根本要求。《北斗导航卫星可靠性工程》描述北斗导航卫星在工程研制中的系列可靠性研究成果和经验。围绕高可靠性、高可用性,论述导航卫星及星座的可靠性定性定量要求、可靠性设计、可靠性建模与分析等,侧重描述可靠性指标论证和分解、星座及卫星可用性设计、中断及可用性分析、可靠性试验、可靠性专项实施等内容。围绕导航卫星批量研制,分析可靠性工作的特殊性,介绍工艺可靠性、过程故障模式及其影响、贮存可靠性、备份星论证等批产可靠性保证技术内容。

卫星导航系统的运行与服务需要精密的时间同步和高精度的卫星轨道支持。《卫星导航时间同步与精密定轨》侧重描述北斗导航卫星高精度时间同步与精密定轨相关理论与方法,包括:相对论框架下时间比对基本原理、星地/站间各种时间比对技术及误差分析、高精度钟差预报方法、常规状态下导航卫星轨道精密测定与预报等;围绕北斗系统独有的技术体制和运行服务特点,详细论述星地无线电双向时间比对、地球静止轨道/倾斜地球同步轨道/中圆地球轨道(GEO/IGSO/MEO)混合星座精密定轨及轨道快速恢复、基于星间链路的时间同步与精密定轨、多源数据系统性偏差综合解算等前沿技术与方法；同时，从系统信息生成者角度，给出用户使用北斗卫星导航电文的具体建议。

北斗卫星发射与早期轨道段测控、长期运行段卫星及星座高效测控是北斗卫星发射组网、补网，系统连续、稳定、可靠运行与服务的核心要素之一。《导航星座测控管理系统》详细描述北斗系统的卫星/星座测控管理总体设计、系列关键技术及其解决途径，如测控系统总体设计、地面测控网总体设计、基于轨道参数偏置的 MEO 和 IGSO 卫星摄动补偿方法、MEO 卫星轨道构型重构控制评价指标体系及优化方案、分布式数据中心设计方法、数据一体化存储与多级共享自动迁移设计等。

波束测量是卫星测控的重要创新技术。《卫星导航数字多波束测量系统》阐述数字波束形成与扩频测量传输深度融合机理，梳理数字多波束多星测量技术体制的最新成果，包括全分散式数字多波束测量装备体系架构、单站系统对多星的高效测量管理技术、数字波束时延概念、数字多波束时延综合处理方法、收发链路波束时延误差控制、数字波束时延在线精确标校管理等，描述复杂星座时空测量的地面基准确定、恒相位中心多波束动态优化算法、多波束相位中心恒定解决方案、数字波束合成条件下高精度星地链路测量、数字多波束测量系统性能测试方法等。

工程测试是北斗系统建设与应用的重要环节。《卫星导航系统工程测试技术》结合我国北斗三号工程建设中的重大测试、联试及试验，成体系地介绍卫星导航系统工程的测试评估技术，既包括卫星导航工程的卫星、地面运行控制、应用三大组成部分的测试技术及系统间大型测试与试验，也包括工程测试中的组织管理、基础理论和时延测量等关键技术。其中星地对接试验、卫星在轨测试技术、地面运行控制系统测试等内容都是我国北斗三号工程建设的实践成果。

卫星之间的星间链路体系是北斗三号卫星导航系统的重要标志之一，为北斗系统的全球服务奠定了坚实基础，也为构建未来天基信息网络提供了技术支撑。《卫星导航系统星间链路测量与通信原理》介绍卫星导航系统星间链路测量通信概念、理论与方法，论述星间链路在星历预报、卫星之间数据传输、动态无线组网、卫星导航系统性能提升等方面的重要作用，反映了我国全球卫星导航系统星间链路测量通信技术的最新成果。

自主导航技术是保证北斗地面系统应对突发灾难事件、可靠维持系统常规服务性能的重要手段。《北斗导航卫星自主导航原理与方法》详细介绍了自主导航的基本理论、星座自主定轨与时间同步技术、卫星自主完好性监测技术等自主导航关键技术及解决方法。内容既有理论分析,也有仿真和实测数据验证。其中在自主时空基准维持、自主定轨与时间同步算法设计等方面的研究成果,反映了北斗自主导航理论和工程应用方面的新进展。

卫星导航"完好性"是安全导航定位的核心指标之一。《卫星导航系统完好性原理与方法》全面阐述系统基本完好性监测、接收机自主完好性监测、星基增强系统完好性监测、地基增强系统完好性监测、卫星自主完好性监测等原理和方法,重点介绍相应的系统方案设计、监测处理方法、算法原理、完好性性能保证等内容,详细描述我国北斗系统完好性设计与实现技术,如基于地面运行控制系统的基本完好性的监测体系、顾及卫星自主完好性的监测体系、系统基本完好性和用户端有机结合的监测体系、完好性性能测试评估方法等。

时间是卫星导航的基础,也是卫星导航服务的重要内容。《时间基准与授时服务》从时间的概念形成开始:阐述从古代到现代人类关于时间的基本认识,时间频率的理论形成、技术发展、工程应用及未来前景等;介绍早期的牛顿绝对时空观、现代的爱因斯坦相对时空观及以霍金为代表的宇宙学时空观等;总结梳理各类时空观的内涵、特点、关系,重点分析相对论框架下的常用理论时标,并给出相互转换关系;重点阐述针对我国北斗系统的时间频率体系研究、体制设计、工程应用等关键问题,特别对时间频率与卫星导航系统地面、卫星、用户等各部分之间的密切关系进行了较深入的理论分析。

卫星导航系统本质上是一种高精度的时间频率测量系统,通过对时间信号的测量实现精密测距,进而实现高精度的定位、导航和授时服务。《卫星导航精密时间传递系统及应用》以卫星导航系统中的时间为切入点,全面系统地阐述卫星导航系统中的高精度时间传递技术,包括卫星导航授时技术、星地时间传递技术、卫星双向时间传递技术、光纤时间频率传递技术、卫星共视时间传递技术,以及时间传递技术在多个领域中的应用案例。

空间导航信号是连接导航卫星、地面运行控制系统和用户之间的纽带,其质量的好坏直接关系到全球卫星导航系统(GNSS)的定位、测速和授时性能。《GNSS 空间信号质量监测评估》从卫星导航系统地面运行控制和测试角度出发,介绍导航信号生成、空间传播、接收处理等环节的数学模型,并从时域、频域、测量域、调制域和相关域监测评估等方面,系统描述工程实现算法,分析实测数据,重点阐述低失真接收、交替采样、信号重构与监测评估等关键技术,最后对空间信号质量监测评估系统体系结构、工作原理、工作模式等进行论述,同时对空间信号质量监测评估应用实践进行总结。

北斗系统地面运行控制系统建设与维护是一项极其复杂的工程。地面运行控制系统的仿真测试与模拟训练是北斗系统建设的重要支撑。《卫星导航地面运行控制系统仿真测试与模拟训练技术》详细阐述地面运行控制系统主要业务的仿真测试理论与方法,系统分析全球主要卫星导航系统地面控制段的功能组成及特点,描述地面控制段一整套仿真测试理论和方法,包括卫星导航数学建模与仿真方法、仿真模型的有效性验证方法、虚-实结合的仿真测试方法、面向协议测试的通用接口仿真方法、复杂仿真系统的开放式体系架构设计方法等。最后分析了地面运行控制系统操作人员岗前培训对训练环境和训练设备的需求,提出利用仿真系统支持地面操作人员岗前培训的技术和具体实施方法。

卫星导航信号严重受制于地球空间电离层延迟的影响,利用该影响可实现电离层变化的精细监测,进而提升卫星导航电离层延迟修正效果。《卫星导航电离层建模与应用》结合北斗系统建设和应用需求,重点论述了北斗系统广播电离层延迟及区域增强电离层延迟改正模型、码偏差处理方法及电离层模型精化与电离层变化监测等内容,主要包括北斗全球广播电离层时延改正模型、北斗全球卫星导航差分码偏差处理方法、面向我国低纬地区的北斗区域增强电离层延迟修正模型、卫星导航全球广播电离层模型改进、卫星导航全球与区域电离层延迟精确建模、卫星导航电离层层析反演及扰动探测方法、卫星导航定位电离层时延修正的典型方法等,体系化地阐述和总结了北斗系统电离层建模的理论、方法与应用成果及特色。

卫星导航终端是卫星导航系统服务的端点,也是体现系统服务性能的重要载体,所以卫星导航终端本身必须具备良好的性能。《卫星导航终端测试系统原理与应用》详细介绍并分析卫星导航终端测试系统的分类和实现原理,包括卫星导航终端的室内测试、室外测试、抗干扰测试等系统的构成和实现方法以及我国第一个大型室外导航终端测试环境的设计技术,并详述各种测试系统的工程实践技术,形成卫星导航终端测试系统理论研究和工程应用的较完整体系。

卫星导航系统 PNT 服务的精度、完好性、连续性、可用性是系统的关键指标,而卫星导航系统必然存在卫星轨道误差、钟差以及信号大气传播误差,需要增强系统来提高服务精度和完好性等关键指标。卫星导航增强系统是有效削弱大多数系统误差的重要手段。《卫星导航增强系统原理与应用》根据国际民航组织有关全球卫星导航系统服务的标准和操作规范,详细阐述了卫星导航系统的星基增强系统、地基增强系统、空基增强系统以及差分系统和低轨移动卫星导航增强系统的原理与应用。

与卫星导航增强系统原理相似,实时动态(RTK)定位也采用差分定位原理削弱各类系统误差的影响。《GNSS 网络 RTK 技术原理与工程应用》侧重介绍网络 RTK 技术原理和工作模式。结合北斗系统发展应用,详细分析网络 RTK 定位模型和各类误差特性以及处理方法、基于基准站的大气延迟和整周模糊度估计与北斗三频模糊度快速固定算法等,论述空间相关误差区域建模原理、基准站双差模糊度转换为非差模糊度相关技术途径以及基准站双差和非差一体化定位方法,综合介绍网络 RTK 技术在测绘、精准农业、变形监测等方面的应用。

GNSS 精密单点定位(PPP)技术是在卫星导航增强原理和 RTK 原理的基础上发展起来的精密定位技术,PPP 方法一经提出即得到同行的极大关注。《GNSS 精密单点定位理论方法及其应用》是国内第一本全面系统论述 GNSS 精密单点定位理论、模型、技术方法和应用的学术专著。该书从非差观测方程出发,推导并建立 BDS/GNSS 单频、双频、三频及多频 PPP 的函数模型和随机模型,详细讨论非差观测数据预处理及各类误差处理策略、缩短 PPP 收敛时间的系列创新模型和技术,介绍 PPP 质量控制与质量评估方法、PPP 整周模糊度解算理论和方法,包括基于原始观测模型的北斗三频载波相位小数偏差的分离、估计和外推问题,以及利用连续运行参考站网增强 PPP 的概念和方法,阐述实时精密单点定位的关键技术和典型应用。

GNSS 信号到达地表产生多路径延迟,是 GNSS 导航定位的主要误差源之一,反过来可以估计地表介质特征,即 GNSS 反射测量。《GNSS 反射测量原理与应用》详细、全面地介绍全球卫星导航系统反射测量原理、方法及应用,包括 GNSS 反射信号特征、多路径反射测量、干涉模式技术、多普勒时延图、空基 GNSS 反射测量理论、海洋遥感、水文遥感、植被遥感和冰川遥感等,其中利用 BDS/GNSS 反射测量估计海平面变化、海面风场、有效波高、积雪变化、土壤湿度、冻土变化和植被生长量等内容都是作者的最新研究成果。

伪卫星定位系统是卫星导航系统的重要补充和增强手段。《GNSS 伪卫星定位系统原理与应用》首先系统总结国际上伪卫星定位系统发展的历程,进而系统描述北斗伪卫星导航系统的应用需求和相关理论方法,涵盖信号传输与多路径效应、测量误差模型等多个方面,系统描述 GNSS 伪卫星定位系统(中国伽利略测试场测试型伪卫星)、自组网伪卫星系统(Locata 伪卫星和转发式伪卫星)、GNSS 伪卫星增强系统(闭环同步伪卫星和非同步伪卫星)等体系结构、组网与高精度时间同步技术、测量与定位方法等,系统总结 GNSS 伪卫星在各个领域的成功应用案例,包括测绘、工业控制、军事导航和 GNSS 测试试验等,充分体现出 GNSS 伪卫星的"高精度、高完好性、高连续性和高可用性"的应用特性和应用趋势。

GNSS 存在易受干扰和欺骗的缺点,但若与惯性导航系统(INS)组合,则能发挥两者的优势,提高导航系统的综合性能。《高精度 GNSS/INS 组合定位及测姿技术》系统描述北斗卫星导航/惯性导航相结合的组合定位基础理论、关键技术以及工程实践,重点阐述不同方式组合定位的基本原理、误差建模、关键技术以及工程实践等,并将组合定位与高精度定位相互融合,依托移动测绘车组合定位系统进行典型设计,然后详细介绍组合定位系统的多种应用。

未来 PNT 应用需求逐渐呈现出多样化的特征,单一导航源在可用性、连续性和稳健性方面通常不能全面满足需求,多源信息融合能够实现不同导航源的优势互补,提升 PNT 服务的连续性和可靠性。《多源融合导航技术及其演进》系统分析现有主要导航手段的特点、多源融合导航终端的总体构架、多源导航信息时空基准统一方法、导航源质量评估与故障检测方法、多源融合导航场景感知技术、多源融合数据处理方法等,依托车辆的室内外无缝定位应用进行典型设计,探讨多源融合导航技术未来发展趋势,以及多源融合导航在 PNT 体系中的作用和地位等。

卫星导航系统是典型的军民两用系统,一定程度上改变了人类的生产、生活和斗争方式。《卫星导航系统典型应用》从定位服务、位置报告、导航服务、授时服务和军事应用 5 个维度系统阐述卫星导航系统的应用范例。"天上好用,地上用好",北斗卫星导航系统只有服务于国计民生,才能产生价值。

海洋定位、导航、授时、报文通信以及搜救是北斗系统对海事应用的重要特色贡献。《北斗卫星导航系统海事应用》梳理分析国际海事组织、国际电信联盟、国际海事无线电技术委员会等相关国际组织发布的 GNSS 在海事领域应用的相关技术标准,详细阐述全球海上遇险与安全系统、船舶自动识别系统、船舶动态监控系统、船舶远程识别与跟踪系统以及海事增强系统等的工作原理及在海事导航领域的具体应用。

将卫星导航技术应用于民用航空,并满足飞行安全性对导航完好性的严格要求,其核心是卫星导航增强技术。未来的全球卫星导航系统将呈现多个星座共同运行的局面,每个星座均向民航用户提供至少 2 个频率的导航信号。双频多星座卫星导航增强技术已经成为国际民航下一代航空运输系统的核心技术。《民用航空卫星导航增强新技术与应用》系统阐述多星座卫星导航系统的运行概念、先进接收机自主完好性监测技术、双频多星座星基增强技术、双频多星座地基增强技术和实时精密定位技术等的原理和方法,介绍双频多星座卫星导航系统在民航领域应用的关键技术、算法实现和应用实施等。

本丛书全面反映了我国北斗系统建设工程的主要成就,包括导航定位原理,工程实现技术,卫星平台和各类载荷技术,信号传输与处理理论及技术,用户定位、导航、授时处理技术等。各分册:虽有侧重,但又相互衔接;虽自成体系,又避免大量重复。整套丛书力求理论严密、方法实用,工程建设内容力求系统,应用领域力求全面,适合从事卫星导航工程建设、科研与教学人员学习参考,同时也为从事北斗系统应用研究和开发的广大科技人员提供技术借鉴,从而为建成更加完善的北斗综合 PNT 体系做出贡献。

最后,让我们从中国科技发展史的角度,来评价编撰和出版本丛书的深远意义,那就是:将中国卫星导航事业发展的重要的里程碑式的阶段永远地铭刻在历史的丰碑上!

杨元喜

2020 年 8 月

# 前　言

　　卫星导航系统的地面运行控制系统是整个系统运行管理与控制以及导航业务处理的核心部分。一般由分布在一国境内（如中国北斗卫星导航系统（BDS）、俄罗斯全球卫星导航系统（GLONASS））、区域内（如欧盟 Galileo 系统）或全球范围内（如美国全球定位系统（GPS））的地面站组成。按照功能划分，地面运行控制系统又可分为主控站、注入站和监测站。地面运行控制系统集测量、通信、处理、管理、控制和监测等功能于一体，是空间段保持健康运行，用户段获得定位、导航与授时（PNT）服务的关键部位，其重要性和复杂性不言而喻。

　　毋庸置疑，卫星导航系统的准确性、完好性、连续性和可用性，在很大程度上是训练有素的地面操作人员利用可靠的地面运行控制系统管理卫星星座的结果。因此，可靠的地面运行控制系统和训练有素的操作人员，是卫星导航系统能够提供正常导航服务的两个关键要素。本书从如何确保地面运行控制系统的可靠性和如何快速提高操作人员的能力素质两方面出发，详细阐述地面运行控制系统主要业务的仿真测试理论与方法，以及利用仿真系统对地面操作人员进行训练与考核的方法。

　　在系统业务方面，地面运行控制系统通过对数十颗卫星、数十个地面站、成百上千个核心设备的管理调度和运行控制，综合利用星地、站间、星间、激光等观测信息和相关数据，进行卫星轨道和钟差测定与预报、电离层延迟处理与外推，形成轨道、钟差和电离层等产品。然后，将轨道、钟差和电离层等产品以导航电文的形式上注给卫星，卫星再播发给用户进行导航定位。用户定位的精度受轨道、钟差、电离层等产品处理精度的影响很大。因此，确保地面运行控制系统能够按照设计的功能和指标要求正常工作和提供服务，是卫星导航系统投入使用之前最重要和最关键的任务之一。而这一任务的完成，显然应该在空间段卫星发射入轨前开展研制与建设。实践证明，综合利用卫星导航系统理论与方法、数学建模理论与方法以及计算机仿真技术，为地面运行控制系统搭建仿真测试环境，是解决地面运行控制系统测试与评估最经济且有效的手段。

　　在人员培训方面，训练有素的地面操作人员是地面运行控制系统科学、合理、有效地管理调度和运行维护的主体。地面运行控制系统具有系统组成复杂、设备种类繁多、设备数量巨大等特点。系统或设备出现故障或异常情况在所难免。因此,为了确保系统能从故障或异常情况中恢复,往往需要对硬件进行维修、替换,对软件进行更改、升级等操作。这就要求地面操作人员具备日常操作、故障排查、异常告警、设备维修与替换、软件维护与更新等技能。这些技能必须经过严格的培训才能获得。如果直接在真实环境中进行试验验证和人员培训,除了耗费巨大的系统资源外,还可能存在巨大的风险。尤其在系统开通运行后,由于连续运行不间断的要求,系统所属设备技术状态要求固化,技术参数的调整等技术状态变更需严格按照操作规程和相关规定执行,客观上不允许对在线系统设备的技术状态进行随意调整和模拟操作。因此,人员培训迫切需要通过模拟训练系统来进行。采用高保真模拟训练系统既可以保证培训人员对操作环境的一致性要求,又可以避免由于操作失误产生的巨大风险。

全书共分 8 章,融入了近年来作者及其团队突破的一批北斗卫星导航系统级测试与评估关键技术,包括卫星导航数学建模与仿真方法、仿真模型的有效性验证方法、虚实结合的仿真测试方法、面向协议测试的通用接口仿真方法、复杂仿真系统的开放式体系架构设计方法等。除第 1 章绪论外,其余可分为两大部分:地面运行控制系统的仿真测试技术和用于地面运行控制系统人员培训的模拟训练技术。

第 1 章是全书的基础。首先对全球主要卫星导航系统,即对美国 GPS、俄罗斯GLONASS、欧盟 Galileo 系统、中国 BDS 的地面运行控制系统进行概述。在此基础上,总结地面运行控制系统主要功能及运行维护特点,提出地面运行控制系统仿真测试与模拟训练需求。最后介绍地面运行控制系统仿真测试与人员培训的发展现状。

第一部分包括第 2 章至第 6 章,主要阐述卫星导航系统地面运行控制系统的仿真测试技术。第 2 章是这一部分的基础,主要介绍卫星导航仿真建模与测试评估的基本原理与方法,提出卫星导航数学建模与仿真的方法和仿真模型的有效性验证方法。第 3 章至第 5 章分别针对地面运行控制系统的卫星无线电导航业务(RNSS)、卫星无线电测定业务(RDSS)、系统管理与控制业务三大主要业务的仿真测试问题,首先从信息处理的角度,简要介绍各个业务的主要功能及其测试需求,然后依照测试数据的仿真方法、测试数据的驱动方法、主要业务的测试与评估方法的顺序展开论述,力求将地面运行控制系统的仿真测试理论和方法完整地展现给读者。第 6 章重点关注系统信息接口协议及其连通性的测试问题,提出接口信息的自动化编辑方法、信息接口连通性测试方法以及接口协议的正确性、一致性、连续性和容错性等测试评估方法。

第二部分包括第 7 章和第 8 章,主要讨论卫星导航系统地面运行控制系统的人员培训问题。第 7 章首先简要介绍 GPS 地面操作人员组成及其培训情况,然后详细探讨 GPS 模拟训练系统组成、功能、运行机制及其对人员培训的支撑作用,最后分析GPS 模拟训练系统的优势。第 8 章在借鉴 GPS 人员培训原理与方法的基础上,结合北斗地面运行控制系统的特点,提出一种基于高保真仿真系统的模拟训练与在线考核的方法,完善模拟训练系统的构建方法,以及模拟训练与在线考核的管理与组织实施方法,初步形成了基于模拟训练系统的人员培训理论和方法体系。

本书尽管在形式上分成了相对独立的两个部分,但实质上,还是利用数学建模理论以及计算机仿真技术构建仿真系统,既解决了系统建设过程中测试与评估的问题,又解决了系统运行维护阶段的人员培训问题。由于卫星导航系统是典型的航天复杂系统,其系统建设和运行维护是一项典型的复杂系统工程。因此,本书所提出的理论、方法和技术对其他复杂航天系统(如大型天基通信系统和大型卫星遥感系统)均具有借鉴意义。

本书内容是作者参与国家科技重大专项和卫星导航相关科研项目研制所获得成果的总结与提炼,也是作者及其指导的研究生 30 余篇相关学术论文和 10 余个国家发明专利的凝练。除作者外:国防科技大学第六十三研究所杨俊教授、智能科学学院陈建云、冯旭哲、周永彬等先后参与了与本书内容相关课题的研究工作;工程技术人员张利云、李靖、康娟、吕慧珠、冷如松、张敏参与了本书部分章节的起草;研究生杨玉婷、周一帆、孙乐园、彭海军、刘友红、谢友方、李阳林、谢玲、周杨森、杨飞、肖振国、林魁、黄方鸿、宋诗谦等参与了本书相关算法的研究工作。在本书的编写过程中,得到各级部门和有关专家的关怀与支持,特别是中国科学院院士、北斗卫星导航系统工程副总设计师杨元喜院士在相关课题研究中一直给予最直接的关心和指导,中国电子科技集团公司第五十四研究所蔚保国研究员在撰写过程中也给予了直接指导,在此表示衷心感谢和崇高敬意!

由于作者水平和经验有限,书中错误和纰漏在所难免,敬请广大读者批评指正。


作者
2020 年 8 月

# 目 录

# 第1章 绪 论

本章首先阐述全球主要卫星导航系统地面段构成及其运行原理,然后,系统地总结卫星导航地面段主要功能及运行维护特点。在此基础上,分析卫星导航地面段仿真测试与模拟训练需求。针对该需求,详细介绍地面段仿真测试与模拟训练的国内外发展现状。由于国内外卫星导航系统对地面控制段的划分不同,名称上也略有区别,因此本章尽量按照各系统的常用名称进行描述,如美国全球定位系统(GPS)地面控制段、俄罗斯全球卫星导航系统(GLONASS)地面段、欧盟 Galileo 系统地面段和中国北斗卫星导航系统(BDS)地面运行控制系统(简称"地面运控系统")。

## 1.1 全球卫星导航系统地面段概述

卫星导航系统一般由空间段、地面段和用户段组成[1]。空间段,即空间卫星星座,星座中各颗卫星的主要功能是接收并解析地面段发射的导航信息,执行地面段发射的控制指令,进行部分必要的数据处理,生成并向地面播发导航信息。地面段是卫星导航系统的指挥控制和数据处理中心。用户段的核心是用户导航定位设备,主要任务是跟踪导航卫星,对接收到的卫星无线电信号进行相关数据处理后得到定位所需的测量值和导航信息,最后完成定位、测速、授时等导航解算任务。

按照服务范围划分,卫星导航系统可分为全球卫星导航系统(GNSS)和区域卫星导航系统。中国的 BDS 与美国的 GPS、俄罗斯的 GLONASS、欧盟的 Galileo 系统构成了全球 4 大卫星导航系统;日本的准天顶卫星系统(QZSS)和印度区域卫星导航系统(IRNSS)是典型的区域卫星导航系统。这些系统虽然在组成和功能上各有特色,但是都具有负责系统管理与控制的地面段。本节主要介绍美国 GPS、俄罗斯GLONASS、欧盟 Galileo 系统和中国北斗等卫星导航系统地面段的组成原理和主要功能。

### 1.1.1 美国 GPS 的地面控制段

GPS 是世界领先的星基定位、测速和定时系统。GPS 由空间段、地面控制段和用户段组成,如图 1.1 所示。空间段和用户段的组成和工作原理在各种 GPS 文献中已经得到了充分的阐述[2-4]。本书重点讨论地面控制段。

#### 1.1.1.1 GPS 地面控制段的发展回顾

随着 GPS 的发展,尤其是导航信号和服务能力的演进,GPS 的地面控制段也随

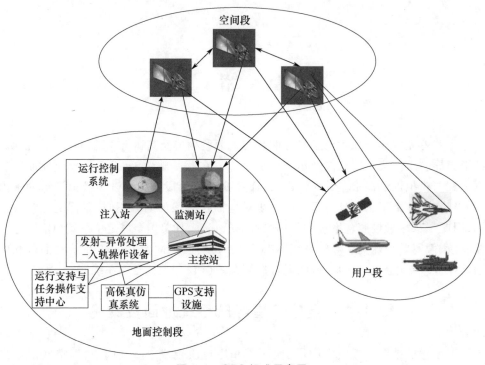

图 1.1　GPS 组成示意图

之发展。总体上,GPS 的地面控制段经历了三个发展阶段:第一代地面运行控制系统(OCS),OCS 体系结构演进计划(AEP),下一代地面运行控制系统(OCX)。GPS 地面控制段演进历程大体上如图 1.2 所示。

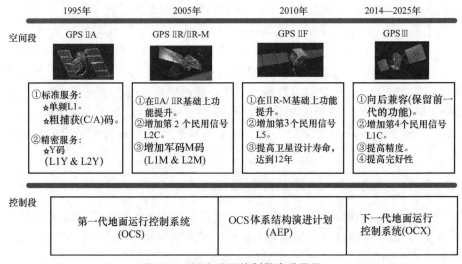

图 1.2　GPS 地面控制段演进历程

第一代地面运行控制系统(OCS)于 20 世纪 70 年代建成,形成了主控站、注入站

（地面天线）和监测站的系统架构，一直为后续的地面控制段所采用。

OCS 体系结构演进计划（AEP）开始于 2007 年，主要为了满足 GPS 现代化的需求而针对第一代 OCS 进行了改进。其功能如下。

（1）系统采用分布式架构，替代 20 世纪 70 年代的 OCS 主框架。

（2）提高监测 GPS 信号的能力。

（3）提高全球范围内对空间段卫星进行指令控制的能力。

OCX 开始于 2012 年，是为下一代 GPS（GPS Ⅲ）建设的地面运行控制系统。OCX 具有完全的指令、控制和任务支持功能。

（1）控制 GPS 所有现代化民用信号（L1C，L2C 和 L5）。

（2）控制 GPS 所有现代化军用信号（M 码）。

（3）新增发射和操作 GPS Ⅲ卫星的能力。

（4）具备适应未来 GPS 体系架构的能力。

相对于目前的 OCS，OCX 在确保信息安全方面进行了改进，主要体现在以下两个方面。

（1）预防、侦测攻击。

（2）在网络攻击期间进行隔离、遏制和操作。

由于 AEP 是在原有 OCS 功能上的扩充，一般也把它归入到 OCS 中。因此，总体而言，可以将 GPS 地面运行控制系统分为两代：当前 GPS 地面运行控制系统（OCS）和下一代地面运行控制系统（OCX）。下面分别对这两个系统的组成和功能进行介绍。

#### 1.1.1.2 GPS 地面运行控制系统

GPS 地面控制段由运行控制系统（OCS）、运行支持系统与任务操作支持中心（OSS-IMOSC）、高保真系统模拟器（HFSS）及 GPS 支持设施（GSF）组成[5]。为 GPS 空间段提供命令、控制、通信和监测服务。其中，OCS 由主控站（MCS）、发射-异常处理-入轨操作（LADO）设备、地面天线（GA）和监测站（MS）组成。为了确保系统的生存能力，MCS 与 LADO 分别在不同地点设立了备份，称为备份主控站和备份发射-异常处理-入轨操作设备。

1）GPS 地面站点分布

截至 2017 年 5 月，OCS 由 1 个主控站、1 个备份主控站、4 个注入站、7 个遥测跟踪站和 16 个监测站组成，如图 1.3 所示[6]。主控站位于美国科罗拉多州的施里弗空军基地（曾用名为"猎鹰"空军基地）。备份主控站位于美国加利福尼亚州的范登堡空军基地。4 个 GPS 注入站分别位于佛罗里达州卡纳维拉尔角、大西洋的阿森松岛、印度洋的迭戈加西亚岛以及太平洋的夸贾林岛；7 个遥测跟踪站属于美国空军卫星控制网（AFSCN），用于 S 频段遥测遥控；16 个监测站包括空军的 6 个监测站（除了与主控站和 4 个注入站并址的 5 个监测站外，还有夏威夷监测站）和国家地理空间情报局（NGA）的 10 个监测站，如图 1.4 所示。GPS 在全球范围内共计 29 个地面站点，形成了 GPS 地面控制网。

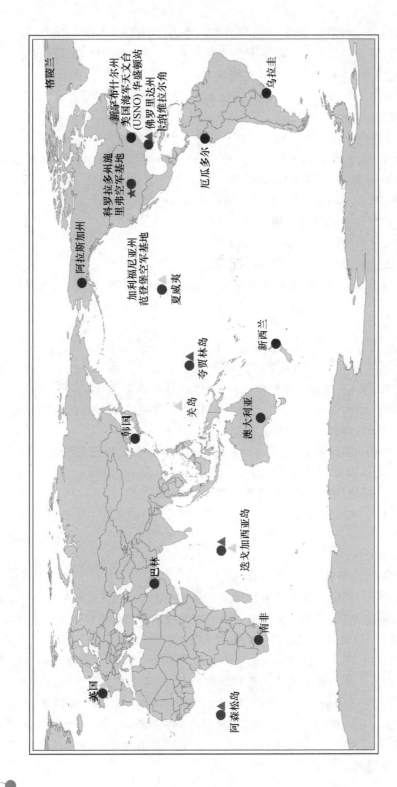

图 1.3　GPS 的地面控制段站点分布（见彩图）

★ 主控站　　★ 备份主控站　　▲ 注入站（地面天线）　　● 美国空军监测站　　▲ 美国 AFSCN 遥测跟踪站　　● 美国 NGA 监测站

2）GPS 地面站功能及处理流程

图 1.4　GPS 的地面监测站

在地面控制段中，监测站是在主控站直接控制下的数据自动采集中心。站内设有多频接收机、高精度原子钟、计算机和若干台环境数据传感器。接收机对导航卫星进行连续观测，采集数据和监测卫星工作状况。原子钟提供时间标准，而环境传感器收集有关当地的气象数据。所有观测资料由计算机进行初步处理，并存储和传送到主控站，用以确定卫星的轨道、钟差和电离层等环境参数。

主控站是整个地面系统的"大脑"，是整个系统的运行管理控制中心和信息处理中心。主控站负责收集各个监测站的观测数据，进行数据处理，生成卫星星历、卫星钟差、大气层延迟修正参数、广域差分信息和完好性信息等，完成任务规划与调度，实现系统运行控制与管理等。

注入站是地面段与空间段之间通信的通道。向卫星发送命令，上传导航电文和加载处理程序；收集遥测数据；通过 S 频段进行通信并执行 S 频段测距，以提供异常解决和早期轨道支持。

GPS 地面主控站与监测站、注入站之间的关系及其主要处理流程如图 1.5所示[6]。

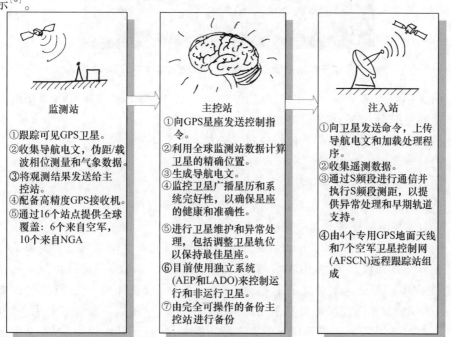

图 1.5　GPS 的地面控制段的运行流程

### 1.1.1.3 下一代地面运行控制系统

为了满足 GPS Ⅲ 的运行管理和控制需求,美国于 2010 年开展了下一代地面运行控制系统(OCX)的研制建设。OCX 由以下部分组成[5]。

(1) 主控站(MCS)和备用主控站。

(2) 专用监测站。

(3) 地面天线。

(4) 先进的地面天线。

(5) GPS 系统模拟器(GSS)。

(6) 标准化空间培训系统(SST)。

其中,主控站(图 1.6)和备份主控站通过指挥和控制、任务规划、导航和数据分析和传播,为每颗卫星的所有阶段提供星座管理功能。远程地面设备——监测站和地面天线,支持控制系统和卫星之间的数据链路和信号测量。GSS 作为主控站软件和远程地面设备的开发和维护测试驱动程序。SST 是一种专门用于操作人员培训的训练系统。后面两个组成部分正是本书关注的重点。

图 1.6 位于美国科罗拉多州的施里弗空军基地的 GPS 主控站

OCX 的能力将逐步得到实现,新功能必须全方位地兼容和支持 GPS Ⅲ 星座的服务。从开发进度上看,OCX 最先实现的功能如下[7-8]。

(1) 从 P(Y)码的单一监控延伸到对所有导航信号的监控。

(2) 生成现代化的导航信息。

(3) 满足航空安全飞行需求。

(4) 对整个 GPS ⅢA 卫星提供遥测、跟踪和指挥(TT&C)。

(5) 实现卫星任务自动分配能力。

OCX 在保持对 ⅡR 和 ⅡR-M 星座维护的同时,首先在 ⅡR-M 和 ⅡF 卫星上实现现代化 GPS 的功能。另外,OCX 将与新的 GPSⅢ卫星一起对新服务提供指令和控制功能,它是 GPSⅢ星座服务发展的基础。对于用户段来说,GPS 运控段的关注重点是,从对 GPS 卫星的控制转向基于用户的操作并更加重视用户服务的效果。同时,OCX 还帮助美国军方提高了 GPS 的军事运行服务;加强了其作战力量,并且促进了民用合作,吸收大量国际合作伙伴和用户。通过更优秀的 OCX 有效地进行导航任务规划,美国还将为所有 GPS 用户提供精确的定位、导航和授时信息。

OCX 的开发和部署分为 3 个阶段,3 个阶段分别命名为 Block 0、Block Ⅰ 和 Block Ⅲ,以与 GPS Ⅲ 和相关军事装备交付保持一致。

Block 0,也称为发射和检测系统,在 2014 财政年度第 4 季度投入使用,支持 GPS Ⅲ 卫星的发射。

Block Ⅰ 于 2016 年第一季度投入运营,将具备指挥和控制包括 GPS Ⅱ 和 GPS Ⅲ 卫星在内的整个 GPS 星座的作战能力;该阶段还将控制遗留的民用和军用信号,以及两个现代化的民用和军用信号,即 L2C 和 L5。

Block Ⅱ 特别支持民用和军用信号、国际民用信号和军用信号的先进能力。Block Ⅱ 与现代化的广播信号和时间系统同步。Block Ⅱ 根据 2004 年欧盟-美国协议增加了对新的国际开放/民用 L1C 信号的操作控制,并增加了对现代化军用代码(M-Code)信号的控制。

## 1.1.2　俄罗斯 GLONASS 的地面段

GLONASS 是与 GPS 几乎同步发展起来的卫星导航系统,如图 1.7 所示。与 GPS 星座构型不同的是,GLONASS 星座采用 3 个轨道面、每个轨道面 8 颗卫星的 Walker 星座构型。由于俄罗斯整体处于高纬度地区,为了具有更好的信号覆盖特性,采用的轨道倾角为 64.8°。另外,GLONASS 在信号体制上采用频分多址(FDMA)技术,与 GPS 采用的码分多址(CDMA)技术存在较大差异[9]。尽管如此,在对卫星星座的管理与控制以及用户导航定位原理方面,两者还是基本一致的。

图 1.7　GLONASS 星座(见彩图)

早期的 GLONASS 的地面控制部分几乎完全位于苏联领土内(大部分位于苏联解体后的俄罗斯境内),如图 1.8 所示。

GLONASS 地面段由以下地面站组成[10]。

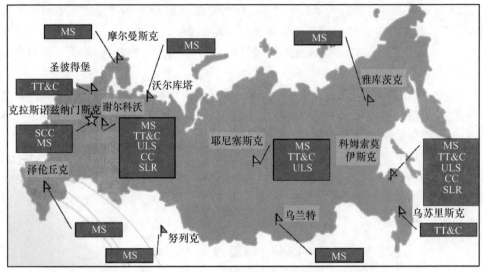

SCC—系统控制中心; TT&C—遥测、跟踪和指挥站; MS—监测站;

ULS—上行注入站; CC—中央时钟; SLR—卫星激光测距站。

图1.8 GLONASS地面站点分布情况

（1）1个系统控制中心。

Krasnoznamensk（克拉斯诺兹纳门斯克）。

（2）3个上行注入站。

① Yenisseisk（耶尼塞斯克）。

② Komsomoisk（共青城）。

③ Schelkovo（谢尔科沃）。

（3）5个遥测（即遥测、跟踪和指挥）站。

① Schelkovo（谢尔科沃）。

② Komsomoisk（共青城）。

③ St-Peteburg（圣彼得堡）。

④ Ussuriysk（乌苏里斯克）。

⑤ Yenisseisk（耶尼塞斯克）。

（4）2个卫星激光测距站。

① Schelkovo（谢尔科沃）。

② Komsomoisk（共青城）。

（5）10个监测站。

① Schelkovo（谢尔科沃）。

② Krasnoznamensk（克拉斯诺兹纳门斯克）。

③ Yenisseisk（耶尼塞斯克）。

④ Komsomoisk(共青城)。

⑤ Yakutsk(雅库茨克)。

⑥ Ulan-Ude(乌兰特)。

⑦ Nurek(努列克)。

⑧ Vorkuta(沃尔库塔)。

⑨ Murmansk(摩尔曼斯克)。

⑩ Zelenchuk(泽伦丘克)。

### 1.1.2.1　系统控制中心

系统控制中心(SCC)负责 GLONASS 卫星星座控制和卫星管理。它为整个 GLO-NASS 卫星星座提供遥测、遥控和指令控制功能。SCC 协调系统级的所有功能和操作。它处理来自指令和跟踪站的信息,以确定卫星时钟和轨道状态,并更新每颗卫星的导航信息。

### 1.1.2.2　指令及跟踪站

指令及跟踪站(CTS)由 5 个分布在俄罗斯境内的 TT&C 站组成。CTS 跟踪可见的 GLONASS 卫星,从卫星信号中积累测距数据和遥测数据。然后,CTS 将这些信息发送给卫星控制中心进行处理,以确定卫星时钟和轨道状态,并更新每颗卫星的导航信息。这些更新的信息通过注入站发送给卫星,注入站也用于发送控制信息。

### 1.1.2.3　激光测距站

高精度的卫星激光测距(SLR)作为 GLONASS 星历测定的单一校准数据源,确保对卫星轨道的高精度测量(图 1.9)。激光测距可为以下问题提供解决方案。

(1)估计 GLONASS 轨道测量的准确度和射频系统零值校准。

(2)利用 SLR、氢原子钟和测地级导航接收机,可监控星载原子时钟并使用数据对 GLONASS 时间和星历数据进行操作控制。

(3)SLR 台站坐标用做 GLONASS 参考框架的大地测量基准。

(4)SLR 数据用于提供星历精度的声明值。

图 1.9　位于俄罗斯谢尔科沃的 GLONASS 激光站

### 1.1.2.4　中央同步器

中央同步器通过高精度氢原子钟维持 GLONASS 时。所有 GLONASS 星载铯原子钟均通过位于 Mendeleevo 的国家标准时间与系统时同步。

### 1.1.2.5 各分系统之间的关系

GLONASS 地面段系统控制中心、控制站、中央同步器之间的关系如图 1.10 所示[11]。其中,系统控制中心相当于 GLONASS 地面段的主控站,其主要功能是管理与调度各子系统所有设备的工作,收集并处理预测星历和频率-时间校正所需的数据。控制站(管理站、测量与控制站或地面测量点)进行轨道和时间测量,向卫星上注导航电文信息。中央同步器与系统控制中心一起形成 GLONASS 时间。

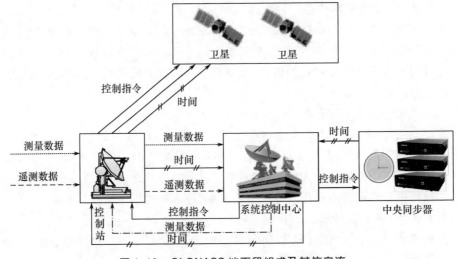

图 1.10　GLONASS 地面段组成及其信息流
(画斜线的表示同一种线型)

GLONASS 地面段执行以下功能[11]。

(1) 进行轨道测量,以确定、预测和连续发布所有卫星的轨道参数。

(2) 进行时间测量,以确定所有导航卫星星载时间与 GLONASS 系统时间的偏差,通过调相和校对导航卫星星载时间,使导航卫星时间和中央同步器以及统一时间部门的时间同步。

(3) 形成工作信息(导航电文)数据块,包括预测星历、历书、对每颗导航卫星星载时间的修正及其他生成导航帧所需的信息。

(4) 把工作信息数据块传输至每颗导航卫星的计算机存储器,并监控数据块的运行。

(5) 通过遥测信道监控导航卫星星载系统的工作,并诊断其状态。

(6) 控制导航卫星导航电文中的信息,接收运控子系统的接收呼叫信息。

(7) 通过向卫星发射临时程序和控制指令,控制导航卫星飞行及其星载系统的工作;控制数据传输;监测导航场的性能;测量导航卫星测距导航信号相对于中央同步器信号的相位漂移。

(8) 调度运控子系统所有技术设备的工作、运控子系统各单元之间的数据自动处理与传输。

（9）在自动模式下解决几乎所有导航卫星管理和导航场监测的主要任务。

通过在计算机网络中使用专用数学软件,解决了以下问题:从导航卫星和运控子系统的工作调度,制定用于系统控制中心和其他单元的工作程序,计算调度和管理导航卫星的轨道信息;命令-程序信息;处理遥测数据;导航场监测;处理轨位测量,预测导航卫星的空间位置及其时间与系统时间的偏差。

### 1.1.3 欧盟 Galileo 系统的地面段

欧盟 Galileo 系统是由欧盟委员会(EC)和欧洲空间局(ESA)主导建设的欧洲独立自主的卫星导航系统[12]。Galileo 系统由空间段、地面段和用户段组成。其空间部分由 30 颗卫星(27 颗运行,3 颗备份)组成,平均分布在 3 个中圆地球轨道(MEO)面上,平均轨道长半轴为 29601.297km(距地面高度约 23300km),轨道倾角为 56°。Galileo 星座及卫星如图 1.11 所示。

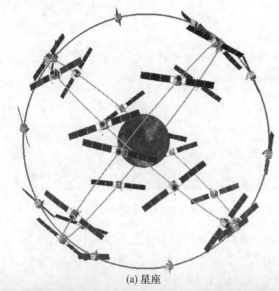

(a) 星座

(b) GIOVE-A

(c) GIOVE-B

图 1.11 Galileo 星座及 Galileo 在轨试验卫星(GIOVE)(见彩图)

Galileo 系统提供 4 种服务[13]:开放服务(OS)、政府授权服务(PRS)、商业服务(CS)和搜寻与救援(SAR)服务。这 4 种服务均由地面段管理和控制卫星实现。因此,Galileo 系统的地面段具有其独特之处。

Galileo 系统的地面段分成地面控制段(GCS)和地面任务段(GMS)两部分。两者之间的相互关系如图 1.12 所示[14]。不难看出,GCS 主要负责卫星控制,GMS 主要负责导航控制。

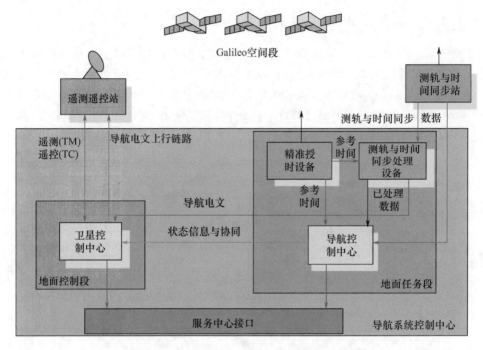

图 1.12　Galileo 系统地面段功能组成(见彩图)

Galileo 系统的地面段由位于德国的奥伯法芬霍芬(Oberpfaffenhofen)和位于意大利的富西诺(Fucino)的两个完全冗余的地面控制中心(GCC)集中管理。Galileo 系统 GCS 和 GMS 站点分布情况如图 1.13 所示。

由图 1.13 可知,Galileo GCS 和 GMS 的主要设施如下。

(1) 2 个地面控制中心。

(2) 4 个遥测遥控站。

(3) 5 个注入站。

(4) 16 个地面传感器站(监测站)。

目前,GMS 位于意大利的 Fucino 控制中心,如图 1.14 所示,GCS 位于德国的 Oberpfaffenhofen 控制中心。未来,这两个中心将拥有同等的设施,作为实时数据同步的热备份一起工作。如失去其中一个中心,另一个中心便可继续运作。

(1) GMS:它必须全天候提供尖端的高速导航性能,处理来自全球站点网络的数

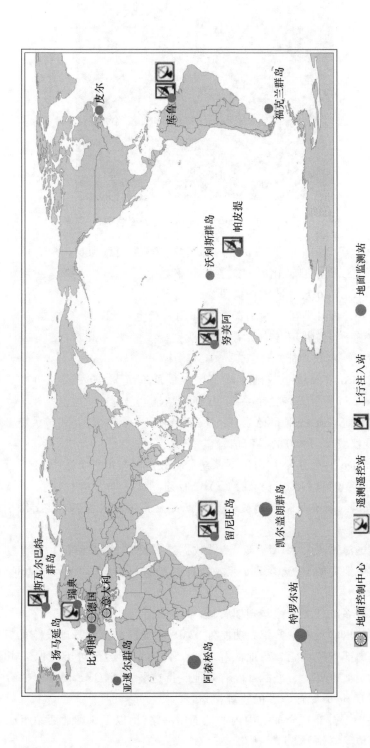

图 1.13 Galileo 系统 GCS 和 GMS 站点分布情况（见彩图）

图 1.14　位于意大利 Fucino 的 Galileo 任务控制中心(见彩图)

据。GMS 有 200 万行软件代码、500 个内部函数、400 条消息和 600 个信号。

(2) GCS:它以高度自动化的方式监控星座。

### 1.1.3.1　Galileo 系统地面任务段

Galileo 系统地面任务段(GMS)的主要作用是产生 C 频段上行链路信号,它们是 Galileo 系统导航下行链路信号中所需的数据。

GMS 负责以下主要功能。

(1) 为 Galileo 系统核心基础设施范围内的所有元素(包括卫星)生成和分发 Galileo 系统时(GST),并支持整个系统的时间驾驭。

(2) 生成并向 Galileo 卫星分发飞行任务产品,用于生成 Galileo 系统开放服务(OS)和政府授权服务(PRS)的导航信息。

(3) 向 Galileo 卫星分发由 Galileo 系统服务设施转发的任务数据,支持提供 Galileo 系统商业服务(CS)和搜寻与救援(SAR)服务。

(4) 为 Galileo 系统服务设施提供数据产品交换的物理接口,以支持平稳提供 Galileo 系统服务。

(5) 为美国海军天文台(USNO)提供数据产品交换的物理接口,用于协调公开服务导航电文中定义的 GPS-Galileo 互操作任务产品的生成(即 GPS-Galileo 时间偏移)。

(6) Galileo 系统任务监控与归档管理。

除了上面列出的主要服务相关功能外,GMS 还支持与地面基础设施的管理和运营相关的其他内部支持功能。在地面和轨道上协调系统运行对于确保 Galileo 系统服务的连续性至关重要。为了尽可能有效地支持这种协调,GMS 设计包括 Galileo 系统控制中心的 Galileo 系统 GCS 的物理接口。

GMS 管理一个分布在全球范围内的地面站网络,由以下 3 种地面站组成。

(1) 地面传感器站(GSS)。

（2）地面控制中心（GCC）。

（3）上行注入站（ULS）。

专用的低延迟全球电信网络确保远程站点（即 GSS 和 ULS）与任务 GCC 的永久连接，用于发送任务数据、系统监视指令和控制信号等。

1）地面传感器站（GSS）

GSS 是一个无人值守的 GMS 设施，其主要作用是收集所有 Galileo 卫星的 L 频段传感器数据，并将这些数据转发给 GCC 进行导航处理和任务监测。它本质上是一个高性能的伽利略接收机，带有一些额外的元素。所收集的传感器数据包括载波相位和码相位测量、导航电文和一些信号质量指示符。GSS 可以支持高达 1Hz 的空间信号（SIS）测量速率（一次/s），以确保连续的 SIS 监控，并且在异常情况下，减少对 Galileo 系统用户的通知时间。

GSS 配备了铷原子频率标准和高性能 Galileo 接收机，这是 Galileo 接收机链（GRC）的核心设备。GSS 设计允许托管两种 GRC 类型，第一种支持 GMS 授权服务任务数据生成链，第二种支持开放服务和商务服务任务数据生成链。此外，每个 GSS 都配备了双频 GPS 接收机，以支持与 Galileo 系统时间的站点同步，并在早期系统运行阶段实现 Galileo 系统地面参考框架，直到部署的 Galileo 卫星数量确保系统在全球范围内实现独立同步。

2）地面控制中心（GCC）

GMS 运营由位于 Oberpfaffenhofen（德国）和 Fucino（意大利）的两个完全冗余的 Galileo 系统地面控制中心管理。GCC 集中了几个 GMS 关键功能，这些功能对提供卫星导航服务至关重要，例如 Galileo 系统时（GST）生成、导航数据生成和分发、Galileo 系统与外部实体的接口管理以及任务监测与控制等功能。除了 GMS，GCC 在 Galileo 卫星星座的监测和控制操作中也发挥着核心作用。在后面专门讨论 GCS 时再论述。

3）上行注入站（ULS）

Galileo 系统地面任务数据从 GCC 到每颗卫星的连续路由，对于卫星实时生成导航电文是必需的。ULS 是无人设施，实现了支持任务数据分发功能链路的物理地对空接口。

ULS 从 GCC 接收导航电文，并根据从 GCC 收到的卫星链路规划上注到 Galileo 星座。为了执行此功能，每个 ULS 可以容纳多达 4 个 3.5m 直径的碟形天线。ULS 以 C 频段（大约 5GHz）上传导航电文。每个 ULS 天线跟踪 1 颗 Galileo 卫星。

Galileo 系统定位、测速、定时服务的准确性直接取决于上传给 Galileo 卫星的导航电文的准确性。应当指出，导航电文是基于动态或经验模型预测的，因此其准确性随时间迅速下降（"衰减"效应）。例如卫星 GST 时钟钟差预测广播模型。为了不断满足全球用户对 Galileo 系统位置、速度和时间（PVT）精度性能的最低要求，ULS 必须在允许的延迟时间内更新整个星座的任务数据（导航电文）。当 ULS 网络完全部署时,在正常运行条件下,向任何 Galileo 卫星上传导航数据之间的最大时间间隔不应超过 100min。

### 1.1.3.2 Galileo 系统地面控制段

Galileo 系统地面控制段(GCS)负责在系统正常运行期间管理 Galileo 星座。为实现这一目标,GCS 可以通过星地链路与各个 Galileo 卫星交换监测和控制信号。除了监视和控制数据之外,GCS 还可以通过遥控上行链路上传 Galileo 系统导航电文,以确保在 GMS 失效时 Galileo 系统导航服务的连续性。

GCS 地面站分布于世界各地,包括以下两种主要设施类型。

(1) Galileo 星座控制中心(GCC)(图 1.15)。

(2) 遥测、跟踪和指挥(TT&C)站。

下面分别对这两类设施进行说明。

1) Galileo 星座 GCC

Galileo 星座 GCC 承载了 GCS 的所有中心功能,包括卫星星座监控、卫星星座规划、飞行动力学和运行计划。GCC 还与系统运行有关的外部实体留有物理接口,如外部卫星控制中心和位于比利时 Redu 的在轨测试站等。

图 1.15　Galileo 星座控制中心(见彩图)

2) 遥测遥控站

GCS 包含了全球遥测遥控站或与 Galileo 控制中心相连的地面站网络。目前,遥测、跟踪和指挥设施(TTCF)网由 5 个地面站点组成。未来可能还会增加更多的地面站点。

每个 TTCF 支持遥测(TM)下行,遥控(TC)上行,同时收集用于星座管理的卫星跟踪数据。传输的 TC 信号数据、接收到的 TM 数据以及星座监控数据通过专用通信网络,在测控站与 GCC 之间进行交换。在正常情况下,TTCF 自主工作;只在异常排查或维护时,才需要进行人工干预。

在日常操作中,TT&C 站通过射频通道将 TC 指令上传到 Galileo 卫星,并从 Galileo 卫星接收 TM 信息。除了支持常规卫星自身处理任务外,TTCF 还具有收集卫跟踪数据(即双向测距测量)的能力,用于在异常情况下进行离线卫星轨道确定。

TTCF 地面站和 Galileo 卫星之间的链路是通过一个 11m 的碟形天线建立的,如图 1.16 所示。TT&C 工作在 S 频段,在 2.0 ~ 2.2GHz 之间。

图 1.16　Galileo 系统 TTCF S 频段 11m 碟形天线

### 1.1.4　中国北斗地面运控系统概述

北斗卫星导航系统的组成如图 1.17 所示。在北斗卫星导航系统中,负责地面控制部分的系统称为地面运控系统。地面运控系统由主控站、时间同步/注入站、监测站组成[16]。其组成及功能与其他卫星导航系统的地面控制部分基本类似。北斗地面运控系统是北斗卫星导航系统的核心组成部分,主要任务是对在轨卫星进行信号收发与观测,完成基本导航、星基增强、定位报告等各类业务处理,向卫星上注各类业务电文和指令信息。通过地面布站观测和利用星间链路数据,实现在轨卫星全弧段高精度轨道、钟差测定以及电离层延迟改正等基本导航业务,实现星基增强业务和定位报告业务。

对比美国 GPS、俄罗斯 GLONASS、欧盟 Galileo 系统的地面段,北斗系统的地面运控系统有其独特性。例如,对境外卫星的测量与管控一般通过星间链路实现。另外,北斗系统 GEO + IGSO + MEO(地球静止轨道 + 倾斜地球同步轨道 + 中圆地球轨道)的混合星座构型、北斗系统卫星无线电导航业务(RNSS)和卫星无线电测定业务(RDSS)一体化设计等独特之处,是北斗卫星导航系统区别于其他卫星导航系统的重要特征[17]。这些独特设计不可避免地对地面运控系统的建设提出了不同于其他系统地面段的要求。

#### 1.1.4.1　系统组成

1)主控站

主控站是运行控制系统的中枢,完成对星座内全部卫星导航信号观测数据处理,

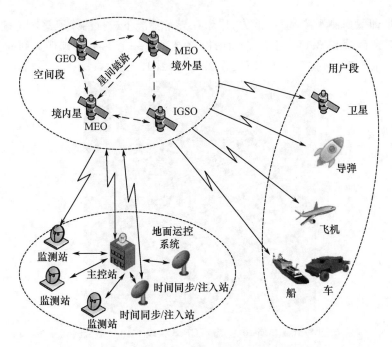

**图 1.17  北斗卫星导航系统组成示意图**

包括卫星时间同步计算、卫星精密轨道计算、卫星导航信号完好性计算、信号传播时延修正与预报计算。主控站设有高性能原子钟系统,并建立系统时间基准,维持全系统的时间同步。通过高精度卫星对地测量数据,建立并维持系统坐标基准。

主控站除协调和管理地面运控系统的工作外,其主要任务如下。

(1)根据本站和其他监测站的所有观测资料,推算编制各卫星的星历、卫星钟差和大气层的修正参数等,并把这些数据传送到注入站。

(2)提供北斗卫星导航系统的时间基准。各监测站和北斗卫星的原子钟,均应与主控站的原子钟同步,或测出其间的钟差,并把这些钟差信息编入导航电文,送到注入站。

(3)调整偏离轨道的卫星,使之沿预定的轨道运行。

2)时间同步/注入站

时间同步/注入站兼具时间同步站和注入站功能。一方面作为注入站,在主控站的统一调度下,向卫星注入导航电文、广域差分及完好性信息,并确保传输信息的正确性;同时,将主控站发送来的控制指令发给相应卫星,实现有效载荷的控制管理。另一方面作为时间同步站,通过与卫星进行星地上下行测量,并将测量结果发送给主控站,主控站解算出卫星钟差。

为了进一步验证并提高系统的时间同步精度和卫星轨道的定轨精度,在主控站和时间同步站设有激光站,用激光进行星地时间同步测量和双向距离测量。所谓星地时间同步测量,除了激光站进行星地双向距离测量外,卫星上还要装有激光接收与测距设备,通过接收的激光信号与卫星钟时标完成星上激光伪距测量,从而获得星地时间同步参数,对无线电双向时间同步精度进行检核,其时间同步精度可优于100ps。北斗卫星导航系统用这一手段,可大幅度提高星地系统时间同步测量精度,由当前的 10ns 提高到 $1 \sim 2$ns[18]。

3)监测站

监测站负责对导航卫星进行连续跟踪监测、接收导航信号,并将数据发送给主控站,为主控站信息处理业务提供观测数据。北斗地面运控系统的监测站由多频接收机、高精度原子钟、计算机和若干台环境数据传感器组成。接收机对导航卫星进行连续观测,以采集数据和监测卫星的工作状况。原子钟提供时间标准,而环境传感器收集有关当地的气象数据。

### 1.1.4.2 主要业务

由于北斗卫星导航系统采用卫星无线电导航业务(RNSS)和卫星无线电测定业务(RDSS)一体化设计,因此,北斗地面运控系统必须能够为这两类业务提供支撑。这两类业务的实现需要大量的系统资源,包括大量的监测接收机、上注天线以及以计算机为主的信息处理设备、大型处理软件等软硬件资源。为了使这些系统资源能够正常工作,地面运控系统必须具备系统级的管理与控制功能。

为了方便讨论,本书将地面运控系统的主要业务分为三大类:一是卫星无线电导航业务;二是卫星无线电测定业务;三是系统运行管理与控制业务。下面分别对这三类业务的内容进行描述。

1)卫星无线电导航业务

卫星无线电导航业务提供的服务即卫星导航定位服务。用户通过接收卫星无线电导航信号(含测距码和导航电文),自主完成定位、测速与授时计算。地面运控系统负责生成导航电文,并上注给卫星。为了生成导航电文,地面运控系统需要具备精密轨道确定与星历预报、时间同步与钟差预报、电离层延迟处理与修正参数生成、完好性信息生成、广域差分信息生成等功能。为了使星座具备自主运行功能,地面运控系统还需具备长期星历预报、长期钟差预报、地球自转参数预报等功能。

2)卫星无线电测定业务

用户的位置确定无法由用户独立完成,必须由外部系统进行距离测量和位置计算,再通过同一系统通知用户。卫星无线电测定业务主要包括定位与位置报告业务、定时业务、短报文通信业务等 3 个大业务。在新一代北斗卫星导航系统中,通过将RDSS 与 RNSS 结合,可以提供覆盖全球范围的广义 RDSS 服务。

3)系统运行管理与控制业务

如前所示,地面运控系统涉及数十颗卫星、数十个地面站、数百上千个核心设备的管理与控制问题。因此,系统运行管理控制必然是地面运控系统的主要业务之一。系统运行管理与控制业务主要包括系统业务规划、星地管理控制、导航电文编排和数据交互等业务。

# 1.2 地面段主要功能及运行维护特点分析

经过前面两节的分析,不难看出,卫星导航系统的地面段是整个卫星导航系统的核心部分。而且不论是北斗的地面运控系统,还是 GPS 的 OCS,其功能及组成都较为复杂。解决这一复杂系统的测试评估与运行保障问题,关键是要抓住主要矛盾。本节主要对地面段主要功能及运行维护的特点进行分析,一方面对上文关于卫星导航系统地面段的论述进行总结,另一方面为下面讨论地面段测试评估与运行保障的需求分析提供理论依据。

## 1.2.1 地面段主要功能特点分析

虽然全球主要卫星导航系统地面段的组成略有差异,其命名规则也不尽相同,如表 1.1 所列,但其主要功能都是类似的。归纳起来,卫星导航系统地面段的主要功能如下。

表 1.1    全球主要卫星导航系统地面段组成一览表

| 系统名称 | 地面段名称 | 主要设施 | 数量/个 |
|---|---|---|---|
| GPS | OCS | 主控站 | 1 |
| | | 备份主控站 | 1 |
| | | 注入站 | 4 |
| | | 遥测跟踪站 | 7 |
| | | 监测站 | 16 |
| GLONASS | 地面控制系统 | 系统控制中心 | 1 |
| | | 注入站 | 3 |
| | | 遥测遥控站 | 5 |
| | | 激光测距站 | 2 |
| | | 监测站 | 10 |
| | | 中央时钟 | 2 |
| Galileo 系统 | GMS | 地面传感器站 | 16 |
| | | 地面控制中心 | 1 |
| | | 上行注入站 | 5 |
| | GCS | 星座控制中心 | 1 |
| | | 遥测遥控站 | 4 |
| 北斗卫星导航系统 | 地面运控系统 | 主控站 | 1 |
| | | 时间同步/注入站 | 若干 |
| | | 监测站 | 若干 |
| | 地面测控系统 | 测控中心 | 1 |
| | | 测控站 | 若干 |

(1)测量:通过监测站进行轨道和钟差测量,以确定所有卫星的轨道参数和钟差

参数,以及电离层、大气气象参数等环境数据。通过星地测量实现卫星与地面的时间同步;通过站-星-站双向测量实现站间的时间同步。

(2)通信:涉及星地通信与站间通信。通过地面天线与卫星通信,地面可以给卫星发送控制指令和上传导航电文,接收卫星遥测数据。通过站-星-站之间的通信,外场站将数据传回主控站,主控站发送控制与调度指令给外场站。

(3)处理:通过主控站对轨道、钟差、电离层等参数进行外推和/或预测,形成导航电文信息,包括卫星星历、历书,以及广域差分改正数据等信息,并通过注入站上注给卫星。

(4)控制:向空间段发送指令,以确保卫星导航有效载荷正常工作;通过轨道机动控制和星载原子钟频率驾驭,使卫星轨位和钟差保持在合理范围内。

(5)监测:监测空间段运行状态,对空间段异常情况进行处理,并通过系统完好性信息及时通知用户。

除了上述5个主要功能外,地面段主控站还承担对整个地面系统的管理和控制的任务。相对而言,这属于地面段对内的功能,本书主要关注地面段对外的功能,因此,将不讨论主控站对系统内部的管理和控制问题。

综合上述分析,无论是北斗地面运控系统还是其他全球卫星导航系统的地面段,其功能主要有如下特点。

(1)涉及数十颗卫星、数十个地面站、成百上千个核心设备的管理调度和运行控制,对系统稳定性要求高。主控站需要根据星地可见性、设备工作状态、工作参数、链路资源等条件,对卫星、地面站、设备资源等进行业务规划和管理调度。合理有效的业务规划是星地能够正常运转的前提条件。科学管理与调度设备资源是系统高效运行的重要手段。

(2)涉及数十颗卫星轨道、星载原子钟、区域/全球电离层等参数的处理,对精度与实时性要求高。主控站综合利用星地、站间、星间、激光等观测设备的实时测量信息,进行卫星轨道和钟差测定与预报,对电离层延迟进行处理与外推,形成轨道、钟差和电离层产品。主控站处理得到的轨道、钟差和电离层延迟等信息最终被编辑为导航电文上注给卫星,卫星再播发给用户进行导航定位。因此,用户定位的精度受主控站的轨道、钟差、电离层处理精度影响很大。对RDSS用户,还需要进行位置解算、位置报告和授时等处理。

(3)需要对接星地、站间等多种信号/信息,数据接口关系复杂,对通信可靠性要求高。信号方面包括L频段、S频段、C频段以及激光等信号;信息包括基本导航、导航增强、自主导航等信息。这些信号/信息,通过星地、站间等链路进行交互,涉及主控站与监测站、主控站与注入站、卫星与监测站、卫星与注入站等接口协议。

## 1.2.2　地面段运行维护特点分析

根据上面对地面段主要功能的分析可知,地面段涉及数十颗卫星、数十个地面站、成百上千个核心设备的管理调度和运行控制,以及大量数据的处理与评估分析。

因此,地面段的日常运行与维护,是确保整个卫星导航系统能够正常提供导航、定位、授时服务的重要支撑。

地面操作人员是地面段日常运行与维护的主体。根据美国 GPS、欧盟 Galileo 系统和中国北斗卫星导航系统地面运行维护经验,地面操作人员一般由值班领导、领班员和值班员组成。值班领导负责指挥和调度;领班员一般由经验丰富、对地面系统各类业务熟悉的技术人员担任;值班员则按照分系统配备对该项业务比较熟悉的技术人员担任。

由于地面运行控制系统一般都按照自动化流程运行。地面操作人员主要任务是确保整个系统按照既定流程有序运行。但由于设备老化、环境异常或人为干扰等原因,系统难免会发生故障或异常情况。此时,地面操作人员必须能够独立或借助专家系统对发生的故障进行排查,对异常情况进行评估分析,形成有效应对方案。通常情况下,会涉及系统重新启动、软件异常修复、对故障设备进行替换或维修、更新等。

综上所述,地面段的运行与维护至少有如下特点。

(1)地面操作人员是确保整个卫星导航系统正常运行的核心。对地面段(尤其是运行控制系统)科学、合理、有效的管理调度和运行维护,有赖于训练有素的地面操作人员。地面操作人员需要具备日常操作、故障排查、异常告警、设备替换、软件更新等技能。

(2)对系统故障和异常情况的处理是系统运行维护的重要内容。地面段具有系统组成复杂、设备种类多、设备数量大等特点,系统或设备之间以及系统或设备出现故障或异常情况在所难免。因此,为了确保系统能从故障或异常情况中恢复,往往需要对硬件进行维修、替换,对软件进行更改、升级等操作。

## 1.3  地面段仿真测试与模拟训练需求分析

### 1.3.1  仿真测试需求分析

地面运控系统是卫星导航系统的指挥控制和数据处理中心,而主控站又是地面运控系统的神经中枢,因此可以说主控站是卫星导航系统的"中心的中心"。主控站的极端重要性,要求无论是在卫星导航系统建设过程中,还是在系统建成后,都需要对主控站进行全方位、多层次的测试、验证和优化升级。

主控站数据处理是一个复杂的过程,每一项业务处理功能的测试和验证都是一个从单元到系统的循序渐进的过程,期间需要各种不同类型的数据作为系统输入,然而由于在卫星导航系统设计研制阶段缺少实测数据,在运行阶段实测数据又包含各种复杂的误差,不便于主控站业务处理功能的测试和验证。特别是当对某项功能指标进行测试,尤其需要只针对该项指标测试的观测数据作为系统的激励输入时,实测数据难以满足需求。在这种情况下,就迫切需要一种理想的观测数据,以便对主控站业务处理功能进行测试和评估,卫星导航仿真系统的研制需求应运而生。

鉴于以上两点原因,研究地面运控系统的仿真测试与评估方法、研制地面运控系统仿真测试系统势在必行。通过模拟生成主控站所有的入站数据,作为主控站业务处理的输入,主控站对入站数据进行处理,得到输出数据,仿真测试系统利用主控站输出结果和仿真理论数据进行比较,实现对主控站的测试与评估。仿真测试系统对主控站业务测试与评估的支撑如图 1.18 所示。

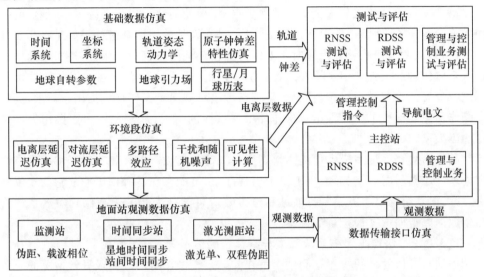

图 1.18　对主控站仿真测试与评估的示意图

为了实现上述需求,需要研究空间导航卫星的状态,电离层、对流层等空间环境对导航信号的影响,激光站、监测站和时间同步站的观测时序以及卫星钟差和接收机钟差等,这就需要分别建立卫星轨道模型、空间环境模型、钟差模型等,并对观测数据生成时序进行控制。

### 1.3.2　模拟训练需求分析

通过主控站控制导航卫星,需要定期为执行该任务的操作人员安排训练课程。目前,大多数培训课程都以"纸质培训"为主。通过纸质/电子文件进行培训、考核,一方面参与人员缺少与实际系统的交互,导致获得的知识主要是学术性的;另一方面由于这种培训考核方式单一,使得参与人员印象不深刻,容易遗忘,即使记住故障的解决方法,但可能由于对故障出现的原因不理解而导致无法解决同类型故障。

理论上可采用真实的卫星导航系统进行培训,但卫星导航系统开通运行后,由于连续运行不间断的要求,系统所属设备技术状态要求固化,技术参数的调整等技术状态变更需严格按照操作规程和相关规定执行,客观上不允许对在线系统设备的技术状态进行随意调整和模拟操作,出于经济、安全、可能性及试验重复性方面的考虑,人们往往不希望直接在真实地面段进行试验,而希望在模型上进行试验,以免训练或测试期间引入错误和/或异常,在真实系统上带来无法估量的损失。

因此,传统的培训与考核急需改变,主要体现在如下两种需求:一是培训与考核对高保真环境的需求;二是培训与考核对故障或异常情况的仿真需求。下面分别对这两种需求进行说明。

### 1.3.2.1 培训与考核对高保真环境的需求

培训的目的是让操作人员能够更快、更熟练地使用地面操作系统,提高他们的工作效率,减小甚至杜绝出错概率。因此,对于操作人员的培训与考核最好是在真实环境下进行,以便他们能够在上岗时不会因为操作环境的改变而产生操作失误,给系统造成不可估量的损失。但系统开通运行后,客观上不允许对在线系统设备的技术状态进行随意调整和模拟操作。因此,培训与考核对高保真操作环境提出了需求,高保真操作环境既保证了操作人员对操作环境一致性的需求,又避免了由于操作失误产生的巨大风险。

高保真仿真系统将极大地提高培训操作人员的能力。它还将有助于解决没有既定处理程序的问题。例如,如果卫星上出现问题,可能存在各种用于修复它的建议解决方案,但是给定解决方案的有效性和连带效应可能是未知的。高保真仿真系统将产生数据以帮助选择最佳解决方案。

### 1.3.2.2 培训与考核对故障或异常情况的仿真需求

培训与考核的目的主要是测试学员在实际系统操作时对故障或异常情况的应急处理能力,而地面运控系统是一个庞大且复杂的多学科融合大系统,对培训与考核的故障与异常提出更高的需求。首先,故障或异常需要区分为设备故障和数据异常;其次,故障或异常能够在训练过程中实时加入,并可以实现手动添加和随机添加两种方式,用于测试对指定故障异常的处理能力和应急处理能力;最后,对于故障和异常处理的结果进行自动评估,输出故障和异常处理的统计报表。

## 1.4 地面段仿真测试与模拟训练发展现状

### 1.4.1 卫星导航地面段仿真测试发展现状

卫星导航仿真测试是卫星导航系统建设过程中一项重要工作,是检验卫星导航系统是否按照既定目标建设的重要手段。在卫星导航系统的论证阶段、建设阶段和运行维护阶段都具有重要作用。因此,卫星导航仿真测试贯穿整个卫星导航系统的建设过程,尤其是论证阶段和建设阶段。

### 1.4.1.1 GPS 控制段仿真测试发展现状

1)GPS 地面运行控制系统的仿真测试

仿真测试一直是 GPS 研制中的重要手段。20 世纪 70 年代后期,GPS 尚处于方案论证阶段,美国空军就在尤马试验场建立了地面测试与数据处理系统。80 年代中期,美国 Rockwell 公司建立了一套星地回路仿真系统,以支持 GPS Block Ⅱ 和 Block ⅡA 卫星系列的研制。90 年代中期,Rockwell 公司又对以前的仿真系统进行了技术改造,以支持 GPS Block ⅡF 卫星系列的研制。

地面控制段高保真仿真系统最初被提出是用于地面操作人员的模拟训练,分别由 Loral 联邦系统(Loral federal systems)公司和洛克希德·马丁(Lockheed Martin mission systems)公司承研。Loral 公司于 1996 年首先提出 GPS 地面 OCS 仿真系统(GPS OCS simulator)的概念,并用于地面操作人员的培训。随后,洛克希德·马丁公司于 1997 年提出 GPS 高保真仿真系统的概念,并作为地面人员培训、试验支持与分析的工具[19-22]。图 1.19 为其高保真系统模拟器(HFSS)的体系结构[21]。

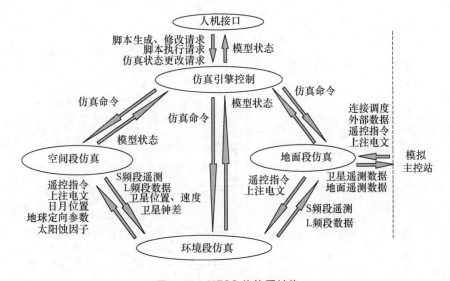

图 1.19　HFSS 的体系结构

GPS 建设时间较长,为了适应不断增长的用户需求,GPS 地面运行控制系统进行了多次升级改造。尽管系统功能不断完善,但在 GPS Ⅲ 控制段中,高保真仿真系统 HFSS 仍然保留。由此可见,地面高保真仿真系统在 GPS 地面段中的重要作用。

2)GPS 下一代地面控制段的测试与评估

面向 GPS Ⅲ 的下一代地面控制段是 GPS Ⅲ 计划的重要组成部分。美国空军于 2012 年开始 OCX 的建设,承建方是美国的 Raytheon(雷神)公司。如前文所述,OCX 将分三个阶段进行建设,分别是 Block 0、Block Ⅰ 和 Block Ⅱ。Block 0 阶段主要支持 GPS Ⅲ 卫星的发射和试验验证。Block Ⅰ 能够管理和控制 GPS Ⅱ 和 GPS Ⅲ 卫星,以及基本现代化的军用信号。Block Ⅱ 能够管理和控制完全现代化的军用信号和其他导航信号。但由于 OCX 研制进度推迟,美国空军为了确保 GPS Ⅲ 卫星正常发射和验证,提出了应急操作(contingency operations)计划,如图1.20所示。该计划作为AEP的系统向OCX过渡的一个方案,主要功能如下。

(1)能够提供GPS Ⅲ卫星的指令和控制功能。

(2)具有与GPS ⅡF等价的导航功能(遗留信号和现代化信号),但

① 不具备L1C或者GPS Ⅲ增强信号类型;

② 不具备新信号的监测功能(一直到OCX Block Ⅰ才具备)。

(3)部署OCX Block 0提供发射相关服务。

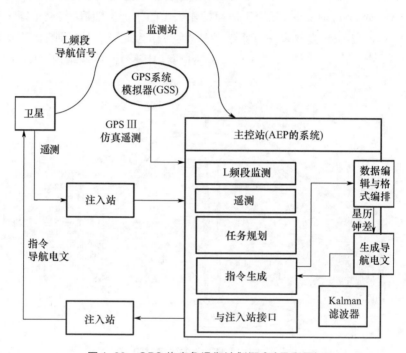

**图1.20 GPS的应急操作计划概念(见彩图)**

从图1.20可知,由于不具备新信号的监测功能,为了验证AEP的相关处理能力,由GSS提供模拟的遥测信号。

另外,为了保证OCX能够正常投入使用,在美国空军的牵头下,对其开展了大量的测试工作。2012年上半年,美国喷气推进实验室(JPL)的Willy Bertiger等人以全球差分GPS(GDGPS)作为测试床,对OCX的定轨软件RTGX的定轨功能进行了评估[23]。GDGPS是GPS的增强系统,其功能类似于地面控制段。试验中采用GDGPS测站作为模拟监测站,有17测站与34测站两种布局模式,如图1.21所示。利用GDGPS的连续实测观测数据实现了卫星轨道的实时确定。试验计算了7月11日—8月15日期间每颗卫星每天的均方根(RMS)用户测距误差(URE),其中参考轨道来源于JPL的事后精密轨道。试验结果表明两种布局模式下实时定轨结果优于14cm,OCX的定轨软件RTGX能够满足系统运行要求。

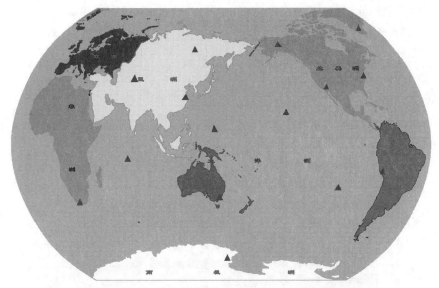

(a) 17 个地面站

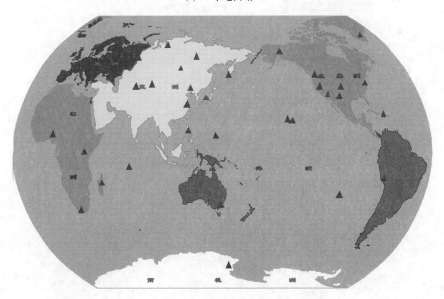

(b) 34 个地面站

**图 1.21 OCX 定轨试验测站布局(见彩图)**

3) 广域增强系统(WAAS)测试与评估

WAAS 是由美国联邦航空管理局(FAA)开发建立的一个主要用于航空领域的导航增强系统,该系统通过 GEO 卫星播发 GPS 广域差分数据(卫星星历改正、电离层延迟改正等),从而提高全球定位系统的精度和可用性。

iWAAS 为 WAAS 的仿真系统,其目的是测试评估分析 WAAS 的算法。iWAAS

具体包括 5 个部分(详见参考文献[24]):GIPSY-OASIS、接收机仿真(RSIM)、WAAS 原型(WAAS prototype)、iGPSIM/iGRSIM 及用户平台仿真(UPSIM)。其中 WAAS 原型主要实现 WAAS 算法建模,包括广播修正信息、格网电离层延迟及完好性信息等;RSIM 实现接收机锁相环、周跳及钟差等的仿真;UPSIM 基于 RSIM,但提供计算导航定位结果、将导航定位结果与已知结果比对等额外的功能。iWAAS 数据流图如图 1.22 所示。

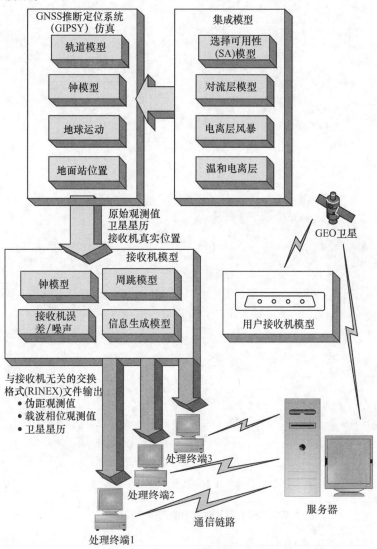

图 1.22　iWAAS 系统组成及数据流

　　iWAAS 用于 WAAS 测试时,通过设置测试输入值给 WAAS,通过比较相应的已知结果与 WAAS 的输出结果检核系统的性能。

#### 1.4.1.2  Galileo 系统地面段仿真测试发展现状

1) Galileo 系统测试床(GSTB)对地面段测试验证的支持

为推动 Galileo 系统的发展,欧洲空间局于 2002 年开始进行 Galileo 系统测试床(GSTB)的研发。GSTB 是一个试验性的地面段,基于此实现了卫星轨道确定与时间同步及其评估等工作。其分为两个阶段:第一个阶段主要通过收集 GPS 观测数据,以对 Galileo 系统关键算法进行验证,包括精密轨道确定与时间同步、Galileo 系统时间基准以及与协调世界时(UTC)/国际原子时(TAI)的调整、用户等效测距误差(UERE)预算分配以及空间信号完好性分析;第二阶段,基于 GSTB-V2 通过发射两颗试验卫星 GIOVE-A 及 GIOVE-B 实现对 Galileo 系统有效性的验证,具体评估内容包括精密定轨与时间同步、导航电文服务、地面段算法模型有效性等。

(1) 第一阶段:GSTB-V1。

采用实测 GPS 数据对轨道与时间同步处理设备(OSPF)功能进行测试评估(OSPF模型初期具备 GPS 数据处理功能),如图 1.23 所示[25]。

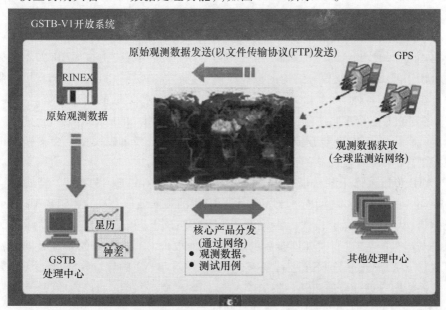

图 1.23  基于实测 GPS 数据的定轨与时间同步测试

OSPF 采用最小二乘批处理算法对载波和伪距数据进行处理。其包括两种数据处理模式,一种为长弧段轨道确定与时间同步处理模式,另一种为短弧段轨道确定与时间同步处理模式。该两种数据处理模式的采用,一是为了满足定轨精度的要求,二是为满足导航电文需每 10min 完全更新一次的时间要求。

利用 GPS 实测数据,根据定轨及时间同步的结果对 OSPF 的性能进行评估。测试结果表明,每 10min 更新一次导航电文的模式下,100min 的轨道预报 RMS 为 10cm,而钟差的预报 RMS 为 1ns,满足系统定轨与时间同步的性能需求。而通过处理 GPS 数据,也能有效地验证 OSPF 轨道动力学模型、OSPF 数据处理流程及数据处理时间等。

(2) 第二阶段:GSTB-V2。

利用 OSPF 实现对 GIOVE-A 卫星及 GPS 卫星的轨道钟差确定和钟差解算,以此验证 OSPF 的定轨与时间同步性能[26]。

试验时段为 2006 年 7 月 15 日—2006 年 7 月 23 日,试验中地面测站包括两个试验监测站及 14 个激光测站,试验采用最小二乘批处理算法进行轨道确定,使用重叠弧段法对轨道进行评估,其中定轨弧段为 5 天,重叠弧段为 1 天。解算中采用经验型太阳光压模型,该光压模型中的 5 个模型参数 $D_0$、$Y_0$、$B_0$、$B_c$ 及 $B_s$ 将与 6 个卫星状态参数一同解算。

试验结果表明,Galileo 系统的伪距、载波及激光测距的残差都保持在 0.5m 以内,GPS 卫星的定轨值与国际 GNSS 服务(IGS)值之差控制在分米量级;重叠弧段径向的 RMS 为 10cm 左右,而沿迹向(切向)的 RMS 达到 50cm;第一弧段的预测轨道值与第二弧段的轨道估值差值 4 天内控制在 40cm 内,如图 1.24 所示。

2) Galileo 测试环境(GATE)

德国于 2002 年启动了 Galileo 测试环境(GATE)的项目,由德国 IfEN 公司负责建设。用于 Galileo 系统信号结构的设计及确认、建立 GPS 和 Galileo 系统互用的测试设备及建立基于各种 Galileo/GPS 的应用系统在陆海空各领域的测试环境。事实上,GATE 的建立有三个重要使命:信号测试、接收机测试及用户的应用。

GATE 系统于 2008 年建成具有多个 GATE 发射塔台(可以模拟至少 4 颗 Galileo 卫星)和 2 个 GATE 监测站的试验基地,如图 1.25 所示。

GATE 可以工作于基站模式、扩展基站模式、混合 GATE/GSTB-V2 模式和混合 GATE/GPS 模式。GATE 可处理 GATE 本身形成的观测值以及来自 GSTB-V2 和 GPS 的观测值,从而形成混合模式。在混合 GATE/GSTB-V2 模式中,GATE 发播的时间信息是与 GSTB-V2 进行时间同步后的时间,从而取代 GATE 自身的系统时间。在这一模式中,GATE 通过与 ESA 进行紧密合作获得 GSTB-V2 的导航数据,经过 GATE 发射台发播给用户进行导航定位。混合 GATE/GPS 模式与混合 GATE/GSTB-V2 类似,只是发播的时间信息是与 GPS 时进行时间同步后的时间。

3) Galileo 系统仿真设施(GSSF)

在 ESA 的支持下,德国 VEGA 公司组织设计开发了 Galileo 仿真系统[27],其主要功能之一是可以对地面任务部分进行测试,其原始数据生成功能可以仿真地面监测站的观测数据,为地面试验任务提供数据驱动,同时为相关算法提供数据支持。GSSF 还将支持 Galileo 系统全生命周期中对系统仿真的需求。

GSSF 是一套能够模拟 Galileo 系统功能和性能的综合仿真软件工具,用户界面如图 1.26所示。GSSF 可以在 Galileo 系统投入运行之前,为系统设计单位、工业制造部门以及最终用户提供一个应用开发所需要的导航系统的模拟平台,以评估技术方

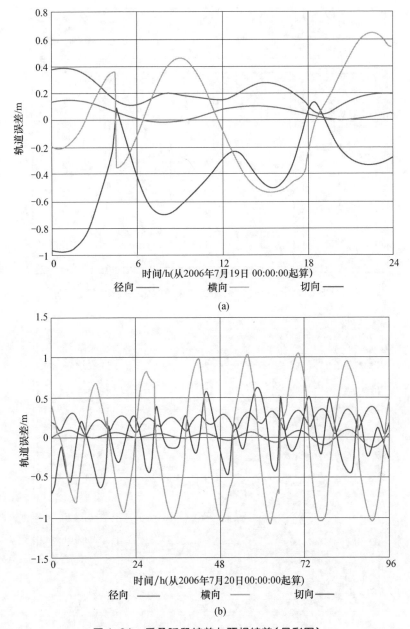

图 1.24　重叠弧段较差与预报较差（见彩图）

案、确定接口规范、验证算法、估计系统性能等。GSSF 支持长时间、全球范围、异常故障条件下与导航星座设计相关的可见性分析、覆盖性分析、几何分析、精度衰减因子（DOP）分析、导航性能分析、空间信号精度分析、完好性分析、服务性分析以及信号体制设计、误差预算分析等，能够提供具有实际指导意义的定量分析结果，具有良好的开放性能，支持多分辨力模型和算法的即插即用。

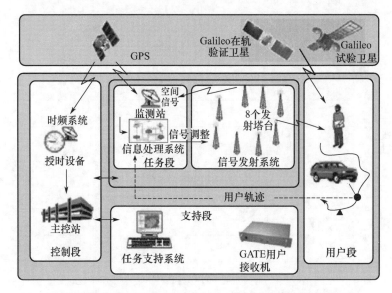

图 1.25 Galileo 系统测试和研发环境的体系结构(见彩图)

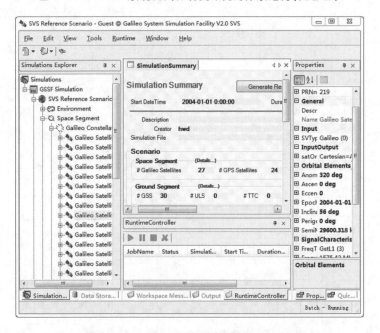

图 1.26 GSSF V2.0 用户界面(见彩图)

GSSF 也可通过用户的期望进行模块选择来完成一些简单的仿真,它具有强大的服务容量仿真能力和高保真的原始数据生成能力。在 GSSF 建模时,GSSF V2.0 提供了如下两种仿真模式。

(1)服务容量仿真:适用于低精度模型仿真,如图 1.27 所示。可以执行大范围长时段的导航性能及完好性分析,并以图片的形式展示系统覆盖性、DOP 及导航精度、系统可用性及连续性等性能评估指标。GSSF 还能提供 GPS/Galileo 全球接口分析、建链预算以及误差预算分析。

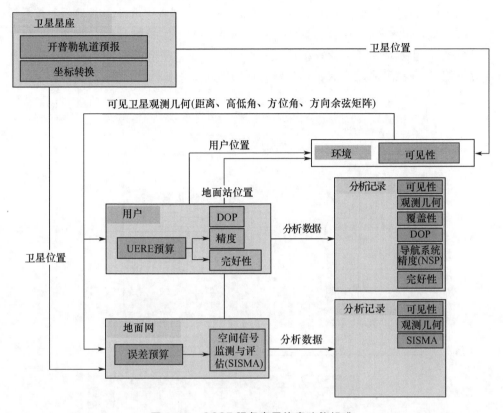

图 1.27　GSSF 服务容量仿真功能组成

（2）原始数据生成：适用于高精度模型仿真，能够以高可信度仿真 GPS 及 Galileo 系统观测数据，生成的原始观测数据适用于 OSPF 等算法的调试与验证。GSSF 仿真生成的 GPS 观测数据相对于实测 GPS 观测数据已经通过系统级的有效性验证。

GSSF 提供一些内部及外部接口用于相关算法的替换及外部数据的交互，其兼容与接收机无关的交换格式（RINEX）、IGS、标准产品 3（SP3）等数据格式，并支持环境模型的替换（电离层/对流层）。

### 1.4.1.3　中国北斗地面运控系统仿真测试发展现状

针对北斗卫星导航系统已经开展了大量的测试评估工作。包括地面运控系统的仿真测试、系统服务性能的仿真分析和评估、用户设备测试等，取得了不错的进展。同时，针对星间链路，开展了多项关键技术攻关及关键设备研制，极大地促进了北斗卫星导航系统的建设发展。

1）北斗二号地面运控系统模拟测试与评估

为了实现北斗二号卫星导航系统（从空间段到地面运控段）系统级的仿真任务

和在卫星不在轨的条件下,完成地面运控系统的联调与测试,并作为测试平台,在实验室条件下完成用户终端和监测接收机主要指标的测试任务,在北斗二号一期地面运控系统中安排了地面运控仿真测试与评估系统研制任务。北斗二号地面运控系统仿真测试系统包含7个分系统:数学仿真分系统、RNSS 信号仿真分系统、RDSS 信号仿真分系统、干扰信号仿真分系统、控制与管理分系统、测试与评估分系统和测试环境分系统,仿真测试系统组成及信息流方向图如图 1.28 所示。

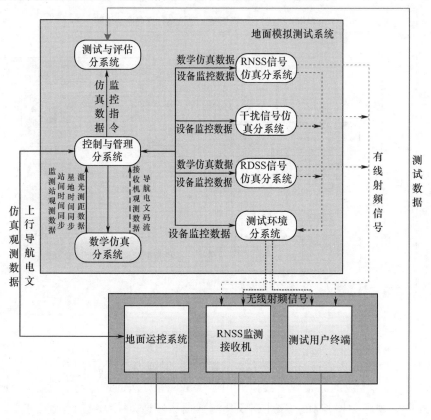

**图 1.28 地面运控系统仿真测试系统的组成**

北斗二号地面运控系统仿真测试系统可完成对监测接收机和测试用户终端的测试任务。同时,数学仿真分系统、控制与管理分系统、RNSS 信号仿真分系统联合与北斗二号地面运控系统完成了闭环验证,如图 1.29 所示。

北斗二号地面运控系统仿真测试系统实物图如图 1.30 所示。该系统实现了北斗卫星导航系统从空间段、地面运控段及用户设备段系统级的仿真,研制了北斗二号首套系统级信号模拟系统,形成了支持北斗二号地面运控系统的 RNSS、RDSS、管理控制业务的仿真测试与评估平台。

2006 年至 2008 年,该系统在北斗卫星入轨前为北斗二号地面运控系统各分系统、监测站、RNSS 监测接收机、RNSS 用户终端和 RDSS 用户的测试验证提供了测试

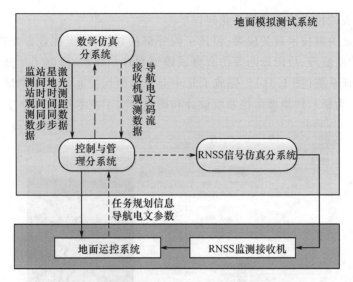

图 1.29　仿真测试系统与地面运控系统闭环验证

图 1.30　地面运控系统仿真测试系统实物图

与评估设备。

2）北斗三号地面运控仿真测试与评估技术研究

为了解决北斗三号全球地面运控系统的仿真测试和评估问题,国家科技重大专项专门设置"地面运控仿真测试与评估技术"关键技术攻关项目。

该项目针对北斗全球系统服务区域全球扩展、服务性能提高、星座自主导航等新需求,提出了北斗全球地面运控仿真测试与评估技术总体方案,系统开展了面向地面运控的仿真测试模型和算法的研究,完善以高精度时间、坐标系统、导航星座和导航观测数据等仿真技术,高保真度空间环境仿真技术,高可信度导航业务处理结果评估技术等为代表的核心技术及体系化建设。

为了验证关键技术攻关成果,设计了内外部接口协议、运控业务处理、星地管理控制、运行控制流程、故障诊断等仿真测试模型和评估算法,研制了地面运控仿真测试与评估验证系统(图 1.31)。完成了北斗全球地面运控系统仿真测试与评估关键技术的验证,为新一代地面运控系统设计和研制夯实了技术基础。

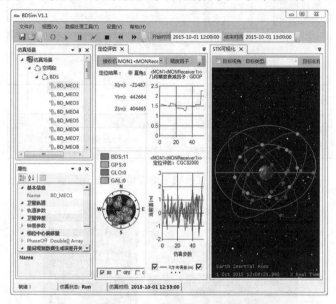

图 1.31　地面运控仿真测试与评估验证软件监控界面(见彩图)

## 1.4.2　地面操作人员培训发展现状

美国 GPS 的主控站由美国空军空间司令部的第二空间操作中队(2SOPS)负责。2SOPS 支持全部所需的对 GPS 星座进行的操作,包括日常给卫星上注导航电文和对星座中的所有卫星进行监测、诊断、重新配置和位置的保持。在 GPS 早期存在的一个风险是持续依赖运营资源进行某些形式的操作员培训和新软件测试。如果在这些训练或测试期间引入错误和/或异常,则对 GPS 操作的影响可能是灾难性的。

为了减轻这种风险,空军第 50 空间部队确定需要有能力完全模拟卫星星座和 GPS 运行控制系统,并在 20 世纪 90 年代就将其列为他们的头号关切技术[21]。GPS 联合计划办公室(JPO)已与 Loral 联邦系统公司签订合同,开发一个模拟器,操作人员可以在离线逼真、无惩罚的环境中熟悉 GPS 操作和新功能,如图 1.32 所示。此外,开发人员

图 1.32　GPS 的 2SOPS 操作人员

可以在交付前进行全面的测试控制系统升级,而无需使用任何操作资源。

通往 GPS 星座模拟器的道路是漫长的。1990 年,GPS 运营需求文件指出,"需要一个模拟器来培训和评估主控站(MCS)运营人员,协助软件开发人员,并协助程序验证和异常解决"。然而,直到 1996 年才为支持 MCS 的模拟器提供资金。

空军卫星控制网(AFSCN)负责 GPS 卫星的发射和早期轨道运行,并开发了 GPS 训练增强装置,支持对 GPS Block Ⅰ/Ⅱ和ⅡA 卫星的卫星控制仿真。定于 1996 财政年度初交付的临时训练增强装置将把 Block ⅡR 卫星添加到这个模拟器中。然而,这些装置没有提供有效载荷模拟和足够高的保真度,以满足 GPS 及其 OCS 操作员对精度和可靠性的要求。此外,它被设计成与 AFSCN 接口,而不是 GPS OCS。因此,需要一个不同的模拟器,它将与 OCS 接口,并具有更高的保真度。

于是,在 20 世纪 90 年代末期,针对 GPS 操作人员的培训问题,由美国空军主导,提出建立地面控制段高保真仿真系统用于人员培训,分别由 Loral 联邦系统公司和洛克希德·马丁公司承研,Loral 联邦系统公司于 1996 年首先提出 GPS OCS 仿真系统(GPS OCS simulator)的概念,并用于地面操作人员的培训[19-22]。

HFSS 用于人员培训的场景,如图 1.33 所示。由于 HFSS 采用了高保真度建模与仿真的方法,使得新手们无法辨别是在仿真系统上操作还是在实际系统上操作。

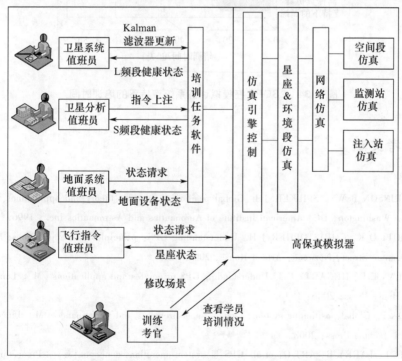

图 1.33　HFSS 在人员培训中的应用示意图

Loral 联邦系统公司开发的高精度 GPS 模拟器建立在地面系统模拟器软件的基

础上,并利用卫星和有效载荷制造商开发的实际 GPS 航天器软件。该系统利用多处理器计算机模拟整个卫星星座,为管理全球 GPS 导航性能提供培训。同时,在卫星和卫星子系统的日常和异常运行中,可以同时运行多达 4 个完整的卫星模拟器来训练。对主控站外的所有地面资源,如地面天线、监测站和用户链路进行模拟,以模拟与卫星和外部系统的通信。模拟器的用户界面允许教师(训练教官)轻松输入所有类型的异常,以测试学员的反应。模拟器允许 GPS 操作人员在获得认证之前单独或作为一个班组成员进行训练,以处理真正的"日常生活"情景。

在该系统辅助下,2SOPS 人员获得上岗初始资格的时间仅相当于传统方式的三分之一,如图 1.34 所示。关于 HFSS 及其在人员培训中的作用将在本书第 7 章详细讨论。

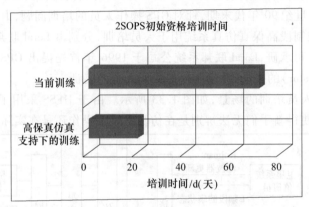

图 1.34　2SOPS 在模拟训练系统支持下的培训时间

## 参考文献

［1］ PARKINSON B W. , SPILKER. J J. Global positioning system：theory and applications volume 1 ［M］. Washington, DC：American Institute of Aeronautics and Astronautics Inc. , 1996.

［2］ ELLIOTT D K, CHRISTOPHER J H. Understanding GPS：principles and applications［M］. 2nd ed. Canton Street, Norwood：Artech House, 2006.

［3］ KAPLAN E D, HEGARTY C J. Understanding GPS principles and applications ［M］. London：Artech House Press, 2006：1-13.

［4］ MISRA P. Global positioning system, signals, measurements and performance ［M］. Lincoln, MA：Ganga-Jamuna Press, 2008.

［5］ OLLIE L, LARRY B, ART G, et al. GPS Ⅲ system operations concepts ［C］// Proceedings of the 16th International Technology Meeting of the Satellite Division of the Institute of Navigation, Portland. 2003：380-388.

［6］ GPS control segment ［EB/OL］. (2017-05-01)［2019-03-30］. https：//www. gps. gov/systems/

gps/control/.

[7] BERTIGER W, BAR-SEVER Y, HARVEY N, et al. Next generation GPS ground control segment (OCX) navigation design [C]// Proceedings of International Technical Meeting of the Satellite Division of the Institute of Navigation, 2010：964-977.

[8] 陈勘, 李尔园. 全球定位系统(GPS)现代化运行控制段(OCX)的进展与现状[J]. 全球定位系统, 2010(2)：56-60.

[9] REVNIVYKH S G. GLONASS：status, development and application[C]. International Committee on Global Navigation Satellite Systems (ICG), Second Meeting, September 4-7, 2007, Bangalore, India.

[10] GLONASS_Ground_Segment [EB/OL]. (2014-09-18) [2019-03-30]. https：//gssc. esa. int/ navipedia/index. php/ GLONASS_Ground_Segment#cite_note-2.

[11] 佩洛夫 A И, 哈里索夫 B H. 格洛纳斯卫星导航系统原理：第 4 版[M]. 刘忆宁, 等,译. 北京：国防工业出版社, 2016.

[12] BENEDICTO J, DINWIDDY S E, GATTI G. et al. GALILEO：satellite system design and technology developments[R]. Noordwijk：European Space Agency, 2000.

[13] HOFMANN-WELLENHOF B, LICHTENEGGER H, WASLE E. GNSS – GPS, GLONASS, Galileo, and more [M]. New York：Springer Wien New York, 2008.

[14] NURMI J, LOHAN E S, SAND S, et al. GALILEO positioning technology[M]. New York：Springer,2015.

[15] RAFAEL L. Status of european satellite navigation system [C]// Munich Satellite Navigation Summit, 2004.

[16] 中国卫星导航系统管理办公室. 北斗卫星导航系统公开服务性能规范(2.0 版)[EB/OL]. (2018-12-27) [2019-03-30]. http://www. beidou. gov. cn/xt/gfxz/201812/P020181227529210661088. pdf.

[17] 中华人民共和国国务院新闻办公室. 中国北斗卫星导航系统[M]. 北京：人民出版社, 2016.

[18] 谭述森. 卫星导航定位工程[M]. 北京：国防工业出版社, 2007.

[19] LEE C, DARLENE G, ROBERT H, et al. Simulation the GPS constellation for high fidelity operator training[C]//IEEE Position Location and Navigation Symposium, Atlanta, USA, April 22-25, 1996.

[20] MARK B, BRAD D, WILLIAM G. High fidelity GPS satellite simulation [J]. American of Institute of Aeronautics &Astronautic, Colorado Springs, USA, 1997：213-222.

[21] DRIVER TED. GPS high fidelity system simulator-a tool to benefit both the control and user segments[C]// Proceedings of the 54th Annual Meeting of the Institute of Navigation (1998), Denver, CO, June 1998：507-515.

[22] BAKER M, DINGMAN B, GREGG W. High fidelity GPS satellite simulation[C].//Modeling and Simulation Technologies Conference, 11 August 1997-13 August 1997,New Orleans, LA, USA, 1997：213-223.

[23] BERTIGER W, BAR-SEVER Y, BOKOR E, et al. First orbit determination performance assessment for the OCX navigation software in an operational environment[EB/OL]. (2012-05-1) [2019-03-30]. http://www. gdgps. net/system-desc/papers/ION2012_RTGX. pdf.

[24] HOUUGHTON R L, KIRK J G, AUTON J R, et al. Simulation of GPS augmentation systems[C]//

IEEE Oceanic Engineering Society. OCEANS'98. Conference Proceedings. 28 September-1 October 1998, Nice, France: 835-839.

[25] MARTÍN J R, CASTRILLO I, MARTÍN A B, et al. Galileo orbitography and synchronization processing facility (OSPF): preliminary design[C]//ION GNSS 19th International Technical Meeting of the Satellite Division, Sep. 29, 2006, XPO02557650, Fort Worth, U.S.A.

[26] PÍRIZ R, FERNÁNDEZ V, TAVELLA P, et al. The Galileo system test bed V2 for orbit and clock modeling [C]// ION GNSS 19th International Technical Meeting of Satellite Division, 26-29 September 2006, Fort Worth, TX: 549-562.

[27] GSSF Team. Galileo system simulation facility - algorithms and models[R]. Darmstadt: VEGA Informations-Technologien GmbH, 2005.

# 第 2 章　卫星导航仿真建模与测试评估原理

为了解决卫星导航地面控制段的测试与评估问题,首先要解决测试所需驱动数据、评估理论值和评估方法的问题。本章首先给出仿真测试所需驱动数据的生成原理,即卫星导航数学建模与仿真方法。然后,为了确保仿真模型的有效性,提出仿真模型的有效性验证方法。正确、有效的仿真数据既可作为驱动被测对象的测试数据(如观测数据),又可作为理论值(如仿真轨道、钟差、电离层数据等)与被测对象的输出进行比对评估。本章最后介绍卫星导航系统测试与评估的一些统计方法和相关工具。

## 2.1　卫星导航数学建模与仿真原理

本节从仿真对象分析出发,先建立仿真数学模型的统一描述,然后以数学描述为基础,提出一套仿真建模的方法,并给出具体实施步骤[1]。

### 2.1.1　建模对象和仿真任务

如第 1 章所述,卫星导航系统由空间段、地面段和用户段组成,其发展总体上经历论证、设计、建设及应用 4 个阶段,如图 2.1 所示。卫星导航系统的建设从论证到应用是一个长期、复杂的系统工程,需要耗费巨大的人力、物力资源。在这 4 个阶段中,不管是卫星导航系统还是其各组成部分的功能、性能都需要进行多层次、多方位的重复性验证、测试与评估。完备的仿真试验手段可以充分验证系统体制的可行性,提前识别并控制系统的不确定因素及问题,以最小的时间和成本代价实现系统建设的总目标。因此,卫星导航系统仿真测试与评估是降低系统风险的有效途径。但在这之前,对建模对象理解的深度和对仿真任务的认识程度都制约着仿真的实际效果。

首先,地面段或地面运控系统既是被测对象,也是仿真对象。地面运控系统通过全球布站观测和利用星间链路数据,实现在轨卫星全弧段高精度轨道、钟差测定以及电离层延迟改正等基本导航业务,一体化设计实现星基增强业务和定位报告业务,并确保系统运行服务的高安全性、高可靠性。

对于地面运控系统而言,其管理和服务的对象不是广大的导航定位用户,而是空间段卫星星座。深入理解空间段及其与地面段的关系,是仿真建模的前提。空间段由数十颗按照设定星座构型排列的卫星组成,为导航用户提供时间基准和空间基准。

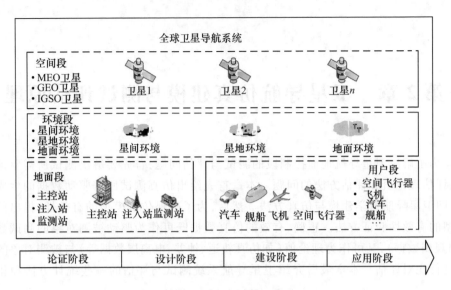

图 2.1　仿真对象组成

近年来,空间段的建设涌现出一些新技术,例如更先进的信号体制、星间链路技术、多系统广域差分与完好性技术和自主导航技术等。这些技术提升空间段服务能力的同时,也加速了地面段的升级和改进。因此,空间段的建模与仿真是驱动地面运控系统运行的前提条件。

由于环境的影响是卫星导航系统建设和应用不可忽视的因素,因此,有专家呼吁将环境影响提升到环境段的高度来对待。虽说环境段是客观存在的事物,现实中不需要建造,但对于仿真而言,环境的影响必须进行建模,才能够将其影响体现在各类星地、站间、激光等观测值中。因此,本书将环境的影响也称为环境段,与空间段、地面段和用户段并列。

总体而言,地面段仿真建模的任务是:仿真空间段卫星星座和地面段各个站点,计算星地、星间、站间、激光等各类仿真观测数据,用以驱动地面运控系统(部分用户段典型用户)运行,并将地面运控系统运行结果与仿真理论值进行比对,从而验证或评估地面运控系统的功能和性能是否满足设计要求。

## 2.1.2　数学模型的统一描述

由前面分析可知,卫星导航系统的复杂性、评估项的多层次性及对评估结果的有效、可靠要求,导致卫星导航系统仿真模型的复杂性、多样性,并对仿真模型的逼真度提出了不同的需求。另外,卫星导航系统是一个规模庞大、组成复杂的大系统,其各组成部分内部及之间具有极其复杂的接口关系,导致卫星导航系统在论证、设计、建设、应用4个阶段的功能、性能评估项是多层次的、复杂的。因此,建立一种满足卫星导航系统不同阶段验证、测试与评估需求的数学模型体系存在一定的技术困难。

解决该问题的有效方法,首先是建立模型描述的相关标准和规范。为了描述卫

星导航系统数学模型体系,建立了如下统一描述方法:

$$S = \langle F, M, R \rangle \tag{2.1}$$

式中:$F$ 为数学模型体系的功能;$M$ 为数学模型体系中的数学模型;$R$ 为数学模型体系的构建准则。它们的含义如下。

1) 数学模型体系的功能 $F$

$F$ 体现了数学模型体系满足的需求,是数学模型体系的构建依据,说明该数学模型体系存在的必要性。

2) 数学模型 $M$

$M$ 是组成数学模型体系的个体,卫星导航系统数学模型是采用数学方程实现对卫星导航系统中某个实体/功能或对该实体/功能的操作或对卫星导航系统中某类数学模型的操作的抽象、简化而建立起来的模型。卫星导航系统的数学模型种类多、数量大,然而它们具有以下共性,形成数学模型的组成要素:

$$M = \langle MP, MR \rangle \tag{2.2}$$

式中:MP 为数学模型的属性,指数学模型具有的全部有效特征。表示为

$$MP = \langle function, granularity, fidelity \rangle \tag{2.3}$$

式中:function 为数学模型的功能,说明该数学模型是对卫星导航系统中实体/功能的抽象简化,还是对实体/功能的操作的抽象简化,或是对卫星导航系统中某类数学模型进行操作的抽象简化;granularity 为数学模型的颗粒度,该属性是根据卫星导航系统的组成特点提取的,数学模型的颗粒度主要指数学模型的分辨力,不同颗粒度数学模型的抽象以系统的多层次结构为基础,建立同一个物理实体或系统的不同分辨力模型或抽象层次上描述一致的模型。颗粒度大的数学模型分辨力小,描述高层次物理实体或系统的宏观属性;颗粒度小的数学模型分辨力大,描述低层次物理实体或系统的细节和具体行为。数学模型的颗粒度越小,分辨力越大,对问题的描述就越详细。fidelity 为数学模型的逼真度,是指数学模型对仿真对象整体或某个状态/行为描述的忠实程度。在卫星导航系统数学模型颗粒度的约束下,卫星导航系统数学模型的逼真度分为两种类型,分别定义为 I 型逼真度、II 型逼真度。

I 型逼真度指具备下一层颗粒度的数学模型的逼真度,该类数学模型的逼真度与下一层颗粒度数学模型的类型及逼真度有关。

II 型逼真度指不具备下一层颗粒度的数学模型的逼真度,该类数学模型的逼真度与模型建立时采用的方法有关。

式(2.2)中 MR 为数学模型的约束准则,主要为数学模型体系的功能对数学模型的逼真度的约束。

3) 数学模型体系的构建准则 R

R 为数学模型组成体系遵循的规则,该规则是根据数学模型的属性建立的。由卫星导航系统数学模型构建数学模型体系时遵循的规则具体包括以下几点。

（1）同一分支的数学模型功能一致。

（2）数学模型的颗粒度层级关系与实际卫星导航系统一致。

（3）数学模型的逼真度与数学模型体系的功能一致。

### 2.1.3 仿真模型体系的构建

根据面向实体建模和功能建模相结合的思想,将卫星导航系统级验证/测试与评估所涉及的物理实体或系统,采用自顶向下、逐层细化的方法进行模型化,按照数学模型体系建立的技术方案建立一种卫星导航系统试验验证与测试评估数学模型体系。其构建方法及流程包括3个步骤,如图2.2所示。

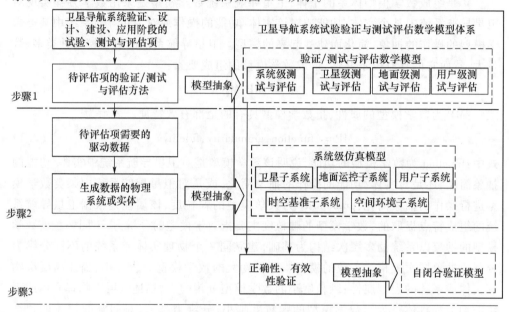

图2.2 卫星导航系统试验验证与测试评估数学模型体系的构建流程

步骤1:以卫星导航系统验证、设计、建设及应用4个阶段的功能、性能验证/评估为驱动,确定卫星导航系统的验证/测试与评估项目,形成待测项的验证/测试与评估方法。对卫星导航系统的系统性能、星座性能、系统业务、信息接口连通性等功能、性能的验证/测试与评估项及其验证/测试与评估方法进行抽象,形成验证/测试与评估模型,该类数学模型是对卫星导航系统中实体或功能的操作的抽象简化,是卫星导航系统试验验证与测试评估数学模型体系的核心。

步骤2:根据开展卫星导航系统验证、设计、建设及应用4个阶段的验证/测试与评估项需要的驱动数据,确定生成驱动数据的卫星导航物理系统或实体。对卫星导航物理系统实体或功能进行抽象,形成系统级仿真模型,该类模型是卫星导航系统试验验证与测试评估数学模型体系的基础。

步骤3:建立卫星导航系统验证/测试与评估模型、系统级仿真模型后,为保证它们的正确性、有效性,需进行自闭合验证。对自闭合验证项及方法进行抽象,形成自闭合验证模型,该类模型是对卫星导航系统验证/测试与评估模型、系统级仿真模型的操作的抽象简化,是卫星导航系统试验验证与测试评估数学模型体系可靠性、可信度的保障。

由图 2.2 可知:验证/测试与评估数学模型是模型体系的核心,直接完成对被评估项的验证/测试与评估;系统级仿真模型是模型体系的基础,为被评估项提供所需的驱动数据;自闭合验证模型是模型体系可靠性、可信度的保障,根据被验证模型的类型构建自闭和验证模型。

### 2.1.3.1 测试与评估模型的构建方法

采用自顶向下、逐层细化的方法,结合模型的颗粒度和逼真度对验证、测试与评估模型进行构建,形成 3 级模型颗粒度 + Ⅱ型模型逼真度的验证/测试与评估模型结构,如图 2.3 所示。构建方法如下:

首先,根据卫星导航系统的组成及相互关系建立 1 级颗粒度模型,将验证/测试与评估数学模型分为系统级验证/测试与评估模型、卫星级验证/测试与评估模型、地面级验证/测试与评估模型和用户级验证/测试与评估模型 4 类。

其次,根据卫星导航系统评估项的类型,在 1 级颗粒度模型的基础上建立 2 级颗粒度模型。2 级颗粒度模型包括多个层次结构,层级越高的模型颗粒度越大,其主要是在建立的 1 级颗粒度模型的基础上,根据评估项的类型进行逐层细化。

再次,在 2 级颗粒度模型最底层结构模型的基础上建立 3 级颗粒度模型,得到卫星导航系统的最小验证/测试与评估项。

最后,针对 3 级颗粒度模型,根据验证/测试与评估方法的不同建立不同Ⅱ型逼真度的多种模型。

### 2.1.3.2 系统级仿真模型的构建方法

系统级仿真模型的对象是全球卫星导航系统中的实体,根据卫星导航系统的组成特点,按照系统、子系统、模块、单元的层次结构建立系统级仿真模型,其中,单元层模型是能够实现单个最小功能的模型的抽象,单元层模型通过组合形成具有独立功能的模块层模型,多个功能模块组成子系统模型,多个子系统进行集成组成卫星导航系统。因此形成 4 级模型颗粒度 + Ⅱ型模型逼真度的系统级仿真模型,模型颗粒度级别越高,所属的层级结构越高,即模型的颗粒度越大,如图 2.4 所示。构建方法如下。

第一步:将全球卫星导航系统对应的系统层建立为 1 级颗粒度模型,属于最高层次的宏观模型。

第二步:根据卫星导航系统的组成及特点建立 2 级颗粒度模型,将 1 级颗粒度模型分为卫星子系统、地面控制子系统、用户子系统、空间环境子系统和时空基准子系统 5 个子系统。

第三步:根据卫星导航系统各组成部分的功能对 2 级颗粒度模型进行细化,建立

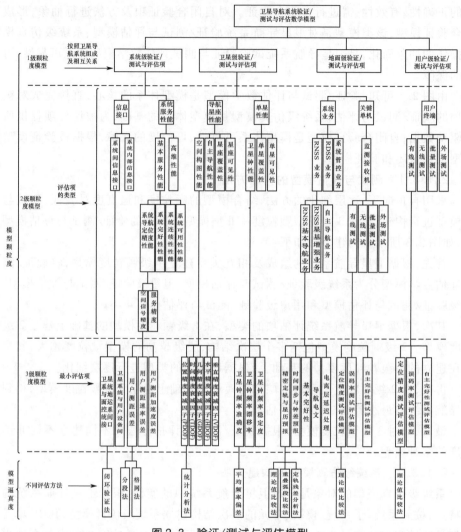

**图 2.3  验证/测试与评估模型**

3 级颗粒度模型。3 级颗粒度模型为具有独立功能的模块,由于实际卫星导航系统中独立功能模块完成功能范围的不同包含多个层次的模块,因此,3 级颗粒度模型包括多个层次结构的功能模块。

第四步:在 3 级颗粒度模型的基础上进行功能细化,建立具备最小功能的单元层模型,形成 4 级颗粒度模型。

第五步:针对 4 级颗粒度模型,根据功能实现方法的不同建立不同Ⅱ型逼真度的多种模型。

### 2.1.3.3  仿真模型的验证

仿真模型的验证是卫星导航系统试验验证与测试与评估数学模型可靠性、可信度的保障。在系统建模与仿真过程中,受认知水平、开发时间代价、经济实用性、可实

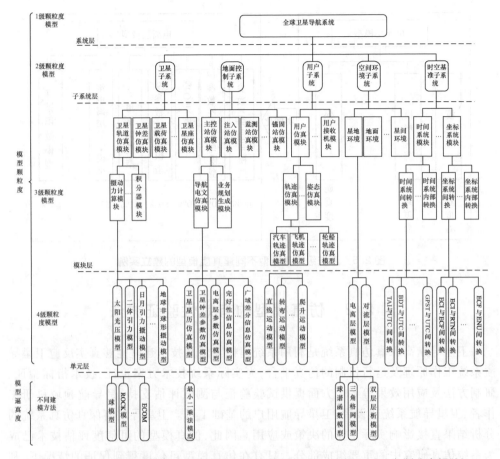

**图 2.4 系统级仿真模型**(图中缩略语的解释见缩略语表,其中 ROCK 为制造商标牌)

现性等种种条件限制,仿真模型一般只能是实际对象的一种逼近。逼近程度越高,保真度越高。根据仿真模型与实际对象的逼近程度,可以分为低保真度、中保真度和高保真度仿真模型。随着保真度的提高,需要考虑的因素越来越多,模型越来越复杂,验证难度也就越来越大。本书结合卫星导航系统的特点,提出了一整套仿真模型的验证方法,详见 2.2 节。

#### 2.1.3.4 仿真建模示例

以常用的电离层模型为例说明针对 4 级颗粒度模型建立不同 II 型逼真度模型的过程。电离层模型主要仿真星地环境中的电离层对卫星发射信号的传播延迟,该模型可通过多种方法建立。

如图 2.5 所示,通过不同方法建立多种电离层模型后,对它们的 II 型逼真度进行分析,按照 II 型逼真度从小到大的顺序进行排列。当有新的电离层模型时,根据其 II 型逼真度大小将其纳入电离层的多逼真模型中,即纳入卫星导航系统试验验证、测试与评估数学模型体系中。

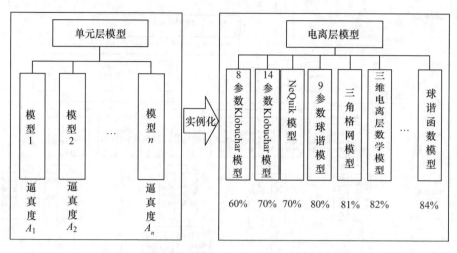

图2.5 系统级仿真模型不同逼真度模型的建立实例

## 2.2 仿真模型的有效性验证方法

卫星导航高保真仿真系统是利用系统建模与仿真技术建立能够真实反应卫星导航系统工作原理及运行机制的仿真平台,为实际系统技术方案论证、技术指标验证、研制方法及应用效果等各个方面提供试验验证与测试评估支持,是导航领域科研工作者、卫星导航系统建设者、卫星导航用户的基础工具。卫星导航高保真仿真系统的分析结果直接影响实际工作的决策或应用。因此,仿真模型的可信度评估技术已成为系统仿真研究中的重要组成部分。只有在仿真模型可信度得到保证的情况下,利用仿真系统产生的分析结果才具有指导意义。

### 2.2.1 模型有效性验证的必要性

卫星导航高保真仿真系统能够模拟实际卫星导航的运行状态,并综合考虑卫星导航信号在实际传播过程中所受的各种因素影响,仿真生成卫星轨道数据、卫星钟差数据及观测数据等资料,用于卫星导航系统方案论证、导航性能评估、导航定位与授时终端测试等领域。世界主要卫星导航系统生产商都非常注重卫星导航高保真仿真系统的研究与应用。GPS、Galileo 系统等的生产商均投入巨资建立了各自的系统仿真平台,例如 GPS 的高保真系统模拟器(HFSS),Galileo 系统仿真设施(GSSF),都在各自卫星导航系统建设、运行与维护等阶段发挥了重要作用。但是,由于涉及系统敏感信息(如军码或授权服务)或者出于技术保密等原因,这些高保真仿真系统大多数是对外禁运的。即使如开放程度较高的 Galileo 系统(非军方控制),其对外开放的GSSF 软件也仅仅是非常简单的部分(目的是展示 Galileo 系统性能的优越性基础版本,高级版本对外保密)。这些高保真仿真系统如何建模,以至于如何做到"高保真"

都没有对外公开。除此之外,每个卫星导航系统都有其自身特殊之处,如工作机制、信号体制、系统组成等均具有较大差异。因此,如何确保高保真模型的"真"就成为其他卫星导航系统(如北斗系统)建模与仿真必须要解决的关键问题。

实际建模与仿真过程中,卫星导航系统高保真仿真模型涉及卫星轨道动力学、高精度频率基准、无线电测量与通信、空间环境、天体物理、导航与定位等多学科交叉理论与技术,考虑因素多、模型构成复杂、验证难度大。因此,为了保证仿真质量,减少由于仿真结果错误或不准确所带来的分析决策风险,必须对卫星导航系统高保真仿真模型进行可信度评估。

尽管卫星导航系统仿真中也采用了很多成熟的模型,并且这些模型都经过了一定程度的实践检验。即便如此,由于应用环境、对象属性等发生了变化,在一些领域或系统中适用的模型,在另一领域或系统中未必适用。例如,卫星轨道的太阳光压计算模型。由于北斗卫星与 GPS 卫星在外观、材质、工作模式等方面不同,GPS 卫星的太阳光压计算模型就不能直接用于北斗卫星,所以必须对新建的北斗卫星太阳光压计算模型进行有效性验证。除此之外,在卫星导航系统仿真中,更多的是新建的模型,例如,卫星导航多体制多频点观测数据仿真模型。这类模型与卫星导航系统的工作体制、机制相关,再加上国外相关仿真技术实施禁运等原因,没有可借鉴的验证方法。因此,研究并建立成体系的仿真模型有效性验证方法是卫星导航系统试验验证与测试评估的重要基础。

## 2.2.2　模型有效性验证的方法

卫星导航系统高保真模型的有效性验证是确保卫星导航仿真系统真实反映实际卫星导航系统运行情况的先决条件,是确保卫星导航系统试验验证与测试评估结果可信的重要保障。其内容涵盖卫星导航系统基础数据仿真模型、卫星导航多体制多频点观测数据仿真、卫星导航时空基准模型等体系化、层次化的模型有效性验证理论与方法[2]。

### 2.2.2.1　基于模型可信度评估的体系化、层次化模型有效性验证方法

针对卫星导航系统模型类别多,高保真仿真模型指标要求高,传统方法无法满足模型有效性验证覆盖需求的难题,我们发明了基于模型可信度评估的体系化、层次化模型有效性验证方法,建立了卫星导航模型验证的标准工具库,形成了覆盖单元级、模块级、子系统级和系统级模型的有效性验证方法体系,具有 2 种以上验证手段的模型覆盖率达 100%。

卫星导航高保真仿真系统需要考虑的建模因素多,每一个因素通过数学建模形成高保真仿真模型体系的单元级模型。单元级模型通过组合形成具有独立功能的模块级模型,多个功能模块组成子系统级模型,多个子系统集成就组成了功能完善的仿真系统。因此,要确保整个系统输出结果的可靠性,就必须确保每一层模型的可靠性。传统的模型一致性验证方法主要是对模型行为的评估。通过在相同输入条件

下,比较模型与原型系统输出,从而分析仿真模型与原型系统的一致性,并以一致性分析结果作为模型有效性的判断依据。这种方法是一种"黑盒"方法。该方法对系统级模型是有效的,但对于粒度更小的单元模型则无能为力。即使验证中发现问题,也不能精确定位是哪个单元模型的问题。

经过对卫星导航高保真仿真系统模型组成、模型参数特性、行为特性等方面的深入分析,提出了不同模型,采用不同方法的策略,建立了如图2.6所示的方法体系。建立了卫星导航模型验证的标准工具库,形成了覆盖单元级、模块级、子系统级和系统级模型的有效性验证方法体系,具有2种以上验证手段的模型覆盖率达100%,如图2.7所示。

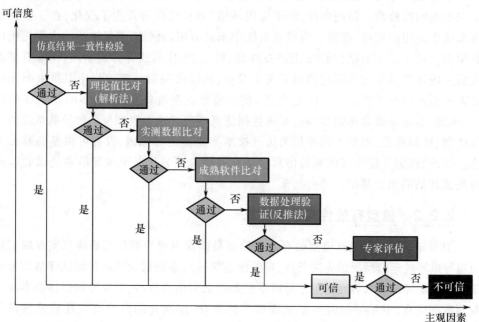

图 2.6　卫星导航高保真仿真模型有效性验证方法体系(见彩图)

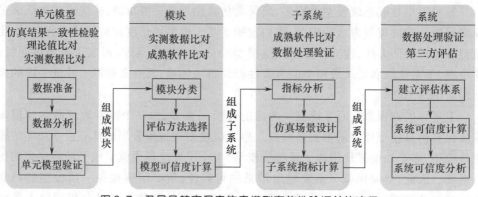

图 2.7　卫星导航高保真仿真模型有效性验证总体流程

#### 2.2.2.2　自底向上、逐层递进的加权检验综合模型验证方法

针对导航星座卫星轨道、星载原子钟、空间环境及导航电文等基础仿真模型存在的模型抽象程度高、计算过程复杂、缺乏有效验证手段等核心难题,本书作者发明了自底向上、逐层递进的加权检验综合模型验证方法,解决了卫星轨道太阳光压摄动模型、星载原子钟、空间环境电离层和多路径效应等关键模型的验证难题,提高了仿真模型的可信度。

由卫星导航系统的导航定位效能评估分析可知,目前影响卫星导航定位精度的主要有导航电文精度和空间环境影响两大因素。其中导航电文的精度主要由卫星轨道和钟差精度决定,空间环境主要指电离层延迟和多路径效应影响。这些因素都是卫星导航仿真系统建模的主要对象,是确保卫星导航高保真仿真系统具有与实际系统一致表现的重要基础。但是,卫星轨道、钟差、电离层和多路径受多种不确定因素影响,要想获得高保真模型本身就相当困难,如何对仿真模型进行有效性验证也就成为一个核心难题。

借鉴层次分析法及其改进方法模糊层次分析法将复杂问题分解成若干个层次的思想,提出了自底向上、逐层递进的加权检验综合模型验证方法[3],结构如图 2.8 所示。该方法融合了传统参数假设检验、历史精密数据比对、第三方成熟软件比对、仿真理论值比对等模型验证方法的优点,弥补了单一验证方法的不足。

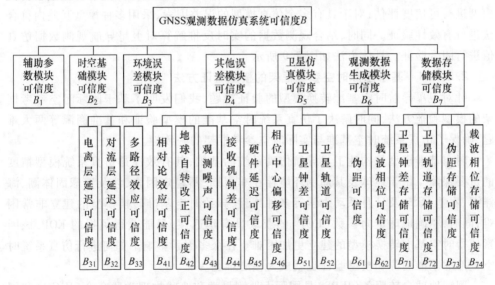

图 2.8　自底向上、逐层递进的加权检验综合模型验证结构

图 2.8 中,上层指标的可信度可由下层指标的可信度和其权重综合求出。设上层指标可信度为 $B$,对应的下层模型可信度为 $B_i(i=1,2,\cdots,n)$,则有

$$B = \sum_{i=1}^{n} w_i B_i \tag{2.4}$$

式中:$n$ 为下层模型总数;$w_i$ 为 $B_i$ 对应的权值。

### 2.2.2.3　基于误差分离与反推解算相结合的两步法模型验证方法

针对卫星导航观测数据仿真由于数据类型多、考虑因素复杂、模型相互耦合等导致的验证难题,我们发明了基于实测数据误差分离与反推解算相结合的两步法模型验证方法,突破了实测数据误差分离、多种模型互差内符合、观测数据实时反解处理等关键技术,为卫星导航所有涉及的观测数据提供可靠、实时的验证手段。

卫星导航观测数据包含伪距、载波相位、多普勒频移、伪距变率等多项观测值,各观测值的仿真模型间相互耦合,导致观测数据仿真的验证过程繁杂。同时,导航信号在空间的传播除包含卫星和卫星信号接收机之间的几何距离部分,还包含信号传播过程中受到各类因素影响带来的延迟部分。延迟部分包括卫星钟差、接收机钟差、卫星轨道误差、卫星天线相位中心偏移、接收机天线相位中心偏移、卫星硬件延迟、接收机硬件延迟、电离层延迟、相对论效应、多路径效应、对流层延迟及观测噪声等。众多因素对卫星导航观测数据仿真的影响及观测数据本身的复杂性导致如何验证卫星导航观测数据仿真值的有效性成为一个难题。

国际 GNSS 服务机构在全球布有 300 多个跟踪站,跟踪站大都配备了采样率为30s 的高精度接收机以产生原始的观测数据。观测数据中的每项误差在仿真系统中均有相应的仿真模型与其相对应,分离实际观测数据中的各误差项,对相应误差仿真模型进行可信度评估;对于具有多个仿真模型的误差因素,采用多种模型互差内符合法进行有效性验证。同时,结合观测数据的实时反推解算对卫星导航观测数据仿真值进行闭合验证。具体方法如图 2.9 所示。

### 2.2.2.4　基于国际时空参考框架的模型验证方法

针对卫星导航时空基准转换模型的验证难题,我们发明了基于国际时空参考框架的模型验证方法,同时解决了仿真系统时空基准的模型验证和基准溯源等两大难题,确保了仿真系统时空基准与实际时空参考框架的一致性。

时空基准模型是构建卫星导航仿真系统的基础,其有效性是仿真系统模型精度的重要保障。由于地球及其周围环境存在非周期、不稳定因素,涉及地球固体潮、海洋潮、岁差、章动及日月系动力学等多种因素,导致时空基准转换模型的建立非常困难;同时,精确地球定向参数(EOP)的获取具有延迟性,只能获得预报的 EOP,该因素使得时空基准转换模型的建立更加困难。在众多因素影响下如何进行仿真系统时空基准的基准溯源和模型验证也就成为核心难题。

国际地球自转服务(IERS)是国际大地测量学和地球物理学联合会(IUGG)和国际天文学联合会(IAU)共同建立的,用于维持国际天球参考系统(ICRS)和国际地球参考系统(ITRS),以及为当前应用和长期研究提供及时准确的地球自转参数的服务机构。以 IERS 作为参考标准,创新性地提出基于国际时空参考框架的模型验证方法,如图 2.10 所示,利用基础天文学标准库(SOFA)(源程序中的基础天文学算法都使用标准的 IAU 算法,见 2.3.5 节)软件从模型一致性和参数一致性两方面对时空

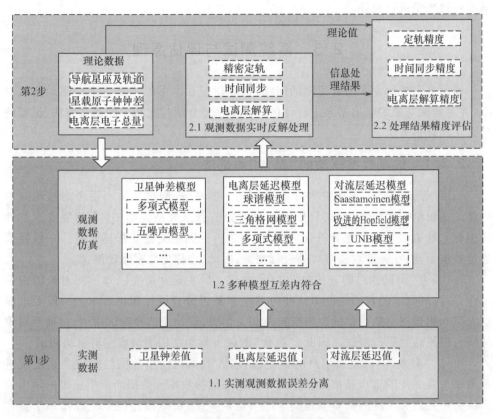

图 2.9　观测数据仿真有效性验证方法

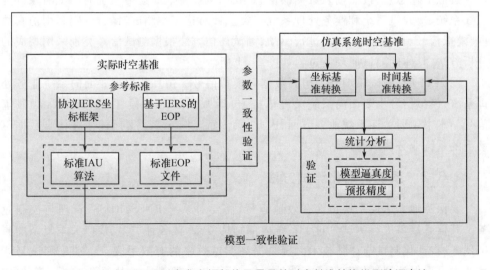

图 2.10　基于国际时空参考框架的卫星导航时空基准转换模型验证方法

基准转换模型进行验证。

# ◢ 2.3　系统测试与评估原理

前两节主要讨论了仿真建模的问题,仿真建模在本书的主要应用是驱动测试对象,并对测试对象的输出结果进行评估。本节主要介绍与此相关的测试方法、试验统计方法和评估方法。

## 2.3.1　仿真数据驱动的"黑盒"测试法

所谓"黑盒"测试,是把被测对象看作一个黑盒子,测试人员不用考虑被测对象内部的逻辑结构和内部特征,只依据被测对象的需求规格说明书(含功能要求和性能指标),检查被测对象是否符合功能要求,是否达到相关性能指标水平。一般需要通过数据驱动,在被测对象接口处进行测试,因此,也称为数据驱动测试。

与"黑盒"测试相对的方法是"白盒"测试。后者通常需要已知被测对象的内部工作过程,其测试的目的是证明每种内部操作是否符合设计规格要求。一般要求测试人员利用被测对象内部的逻辑结构及相关信息,设计或选择测试用例,对被测对象的所有逻辑路径进行测试。因此,"白盒"测试也称为结构测试或逻辑驱动测试。

可见,"黑盒"测试是以用户的角度,从输入数据与输出数据的对应关系出发进行测试。其关注的重点是被测对象是否能适当地接收输入数据而产生正确的输出信息。由于我们关注的测试对象是整个地面运控系统,将地面运控系统看作一个整体进行测试的,因此,本书涉及的测试原理或方法主要借鉴"黑盒"测试的思想。

按照上述思想,按照输入数据的形态,我们可以将地面运控系统的测试对象分为天线系统、接收机系统和业务处理系统三类。针对这三类测试对象,分别利用仿真数据、模拟信号和实际信号三类进行驱动,测试评估方法根据测试信号类别采用相应的分析方法,具体的测试原理及过程如图 2.11 所示。

图 2.11 中,测试驱动分为仿真数据和模拟信号。仿真数据主要面向系统业务处理系统;模拟信号主要面向系统关键单机,包括 L 频段、S 频段、C 频段和 Ka 频段等信号。本书主要关注系统业务方面,因此,第 3 章至第 6 章主要阐述了在仿真数据驱动下的系统业务测试与评估方法。

## 2.3.2　系统自动化测试方法

要保障地面运控系统正确有效地运行,需要对系统 RNSS、RDSS、管理与控制业务及其信息接口进行测试。对于系统内部结构复杂、业务种类多、接口关系复杂的测试任务,自动化测试与评估技术无疑是提高测试效率的有效手段。自动化测试与评估技术可以保证测试任务安全有效地执行,还可以将测试人员从复杂的测试操控作业流程中解脱出来,把更多的精力放到结果分析与评价工作中。

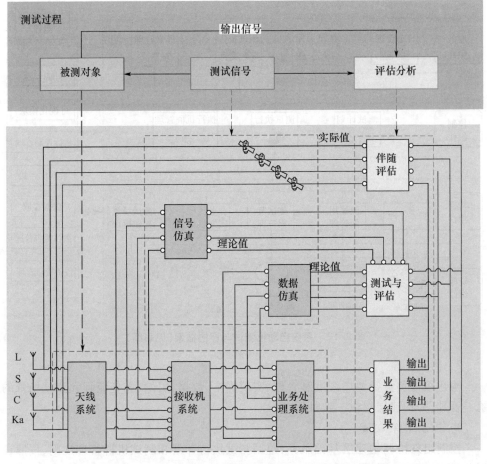

图 2.11　卫星导航系统级测试原理及过程示意图(见彩图)

### 2.3.2.1　自动化测试框架

与一般的软件自动化测试有所不同,地面运控系统的自动化测试与评估技术指的是:在测试开始之前,通过测试人员极少的操作完成测试任务的配置,随后在统一时频系统的驱动下,地面运控系统可以自动运行完成对星间链路网络运行管理任务,不仅能在测试过程中实时向客户端输出测试状态信息与测试结果,还能在测试结束后,自动生成报表形成测试报告输出。

地面运控系统自动化测试采用组件结构进行设计,设计框架如图 2.12 所示,本质上是一种脚本与数据分离的面向业务的测试框架[4]。整体架构由资源组件、构建组件、控制组件、服务组件和基础组件 5 大组件构成,各个组件的作用如下。

1) 资源组件

资源组件提供框架运行过程中所需要的自动化测试脚本、测试用例、测试数据、业务流程和测试场景。各类资源逻辑上互相独立。

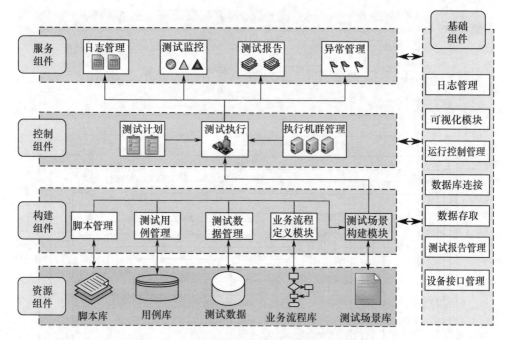

图 2.12　系统自动化测试与评估框架(见彩图)

2)构建组件

构建组件负责资源层调度和管理,实现脚本、数据、用例、业务流程和测试场景的统一管理,为构建层提供一致性服务。

3)控制组件

控制组件协调构建层基础服务,遵循测试执行计划和测试机群管理规则,按照计划分配测试资源,保证测试执行有序进行。

4)服务组件

服务组件主要功能有日志信息的收集、测试过程的监控、测试过程中各种异常断点的恢复以及测试报告的生成。

5)基础组件

基础组件主要提供框架运行过程中所需要的通用功能,包括日志管理、可视化模块、运行控制管理、数据库连接、数据存取、测试报告管理和设备接口管理等功能。

### 2.3.2.2　测试业务脚本化

面向测试业务的自动化测试与评估,首先表现为对测试业务的脚本化能力,包括对测试业务的内容、功能要求、指标要求等的脚本化。

如图 2.13 所示,一般而言,测试与评估工作主要依据测试大纲和测试细则展开,但测试大纲和测试细则一般以纸质/电子文档的形式存在,可以指导人们开展工作,却不能直接指导机器(计算机)工作。因此,需要通过机器能够识别的脚本语言,编辑成测试任务脚本。

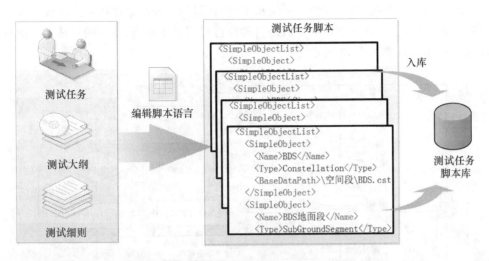

图 2.13　测试业务脚本化示意图(见彩图)

　　测试脚本包含测试任务描述、测试用例、评估准则、结果输出要求等内容,这些内容可以根据任务更改。

### 2.3.2.3　测试进程流程化

　　基于这种模块化架构进行自动化测试主要分两大部分:手工配置和自动执行。其中手工配置为前期准备阶段,根据测试计划可以全部提前配置好,测试时根据需要执行的测试场景进行自动化测试即可。测试任务配置完成后,测试将按照图 2.14 所示的进程自动执行。对于用户而言,只需要进行启动相关测试和最后查看测试报表两项工作。

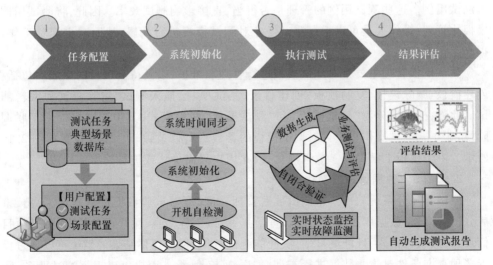

图 2.14　自动化测试与评估进程示意图(见彩图)

测试流程主要包含任务配置、系统初始化、执行测试和结果评估 4 个步骤。对于不同的业务测试,配置好测试场景后的自动执行过程基本相同,不同的只是手工配置过程。具体流程如图 2.15 所示。

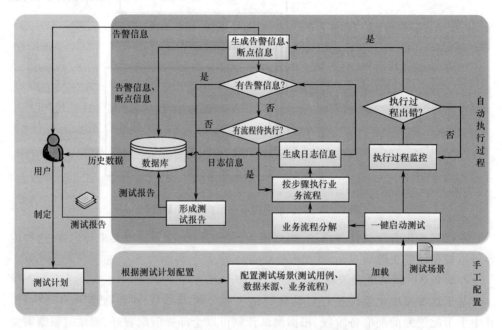

图 2.15　自动化测试与评估执行流程(见彩图)

### 2.3.2.4　测试用例模板化

测试用例是测试工作的核心数据。根据不同测试标准与测试方案,往往产生很多测试用例。这些测试用例的管理是否得当,直接影响测试效率。因此,将测试用例模板化管理,操作人员可以根据测试任务对测试模板进行编辑,从而减少配置工作,提高工作效率。

测试模板管理主要是对测试模板进行管理和维护,以及待测项目的生成。包括:创建模板、删除模板、复制模板、创建目录、测试项目、插入测试、删除测试和编辑测试。此外,模板还分为"调试模版"和"测试模板"两种模式,其中调试模板用于联调阶段,非正式测试操作员只可对调试模板的参数进行修改编辑。模板设置如图 2.16 所示。由于模板上已经将参数选项化,因此用户只需确认或进行简单的修改。

### 2.3.2.5　数据管理层次化

测试保障分系统软件具备测试数据管理功能,可对试验数据进行查询、导出、事后分析等操作,数据库主要有 7 类数据信息:测试工程信息、用户设备信息、测试项目信息、失败项目信息、性能测试信息、性能测试数据、性能评估结果。系统可以通过设置多种查询条件对这些数据进行查询,如图 2.17 所示。用户可以根据测试业务、测试任务、测试数据和时间信息等条件进行数据查询,从而提高数据查询效率。

图 2.16　测试场景配置界面(见彩图)

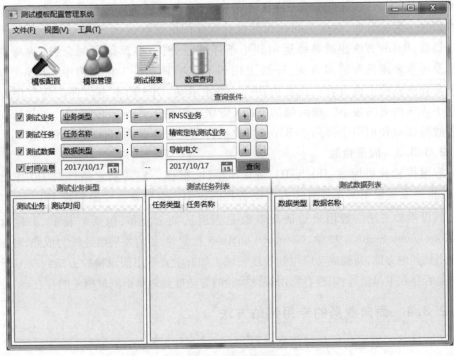

图 2.17　数据查询界面

### 2.3.3 试验统计通用评估方法

目前,国内外试验数据统计分析与评估的方法主要有方差分析法、Bayes 理论、假设检验方法等。

#### 2.3.3.1 方差分析

方差反映的是一组数据的离散程度,在试验数据统计分析与评估理论中常被应用。例如一组伪距观测值,方差越小,则说明这组观测值相互之间的精度越高。衡量数据精度,除方差外,还可通过方差之间的比例关系来衡量,表示各观测值方差之间比例关系的数字特征称为权,继而又有方差阵、协因数阵、互协因数阵的概念。

除了一般意义上的方差,还有一些特殊的方差。比如 Allan 方差[5],是一种基于时域的噪声分析标准工具,最早用于研究精密振荡器的频率稳定性。它不仅可以准确识别噪声类型,还能精确确定噪声的特性参数,广泛应用于各种噪声分析和稳定度分析。此外还有重叠 Allan 方差、改进 Allan 方差、Hadamard 方差[6],重叠 Hadamard 方差、总方差[7]和改进总方差,等等。

#### 2.3.3.2 Bayes 理论

英国学者 T. Bayes 1736 年在《论有关机遇问题的求解》中提出一种归纳推理的理论,后被一些统计学者发展为一种系统的统计推断方法,称为 Bayes 方法。采用这种方法作为统计推断所得到的全部结果,构成 Bayes 统计的内容。Bayes 方法在作统计推断时,既考虑客观信息,也考虑主观信息。Bayes 方法的一般模式是:先验分布 + 样本信息→后验分布,后验分布作为其统计推断的出发点。

目前,Bayes 方法也被熟练运用到小子样试验分析、多源信息融合、试验与鉴定技术及可靠性增长等诸多方面,还被运用到了多项研究与工程应用中。Bayes 方法在卫星导航系统中也有着广泛的应用[8]。王仁谦在 GPS 动态定位理论研究中提出附有不等式约束的最小二乘问题的 Bayes 方法可以用于 GPS 定位测量。张倩倩在卫星多故障探测和识别中提到了 Bayes 接收机自主完好性监测(RAIM)算法等。

#### 2.3.3.3 假设检验

假设检验分析原理:H0 与 H1 是互斥事件,根据一定的判定条件对 H0 作出判断,若拒绝原假设 H0,那就意味着接受备择假设 H1,否则就接受原假设 H0。

假设检验方法一般用来验证某参数是否服从某个分布,包括 $\chi^2$ 检验、T 检验方法、Kolmogorov-Smirnov 检验、Caemer-VonMises 检验等,目前发展已经较为成熟,且被扩展应用到其他方面,并被成功应用到导航领域。如有学者利用假设检验方法判断 GPS 信号中是否存在卫星信号;宋迎春利用假设检验的方法准确地辨识测量粗差的存在。

### 2.3.4 面向业务的专用评估方法

#### 2.3.4.1 卫星轨道的评估技术

轨道的精度代表了轨道产品的质量和可靠程度,轨道精度的评价是定轨过程中一个重要环节。实际上,由于卫星在太空中运行的轨道真值不可知,我们不知道卫星在空间的准确位置,所以轨道精度评定是一项难题。只能从不同的角度对轨道的精度进行估计。目前国内外常用的卫星定轨精度评估方法可以分为两类:内符合精度评定法和外符合精度评定法。

内符合精度反映了所使用数据的噪声水平和定轨软件的精度水平,往往不能说明轨道的真实精度。

外符合精度通过采用不同的数据源的结果进行比较得到,评定结果的可靠性取决于外部数据源的精度。

常用的精度评定方法如表 2.1 所列。这些方法在后面章节中进行详细介绍,这里不再赘述。

表 2.1　精度评定方法

| | | |
|---|---|---|
| 内符合评定法 | 残差分析法 | 轨道精度的一个重要、但不是绝对可靠的标志。当从观测资料残差 RMS 不能看出明显的计算错误时,才可以用其他的方法来对轨道精度进行评价 |
| | 重叠弧段法 | 在两个定轨弧段的重叠部分,卫星位置由不完全相同的观测数据的解算,所以,仍然可以把弧段重叠作为检验轨道精度的一个重要方法 |
| | 弧段端点衔接程度 | 当重叠端点的样本数不够大时,用这种方法评价轨道精度可能会存在一定的偶然性 |
| 外符合评定法 | 卫星激光测距(SLR)比对法 | SLR 技术比较成熟且观测精度高,在高度角较高时,观测受大气的影响小,用这些 SLR 观测来评价轨道的精度是一种可取的方法。但激光数据质量受环境影响很大 |
| | 外部轨道比较 | 两个或多个相互独立的机构进行轨道解算,然后将各种解算结果进行比较。由于各种解算的轨道都存在误差,因此也很难根据轨道比较的结果来确定轨道的实际精度 |

#### 2.3.4.2　时间同步的评估技术

GNSS 的时间同步包括站间时间同步与星地时间同步。其中,星地时间同步算法有星地双向时间解算法等;站间时间同步算法有卫星共视法、卫星双向时间比对法等。导航系统的时间同步性能将直接影响定轨、定位精度。对时间同步性能进行准确的评估,进一步完善该性能,对提高系统的位置服务精度具有重要意义。

与定轨评估一样,也可以从内符合及外符合的角度对时间同步性能进行评估。R. Píriz 等人实现 GIOVE-A 卫星的轨道确定与时间同步时采用了重叠弧段。试验计算了重叠弧段内卫星钟差的比较差(内符合),也比较了试验所得的 GPS 卫星钟差与IGS 卫星钟差(外符合),以此对 OSPF 的时间同步性能进行评估。

中国科学院李玮博士利用 A 类不确定度对远程时间比对进行评估。在单次测量中,平滑后的时差曲线被认为是真实的钟差,测试精度定义为原始数据相对于平滑曲线的 RMS,亦即 A 类不确定度[9]。国防科技大学的朱利伟通过星地时间同步仿真试验得到了卫星钟差,与卫星钟差的理论值相对比,计算了误差均值与误差方差,以此对星地时间同步算法进行评估。

### 2.3.5 专业测试与评估的工具

地面运控系统涉及的业务中,尤其是 RNSS,具有精度要求高、专业性强、多学科交叉等特点。在测试与评估过程,如能够借助一些成熟工具和软件进行辅助分析,可以提高测试与评估的可信度。本节主要介绍 RNSS 测试与评估中常用的成熟软件,如表 2.2 所列。

表 2.2    地面运控仿真测试与评估常用工具/软件

| 工具/软件名称 | 生产者 | 功能简介 | 作用 |
|---|---|---|---|
| 时空基准 SOFA 软件 | 国际天文学联合会(IAU) | 根据 IAU 协议实现不同坐标系的变换和不同时间系统之间的转换 | 用于时间系统和坐标系统的测试与评估 |
| 卫星工具包(STK) | 美国分析图形公司(AGI) | 航天器轨道、姿态仿真,星座仿真;可见性仿真等 | 用于轨道、可见性仿真验证和轨道、可见性等产品的评估 |
| 卫星导航处理软件 Bernese | 瑞士伯尔尼大学 | 高精度 GPS 数据处理软件,它同时也能处理 GLONASS 数据和 SLR 数据;仿真 GPS 观测值 | 用于观测数据的仿真验证,电离层处理结果评估 |
| 轨道确定工具包(ODTK) | AGI | 一款专用定轨软件,支持多种常见观测类型 | 用于定轨业务评估 |

#### 2.3.5.1 时空基准 SOFA 软件

目前 SOFA 软件主要提供两种语言的源码,Fortran 77 和 C,除了个别算法外,其他所有的程序都有 Fortran 和 C 语言两种程序,它们一一对应。SOFA 软件的 Fortran 77 和 C 源代码函数名相同,只是使用不同的命名规则。SOFA 软件源程序中的基础天文学算法都是使用标准的 IAU 算法。目前 SOFA 软件包括 164 个天文学算法,其中有 55 个实用算法[10]。

SOFA 软件的主要算法文件语言精练扼要,在个别的算法中有详细的注释,所有子程序都按照字母表顺序分类。SOFA 软件的功能主要包含两部分:一部分与地球自转、位置和姿态有关,可根据 IAU 不同协议实现星体在不同坐标系中的坐标变换;另一部分则用于处理日期和时间,可以实现不同时间系统之间的转换。

#### 2.3.5.2 卫星仿真软件 STK

STK 是航天工业领域中领先的分析软件,由美国分析图形有限公司开发,用于分析复杂的陆、海、空、天任务。它可提供逼真的二维、三维可视化动态场景以及精确的图表、报告等多种分析结果,确定最佳的解决方案。它支持卫星寿命的全过程,在航天飞行任务的系统分析、设计制造,测试发射以及在轨运行等各个环节中都有广泛的应用,对于军事遥感卫星的战场监测、覆盖分析、打击效果评估等方面同样具有极大的应用潜力。

### 2.3.5.3　卫星导航处理软件 Bernese

Bernese 软件由瑞士伯尔尼大学人文研究所研发,是一款高精度 GPS 数据处理软件,它同时也能处理 GLONASS 数据和 SLR 数据。Bernese 软件既能处理 GPS 双差数据,也能处理非差数据,目前发布的最新版本为 5.2 版。该软件的数据处理模型以及处理方法在同类型软件中处于领先地位,欧洲定轨中心用该软件计算得到的数据产品在 IGS 数据综合时获得了较高的权重。

Bernese 软件有着非常强大的功能,具体如下。

(1) 具有快速处理中小型 GPS 观测网,实现高精度定位的能力。

(2) 具有自动处理大型乃至全球的 GPS 永久跟踪网观测数据的能力,并能通过计算获得与 GPS 相关的产品数据。

(3) 具有组合处理 GPS 和 GLONASS 观测数据的能力。

(4) 具有监测电离层、对流层变化的能力。

(5) 具有估计卫星或者接收机的钟差,实现时间传递和频率转换的能力。

(6) 具有解算超长基线的模糊度的能力。

(7) 具有实现低轨卫星、GPS 卫星的精密定轨以及求解地球自转参数的能力。

(8) 具有对法方程进行数据综合,反演更精确的求解参数的能力。

(9) 具有 GNSS 观测数据仿真功能的能力。

由此可见,Bernese 软件用途众多,在卫星导航仿真建模与测试领域,主要用于验证仿真模型的一致性。全球卫星导航系统领域的仿真模型众多,仿真模型的有效性是评价其仿真质量的关键。Bernese 软件拥有一整套的全球卫星导航系统相关的模型,精度高,覆盖了 GNSS 数据处理的各个方面,得到了国际的广泛认可,适用于验证其他仿真模型的一致性。

### 2.3.5.4　轨道确定工具包(ODTK)

ODTK 是一款专用的定轨软件,能够处理卫星监测数据,用于估计卫星轨道、监测设备测量偏差及影响卫星运行的大气环境参数,并能提供卫星星历以及卫星位置协方差,以图表的形式展现分析结果。ODTK 能同时处理多颗卫星的数据,在卫星轨道机动期间定轨依然可以进行,能为卫星轨道以外的参数提供真协方差,如偏差、大气阻力、太阳光压、轨道机动修正参数等。现在多家机构使用 ODTK 进行轨道确定。ODTK 能实现包括低地球轨道(LEO)、大椭圆轨道(HEO)、地球静止轨道(GEO)等多种类型卫星的轨道确定。

ODTK 包含的动力学模型包括:地球引力、日月及所有行星引力、固体潮和海潮、大气密度模型、大气阻力实体模型(球形或用户自提供)、反照率、相对论加速度、太阳光压模型(球模型、与 GPS 卫星类型相关的太阳光压模型或用户自提供)、机动模型。其采用的积分器为 Runge-Kutta 4、7(8)、8(9),Bulirsch Stoer 及 Gauss-Jackson。

ODTK 能处理地基及星基测量数据,地基测量数据包括传统类型(双程测距值、多普勒数据、方位角/高度角、赤经/赤纬、$X/Y$ 角、方向余弦、$U,V$ 方向的相位数组)、深空(探测)网(DSN)数据、激光点数据、跟踪与数据中继卫星(TDRS)及 GNSS 接收机观测数据。星基观测值包括 GNSS 观测数据(如 GPS、Galileo 系统、QZSS 的伪距、载波数据,导航解算的位置结果)、星-星观测数据(伪距、高度角/方位角、多普勒等)、STK 星历数据。ODTK 内置了一些监测观测值阅读器,如 RINEX(GNSS)格式数据、SLR 数据等,用户也可以自定义观测数据格式。

ODTK 具体能解算的参数包括:卫星轨道参数(位置、速度、弹道系数、太阳光辐射压(SRP)系数、大气密度改正)、测量偏差、时间戳偏差、GNSS 接收机的时间和位置参数(钟偏、钟飘、钟老化率及接收机天线位置)、轨道机动参数(有限时间段)、转发器偏差、设备的位置及天顶对流程延迟等。

此外,ODTK 还具备监测站观测数据仿真功能,仿真观测值可以添加以下误差,如初始轨道误差、动力学模型误差(如太阳光压、大气密度)、观测值偏差、转发器偏差、测量白噪声、随时间变化的偏差、钟差仿真(频率白噪声级随机游走)、轨道机动(量级及方向)。ODTK 可以根据监测规划产生观测数据,能仿真所有能够处理的观测数据类型。

## 参考文献

[1] 黄文德,杨俊,张利云,等. 卫星导航系统试验验证与测试评估数学模型的建立方法:201710608895.0 [P]. 2017-07-24.

[2] 黄文德,杨俊,张利云,等. 卫星导航系统高保真仿真模型的可信度验证方法:201710609081.9 [P]. 2017-07-24.

[3] 李阳林. 基于实测数据的 GNSS 仿真系统可信度评估研究[D]. 长沙:中南大学,2016.

[4] 汪健. 面向业务的软件自动化测试框架[J]. 硅谷,2012,5(21):70-71.

[5] ALLAN D W. Time and frequency (time-domain) characterization, estimation, and prediction of precision clocks and oscillators [J], IEEE Transactions on Ultrasonics, Ferroelectrics, and Frequency Control, 1987, 34(6): 647-654.

[6] HUTSEIL S T. Relating the hadamard variance to mcs kalman filter clock estimation[EB/OL]. (1996-04-26)[2019-01-13]. http://ntrs. nasa. gov/archive/nasa/casi. ntrs. nasa. gov/19960042636. pdf. https://ntrs. nasa. gov/search. jsp? R = 19960042636 2019-01-13T14:55:26 + 00:00Z.

[7] HOWE D A, BEARD R L, GREENHALL C A, et al. Enhancements to GPS operations and clock e-valuations using a "total" hadamard deviation [J]. IEEE Transactions on Ultrasonics, Ferroelectrics, and Frequency Control, 2005, 52(8): 1253-1261.

[8] 杨元喜. 抗差贝叶斯估计及应用[J]. 测绘学报, 1992(1):42-49.

[9] 杨元喜. 卫星导航的不确定性、不确定度与精度若干注记[J]. 测绘学报,2012,41(05):646-650.

[10] 杨俊,黄文德,陈建云,等. 卫星导航系统建模与仿真[M]. 北京:科学出版社,2016.

# 第 3 章　RNSS 仿真测试方法

为确保北斗卫星导航系统能够提供正常的 RNSS,北斗地面运控系统首先要能够处理地面监测网各类观测数据,以确定卫星轨道、星载原子钟钟差、电离层传播延迟修正参数等信息。为讨论方便,本书将此项功能称为北斗地面运控系统的 RNSS(下面简称 RNSS)。本章针对 RNSS 的仿真测试问题,首先根据 RNSS 功能和性能指标要求,给出 RNSS 测试数据仿真方法。然后,提出测试数据驱动 RNSS 测试的方法。最后,重点讨论了 RNSS 各项功能与指标的评估方法。

## ▲ 3.1　RNSS 主要业务及其测试需求概述

### 3.1.1　精密定轨业务

地面段利用地面站各类观测数据进行定轨,为轨道预报和导航电文中的星历数据提供数据来源。轨道确定的基本问题就是根据航天器的一组已知观测值,计算能够确定航天器轨道的一组参数。通常情况下,观测值的个数多于参数的个数,因此,有必要采用一种统计估计方法求解一组"最优"参数。本节将介绍采用基于无偏最小方差估计原理的 Kalman 滤波算法和最小二乘批处理算法两种方法进行精密定轨的过程[1-2]。

#### 3.1.1.1　动力学模型

设航天器轨道由位置矢量和速度矢量组成,即待估状态参数为 $\boldsymbol{X} = (x, y, z, \dot{x}, \dot{y}, \dot{z})^{\mathrm{T}}$。则可建立航天器动力学模型:

$$\dot{\boldsymbol{X}} = f\left[\boldsymbol{X}(t)\right] + \boldsymbol{W} \tag{3.1}$$

式中:$\boldsymbol{W}$ 为模型噪声矢量。

将式(3.1)展开得

$$\dot{\boldsymbol{X}} = \begin{bmatrix} \dot{x} \\ \dot{y} \\ \dot{z} \\ -\mu \dfrac{x}{r^3} + a_{px} \\ -\mu \dfrac{y}{r^3} + a_{py} \\ -\mu \dfrac{z}{r^3} + a_{pz} \end{bmatrix} + \begin{bmatrix} w_x \\ w_y \\ w_z \\ w_{\dot{x}} \\ w_{\dot{y}} \\ w_{\dot{z}} \end{bmatrix} \tag{3.2}$$

式中:$\mu$ 为地心引力常数;$r = \sqrt{x^2 + y^2 + z^2}$;$(a_{px}, a_{py}, a_{pz})^{\mathrm{T}}$ 为航天器摄动加速度矢量。

式(3.1)是一个非线性方程组,一般无法得到其解析解。为此,需要进行线性化。假设状态矢量的初始值 $\boldsymbol{X}^*$ 与实际轨道足够接近,则实际轨道就可以在 $\boldsymbol{X}^*$ 处进行线性化。令 $\Delta \boldsymbol{X} = \boldsymbol{X} - \boldsymbol{X}^*$,则式(3.1)的线性化方程为

$$\Delta \dot{\boldsymbol{X}} = \dot{\boldsymbol{X}} - \dot{\boldsymbol{X}}^* = \frac{\partial f\left[\boldsymbol{X}(t)\right]}{\partial \boldsymbol{X}}\bigg|_{X^*} + \Delta \boldsymbol{W} = \boldsymbol{F}(t) \cdot \Delta \boldsymbol{X} + \Delta \boldsymbol{W} \tag{3.3}$$

式(3.3)的一般解为

$$\Delta \boldsymbol{X} = \boldsymbol{\Phi}(t, t_0) \Delta \boldsymbol{X}_0 \tag{3.4}$$

式中

$$\dot{\boldsymbol{\Phi}}(t, t_0) = \boldsymbol{F}(t)\boldsymbol{\Phi}(t, t_0) \tag{3.5}$$

称式(3.5)为变分方程,其初始条件为 $\boldsymbol{\Phi}(t_0, t_0) = \boldsymbol{I}$。

### 3.1.1.2　测量模型

目前,地面对航天器的跟踪观测通常包括距离、距离变化率、方位角、仰角、伪距、载波相位或其他观测量。

假定在 $t_i$ 时刻得到一个观测 $Y_i$,那么

$$Y_i = G(X_i, t_i) + v_i \tag{3.6}$$

式中:$v_i$ 为测量噪声。

同样地,式(3.6)一般也是非线性方程,为了便于采用线性估值器,需要在 $\boldsymbol{X}^*$ 处线性化,得到

$$\boldsymbol{Y} = G(\boldsymbol{X}, t) + \boldsymbol{V} = G(\boldsymbol{X}^*, t) + \frac{\partial G}{\partial \boldsymbol{X}}\bigg|_{X^*} \Delta \boldsymbol{X} + \cdots + \boldsymbol{V} \tag{3.7}$$

只取一阶项,并令 $\boldsymbol{Y}^* = G(\boldsymbol{X}^*, t)$,$\boldsymbol{A} = \dfrac{\partial G}{\partial \boldsymbol{X}}\bigg|_{X^*}$。于是,测量方程可表示为

$$\boldsymbol{L} = \boldsymbol{Y} - \boldsymbol{Y}^* = \boldsymbol{A}\Delta \boldsymbol{X} + \boldsymbol{V} \tag{3.8}$$

### 3.1.1.3　基于扩展 Kalman 滤波的序贯定轨算法

由卫星动力学模型和测量模型,可以建立航天器动力学定轨的离散模型为

$$\begin{cases} \Delta \boldsymbol{X}_k = \boldsymbol{\Phi}_{k, k-1} \Delta \boldsymbol{X}_{k-1} + \boldsymbol{W}_k \\ \boldsymbol{L}_k = \boldsymbol{A}_k \Delta \boldsymbol{X}_k + \boldsymbol{V}_k \end{cases} \tag{3.9}$$

应用扩展 Kalman 滤波(EKF)方法对递归问题式(3.9)进行求解,其步骤如下。

1)一步预测

积分轨道动力学方程式(3.2)和变分方程式(3.5),得到 $t_k$ 时刻的积分参考轨道 $\overline{X}_k$ 和状态转移矩阵 $\boldsymbol{\Phi}_{k, k-1}$。从而得到预报状态 $\Delta \overline{\boldsymbol{X}}_k$

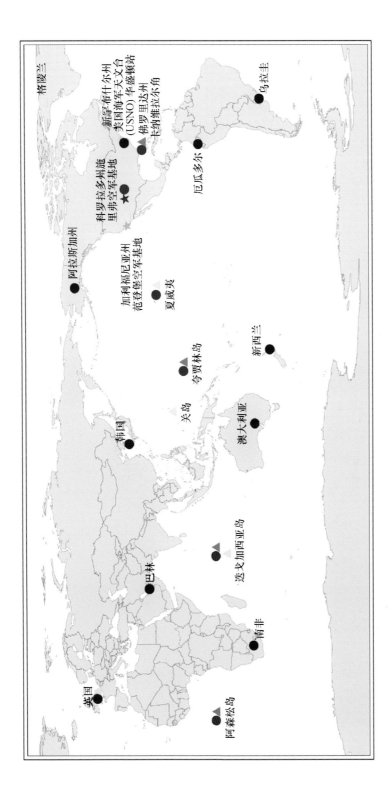

图 1.3　GPS 的地面控制段站点分布

★ 主控站　　★ 备份主控站　　▲ 注入站（地面天线）　　● 美国空军监测站　　▲ 美国 AFSCN 遥测跟踪站　　● 美国 NGA 监测站

图 1.7　GLONASS 星座

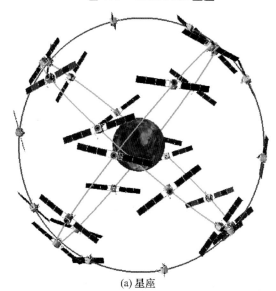

(a) 星座

(b) GIOVE-A　　　　　　　　　(c) GIOVE-B

图 1.11　Galileo 星座及 Galileo 在轨试验卫星(GIOVE)

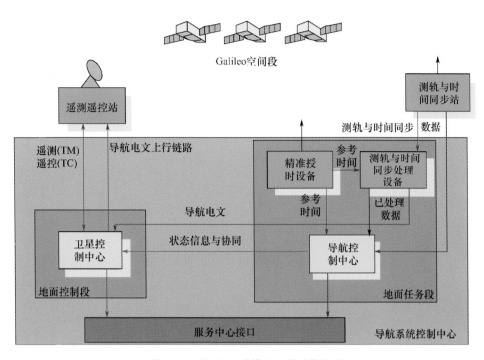

图 1.12    Galileo 系统地面段功能组成

图 1.14    位于意大利 Fucino 的 Galileo 任务控制中心

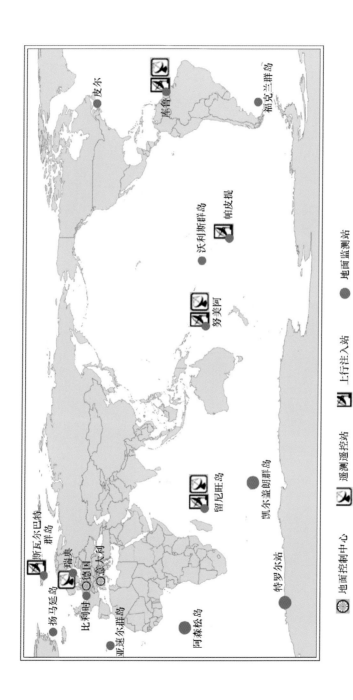

图 1.13  Galileo 系统 GCS 和 GMS 站点分布情况

图 1.15　Galileo 星座控制中心

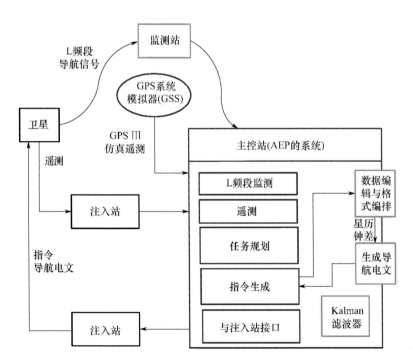

图 1.20　GPS 的应急操作计划概念

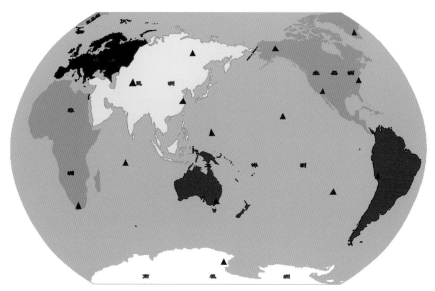

(a) 17 个地面站

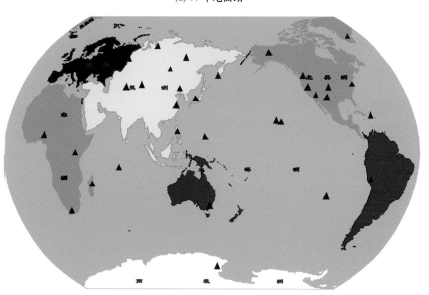

(b) 34 个地面站

图 1.21　OCX 定轨试验测站布局

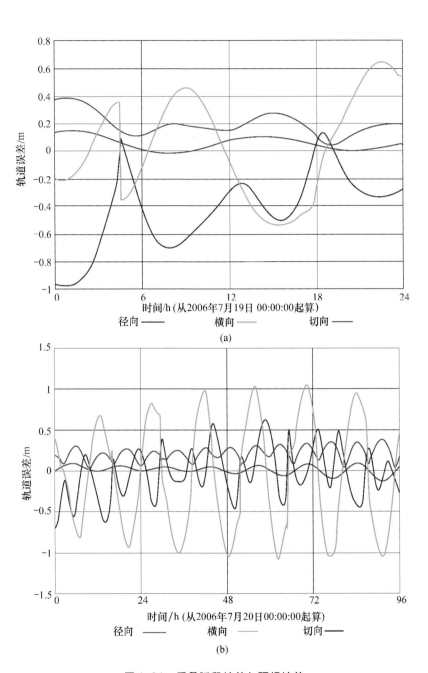

图 1.24　重叠弧段较差与预报较差

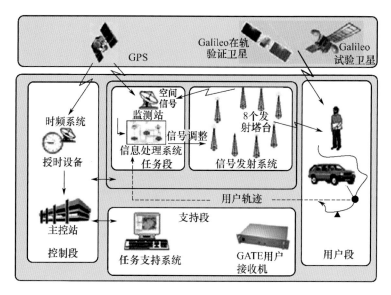

图 1.25　Galileo 系统测试和研发环境的体系结构

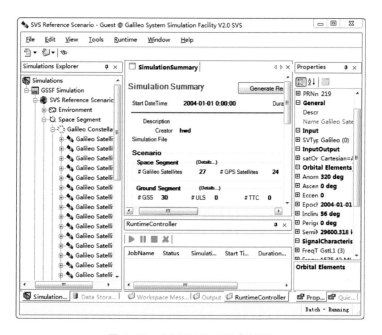

图 1.26　GSSF V2.0 用户界面

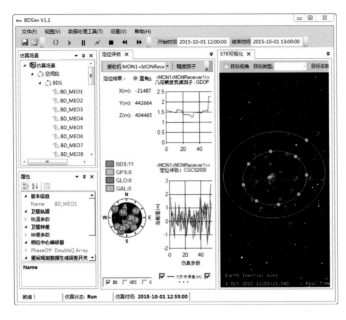

图 1.31　地面运控仿真测试与评估验证软件监控界面

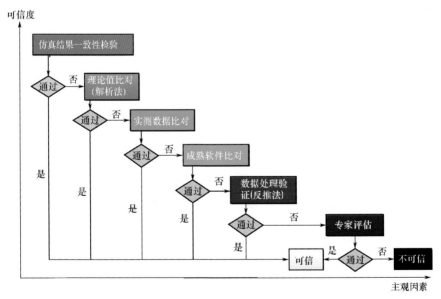

图 2.6　卫星导航高保真仿真模型有效性验证方法体系

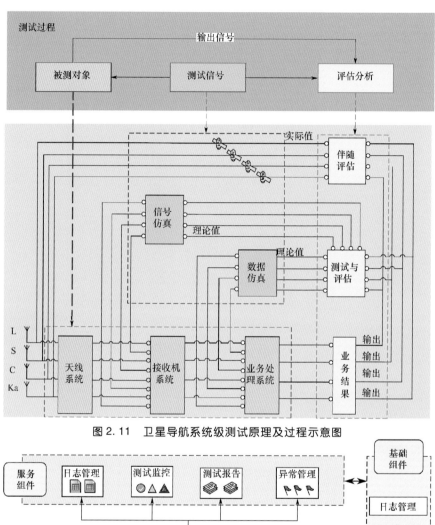

图 2.11　卫星导航系统级测试原理及过程示意图

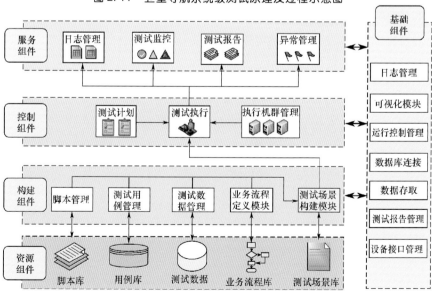

图 2.12　系统自动化测试与评估框架

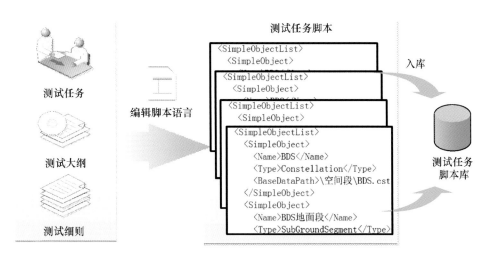

图 2.13　测试业务脚本化示意图

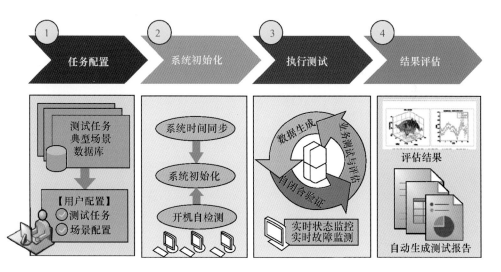

图 2.14　自动化测试与评估进程示意图

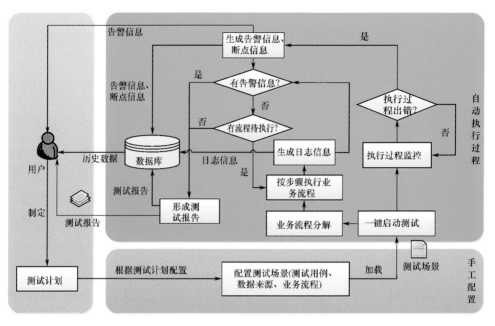

图 2.15 自动化测试与评估执行流程

图 2.16 测试场景配置界面

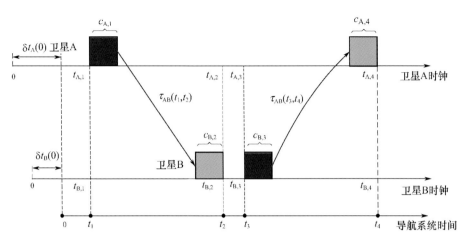

图 3.16　星间双单向测量示意图

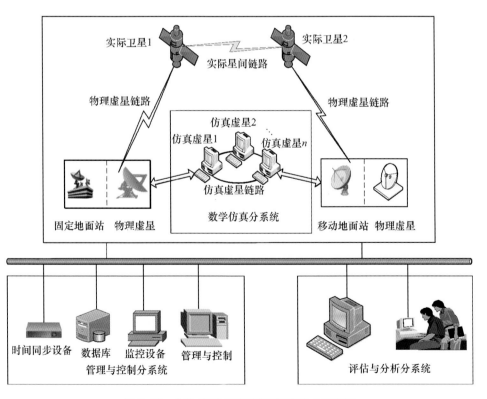

图 3.20　"虚-实结合"的测试评估技术示意图

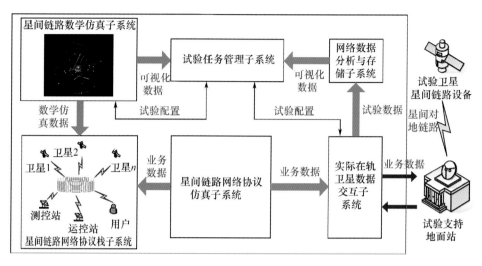

图 3.22　星间链路"虚-实结合"地面试验系统组成示意图

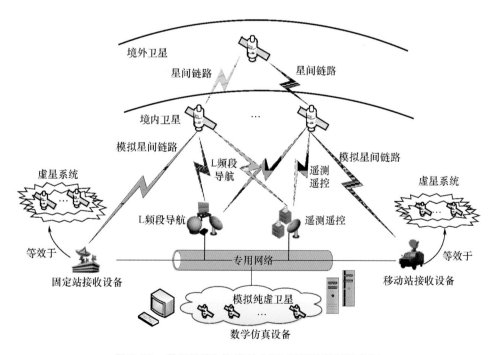

图 3.23　星间链路"虚-实结合"地面试验场景示意图

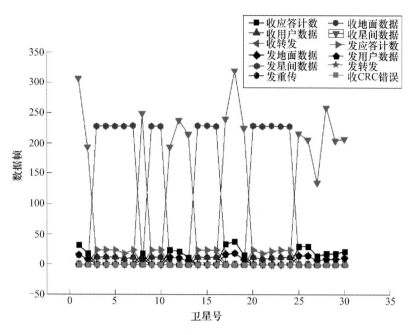

图 3.24 "虚-实结合"试验数据有效性验证

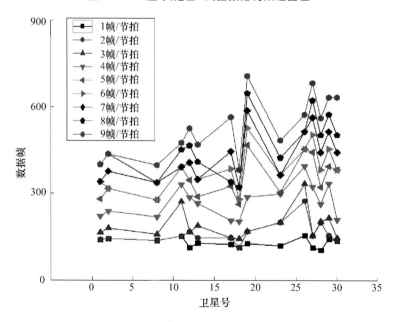

图 3.25 "虚-实结合"节拍控制效果

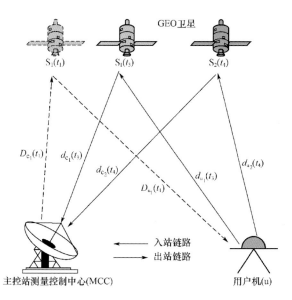

图 4.1    传统双星定位信号传播及测量过程示意图

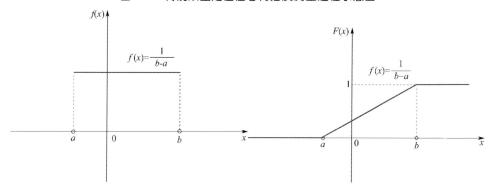

图 4.8    平均分布模型概率密度函数          图 4.9    平均分布模型分布函数

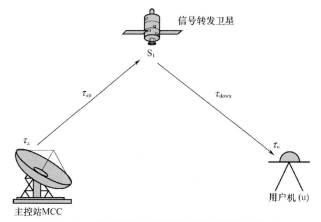

图 4.12    RDSS 单向授时信号传播过程示意图

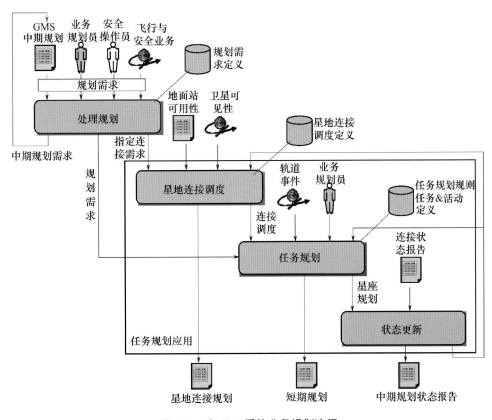

图 5.1 Galileo 系统业务规划流程

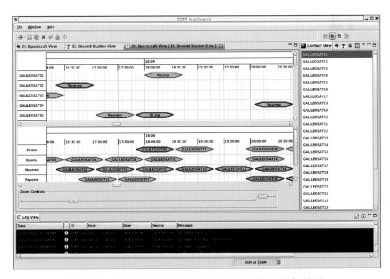

图 5.3 利用甘特图形象化描述星地链路规划结果

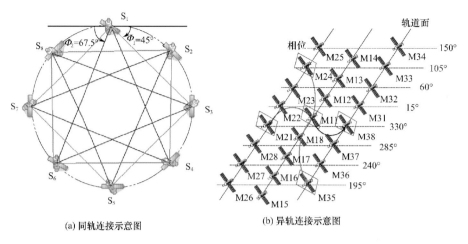

图 5.4　星间连接示意图

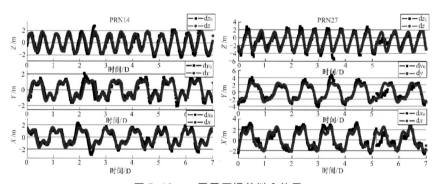

图 5.16　一周星历误差拟合效果

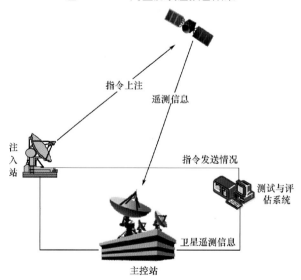

图 5.22　控制指令闭环测试与评估示意图

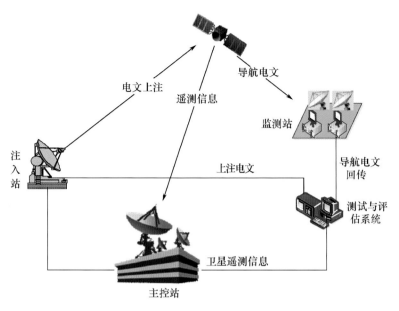

图 5.23　导航电文闭环测试与评估示意图

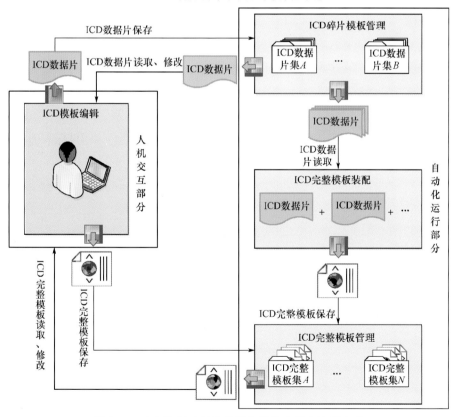

图 6.6　动态帧(包)结构编辑与组装实现方法示意图

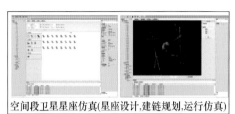

空间段卫星星座仿真(星座设计,建链规划,运行仿真)

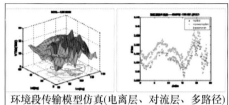

环境段传输模型仿真(电离层、对流层、多路径)

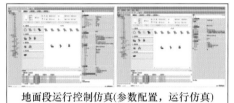

地面段运行控制仿真(参数配置,运行仿真)

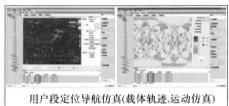

用户段定位导航仿真(载体轨迹,运动仿真)

图 8.3　BDSim 功能示意图

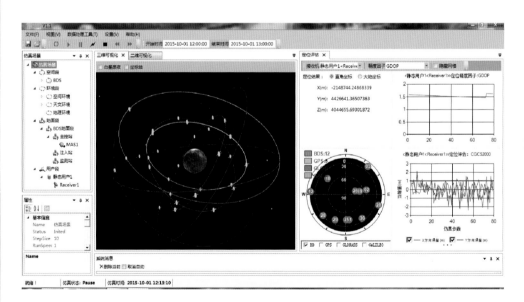

图 8.4　BDSim V1.1 软件界面

$$\Delta \overline{X}_k = \boldsymbol{\Phi}_{k,k-1} \Delta \hat{X}_{k-1} \tag{3.10}$$

2）预测状态协方差矩阵

$$\boldsymbol{\Sigma}_{\overline{X}_k} = \boldsymbol{\Phi}_{k,k-1} \boldsymbol{\Sigma}_{\hat{X}_{k-1}} \boldsymbol{\Phi}_{k,k-1}^{\mathrm{T}} + \boldsymbol{\Sigma}_{W_k} \tag{3.11}$$

式中：$\boldsymbol{\Sigma}_{W_k}$ 为模型噪声 $\boldsymbol{W}_k$ 的协方差矩阵。

3）计算新息矢量及其协方差矩阵

$$\overline{V}_k = A_k \Delta \overline{X}_k - L_k \tag{3.12}$$

$$\boldsymbol{\Sigma}_{\overline{V}_k} = A_k \boldsymbol{\Sigma}_{\overline{X}_k} A_k^{\mathrm{T}} + \boldsymbol{\Sigma}_k \tag{3.13}$$

式中：$\boldsymbol{\Sigma}_k$ 为测量噪声的协方差矩阵。

4）计算增益矩阵

$$K_k = \boldsymbol{\Phi}_{k,k-1} A_k \boldsymbol{\Sigma}_{\overline{V}_k}^{-1} \tag{3.14}$$

5）求解新的状态估计值

$$\Delta \hat{X}_k = \Delta \overline{X}_k - K_k \overline{V}_k \tag{3.15}$$

6）更新状态协方差矩阵

$$\boldsymbol{\Sigma}_{\hat{X}_k} = (I - K_k A_k) \boldsymbol{\Sigma}_{\overline{X}_k} \tag{3.16}$$

从而可以对 $t_k$ 时刻的积分参考轨道 $\overline{X}_k$ 进行修正：

$$\hat{X}_k = \overline{X}_k + \Delta \hat{X}_k \tag{3.17}$$

### 3.1.1.4　加权最小二乘批处理定轨算法

根据式（3.4）和式（3.8）可得

$$L = A\boldsymbol{\Phi}(t,t_0) \Delta X_0 + V = H\Delta X_0 + V \tag{3.18}$$

式中：$H = A\boldsymbol{\Phi}(t,t_0)$。

建立如下函数：

$$J(\Delta X_0^*) = V^{\mathrm{T}} V = (L - H\Delta X_0^*)^{\mathrm{T}} (L - H\Delta X_0^*) \tag{3.19}$$

满足最佳估值的条件为

$$\frac{\partial J}{\partial \Delta X_0^*} \bigg|_{\Delta X_0^*} = -2H^{\mathrm{T}} (L - H\Delta X_0^*) = 0 \tag{3.20}$$

即

$$(H^{\mathrm{T}} H) \Delta X_0^* = H^{\mathrm{T}} L \tag{3.21}$$

解得

$$\Delta X_0^* = (H^{\mathrm{T}} H)^{-1} H^{\mathrm{T}} L \tag{3.22}$$

即为最小二乘解。

### 3.1.2　时间同步业务

设地面站 A 与卫星 S 在同一钟面时刻向对方发送各自的时间基准信号，同时等待接收来自对方的时基信号。

如果地面站 A 将本地发出的时基信号 $A_i$ 作为本地同步终端精密测时单元的起始脉冲，将接收到卫星信号 $A_{S_i}$ 作为终止脉冲，地面站 A 获得观测数据为卫星至地面站的下行伪距 $\rho'_{\text{down}}$，则有 $\rho'_{\text{down}} = \tau'_{\text{down}} \cdot c$；同理如果卫星 S 将卫星发出的时基信号 $S_i$ 作为星上同步终端精密测时单元的起始脉冲，将接收到地面站信号 $S_{A_i}$ 作为终止脉冲，卫星 S 获得观测数据为地面站至卫星的上行伪距 $\rho'_{\text{up}}$，则有 $\rho'_{\text{up}} = \tau'_{\text{up}} \cdot c$，如图 3.1 所示。

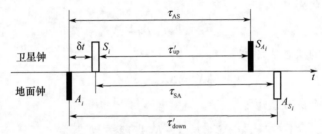

**图 3.1　星地伪距双向时间同步时序图**

假设卫星时钟与地面站时钟间存在钟差 $\delta t$，时基信号自地面站发射至卫星接收（上行）的传播时延为 $\tau_{\text{AS}}$，自卫星发射至地面站接收（下行）的传播时延为 $\tau_{\text{SA}}$，则

$$\delta t = \frac{\tau'_{\text{down}} - \tau'_{\text{up}}}{2} + \frac{\tau_{\text{AS}} - \tau_{\text{SA}}}{2} \tag{3.23}$$

$\tau_{\text{AS}}$ 和 $\tau_{\text{SA}}$ 是信号在实际传播过程的时间耗散，可通过建立模型在计算钟差时进行修正：

$$\tau_{\text{AS}} = \tau_{\text{AS}}^{\text{d}} + \tau_{\text{AS}}^{\text{Tro}} + \tau_{\text{AS}}^{\text{Ion}} + \tau_{\text{A}}^{\text{T}} + \tau_{\text{S}}^{\text{R}} + \Delta_{\text{AS}}$$
$$\tau_{\text{SA}} = \tau_{\text{SA}}^{\text{d}} + \tau_{\text{SA}}^{\text{Tro}} + \tau_{\text{SA}}^{\text{Ion}} + \tau_{\text{S}}^{\text{T}} + \tau_{\text{A}}^{\text{R}} + \Delta_{\text{SA}} \tag{3.24}$$

将式(3.24)带入式(3.23)得

$$\delta t = \frac{\tau'_{\text{down}} - \tau'_{\text{up}}}{2} + \frac{(\tau_{\text{A}}^{\text{T}} + \tau_{\text{S}}^{\text{R}}) - (\tau_{\text{S}}^{\text{T}} + \tau_{\text{A}}^{\text{R}})}{2} +$$
$$\frac{(\tau_{\text{AS}}^{\text{Tro}} - \tau_{\text{SA}}^{\text{Tro}}) + (\tau_{\text{AS}}^{\text{Ion}} - \tau_{\text{SA}}^{\text{Ion}})}{2} + \frac{\tau_{\text{AS}}^{\text{d}} - \tau_{\text{SA}}^{\text{d}}}{2} + \frac{\Delta_{\text{AS}} - \Delta_{\text{SA}}}{2} \tag{3.25}$$

此即星地伪距双向时间同步的解算公式。

上两式中 $\tau_{\text{A}}^{\text{T}}$、$\tau_{\text{A}}^{\text{R}}$ 和 $\tau_{\text{S}}^{\text{T}}$、$\tau_{\text{S}}^{\text{R}}$ 分别为地面站和卫星时间同步设备的发射信道与接收信道时延，在真实系统中可通过设备零值标校确定，对于其漂移部分可通过控制同步设备环境温度、增加时差测量信道滤波器带宽等手段抑制，在仿真系统中不考虑对设备时延的仿真,统一设置为 0。$\tau_{AS}^{Tro}$、$\tau_{SA}^{Tro}$ 和 $\tau_{AS}^{Ion}$、$\tau_{SA}^{Ion}$ 分别为上行信号和下行信号在传播路径上由于对流层和电离层效应引起的附加延迟,可以通过建立数学模型予以改正。$\tau_{AS}^{d}$ 和 $\tau_{SA}^{d}$ 分别为上行信号和下行信号的自由空间传播时延,如果在地固坐标系中计算,则需要考虑地球自转的影响。$\Delta_{AS}$ 和 $\Delta_{SA}$ 为其他未建模的误差项。

### 3.1.3　电离层延迟解算业务

由于电离层中的自由电子含量密度在离地面 350 ~ 450km 的区域达到最大,单层模型通常认为所有的自由电子都集中在 350 ~ 450km 之间某一高度处的一个无限薄的球面上,该范围内,薄层的高度对单层模型计算结果的影响并不明显,如图 3.2 所示。

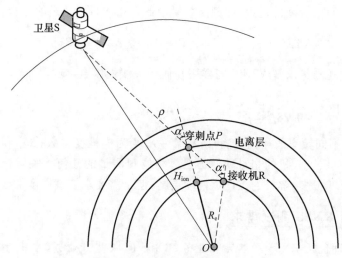

图 3.2　卫星、电离层、接收机的几何空间关系

电离层薄层高度为 $H_{ion}$,地球平均半径为 $R_{e}$,$O$ 点表示地心,接收机 R 至卫星 S 的连线与电离层薄层交于 $P$ 点,$\alpha$ 为穿刺点 $P$ 处的天顶距,即地心 $O$ 到穿刺点 $P$ 方向与接收机 R 至卫星 S 方向的夹角,$\alpha'$ 表示卫星相对于接收机的天顶距,$\rho$ 表示卫星至接收机的几何距离。

信号从卫星 S 传播到接收机 R,电离层延迟 $I$ 可具体表示如下:

$$I = \pm \frac{40.28}{f^2} VTEC \frac{1}{\cos\alpha} \tag{3.26}$$

式中:VTEC 为穿刺点 $P$ 处的垂直电子总含量;$f$ 为信号频率;$1/\cos\alpha$ 为投影函数。

对于伪距观测量 $P$,有如下方程:

$$P = \rho + I + B^S + B^R + \Delta \tag{3.27}$$

式中:$I$ 为卫星 S 至接收机 R 的电离层延迟;$B^S$ 为卫星 S 的电路延迟偏差(也称为硬件延迟);$B^R$ 为接收机 R 的硬件延迟;$\Delta$ 为其他与频率无关的误差项,包括卫星钟差、接收机钟差、对流层延迟误差、多路径误差、天线相位中心误差、相对论效应等。

对于相位观测量 $L$，则有如下表达式：

$$L = \rho + I - N\lambda + b^S + b^R + \Delta \tag{3.28}$$

式中：$N$ 和 $\lambda$ 分别为整周模糊度和波长；$b^S$ 及 $b^R$ 分别为相位观测的卫星、接收机硬件延迟。

对于伪距观测量，采用几何无关线性组合，可基本消去与频率无关的误差项，得到如下观测方程：

$$P_1 - P_2 = \frac{40.28}{\cos\alpha}\left(\frac{1}{f_1^2} - \frac{1}{f_2^2}\right)\text{VTEC} + \Delta B_{12}^S + \Delta B_{12}^R \tag{3.29}$$

式中：$P_1$ 和 $P_2$ 为不同频率的伪距观测量；$\Delta B_{12}^S$、$\Delta B_{12}^R$ 分别为伪距观测的卫星、接收机在两个频率上的相对硬件延迟，即频间差。由此可得 VTEC 的求解方程：

$$\text{VTEC} = \frac{\cos\alpha}{40.28} \frac{f_1^2 f_2^2}{f_2^2 - f_1^2} [P_1 - P_2 - (\Delta B_{12}^S + \Delta B_{12}^R)] \tag{3.30}$$

若用相位观测量求解 VTEC，同样用几何无关线性组合，则有

$$\text{VTEC} = \frac{\cos\alpha}{40.28} \frac{f_1^2 f_2^2}{f_2^2 - f_1^2} [L_1 - L_2 - (\lambda_1 N_1 - \lambda_2 N_2) - (\Delta b_{12}^S + \Delta b_{12}^R)] \tag{3.31}$$

式中：$L_1$、$L_2$ 为不同频率的相位观测量；$\lambda_1 N_1 - \lambda_2 N_2$ 为模糊度常数；$\Delta b_{12}^S$ 和 $\Delta b_{12}^R$ 分别为相位观测的卫星、接收机的相对硬件延迟。相位观测量的几何无关组合包含的噪声比伪距观测要低很多，解得的 VTEC 精度更高，但是需要求解模糊度常数。

### 3.1.4　RNSS 测试需求

RNSS 处理包括 RNSS 基本导航业务、RNSS 广域差分业务、自主导航业务三大类。提供 RNSS 测试的系统应具备如下功能。

1）RNSS 基本导航业务测试评估功能

（1）精密定轨与星历预报处理测试评估功能。

（2）时间同步与钟差预报处理测试评估功能。

（3）基本完好性处理测试评估功能。

（4）电离层延迟处理测试评估功能。

2）RNSS 广域差分及完好性测试评估功能

（1）广域差分处理测试评估功能。

（2）完好性处理测试评估功能。

3）自主导航业务测试评估功能

（1）具备自主导航支持信息测试评估功能。

（2）具备星座自主导航电文评估测试评估功能。

（3）具备星座自主导航地面处理测试评估功能。

RNSS 测试工作模式下：一方面，仿真测试系统为主控站的 RNSS 处理业务提供

驱动数据/信号;另一方面,仿真测试系统接收主控站 RNSS 处理信息及结果,完成对主控站 RNSS 的测试与评估。RNSS 测试的驱动数据及待测业务见表3.1。

表 3.1　RNSS 测试信息一览表

| 驱动数据 | 测试评估业务 |
| --- | --- |
| (1) 导航星座卫星轨道数据、钟差数据、空间环境参数、地面环境参数等数据。<br>(2) 地面运控观测数据、星间链路观测数据等数据。<br>(3) 卫星导航电文、自主导航电文、自主导航支持信息。<br>(4) 系统误差数据 | (1) 精密定轨与星历预报、时间同步与钟差预报、电离层延迟处理、基本完好性等 RNSS 基本导航业务。<br>(2) 北斗系统广域差分与完好性、其他 GNSS 广域差分与完好性等 RNSS 星基增强业务。<br>(3) 自主导航支持、星座自主导航电文评估等自主导航业务 |

# 3.2　RNSS 测试数据仿真方法

根据 RNSS 测试需求,仿真测试系统应具备导航星座卫星轨道数据、钟差数据、空间环境参数、地面环境参数等基础数据,地面运控观测数据、星间链路观测数据等观测数据的仿真[3]。本节主要讨论基础数据、观测数据和系统误差的仿真方法。

## 3.2.1　基础数据仿真

基础数据包括时空系统框架、卫星姿态轨道及星座、卫星星载原子钟和空间环境对导航定位的影响等因素,可以从以下几个方面解释。

(1) 从观测数据产生的角度看,时空系统框架、卫星姿态轨道及星座、卫星星载原子钟和空间环境等因素是观测数据产生所依赖的基础。

(2) 从地面运控系统的角度看,卫星轨道、卫星钟差、电离层延迟参数等数据既是地面运控系统的输出产品,也是生成上注导航电文的基础。

(3) 从仿真测试的角度看,卫星轨道、卫星钟差、电离层延迟参数是作为仿真理论值,与地面运控系统的输出产品进行比对测试的基础。

### 3.2.1.1　时空系统模型

在数学仿真过程中将涉及不同的时间系统和坐标系统。除导航系统自身的时间和空间基准外,在轨道计算、监测站位置计算等过程中,还将用到以下的时间系统和坐标系统。时空系统具体组成如图 3.3 所示。

时间系统包括质心动力学时(TDB)、地球时(TT)、世界时(UT)、国际原子时(TAI)、格林尼治恒星时(GST)、协调世界时(UTC)、GPS 时(GPST)、北斗时(BDT)等,以上时间系统均可通过一定模型进行相互转换,如图 3.4 所示。图中,$l'$ 是地球绕日运动轨道的平近点角。

涉及的坐标系统主要包括:地心惯性坐标系 J2000,1984 世界大地坐标系(WGS-84),2000 中国大地坐标系(CGCS2000),当地水平坐标系,径向、横向、法向(RTN)坐标系

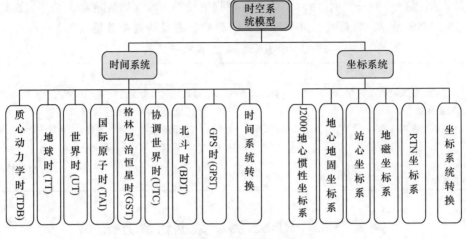

图 3.3　时空系统模型

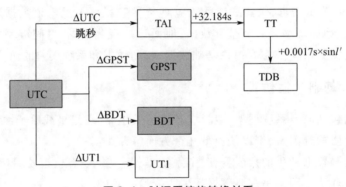

图 3.4　时间系统的转换关系

等；此外还有大地坐标系，星体坐标系等。不同的坐标系可通过转换矩阵相互转换，有的转换过程要用到岁差及章动模型、地球极移数据以及地球自转速率等，如图 3.5 所示。

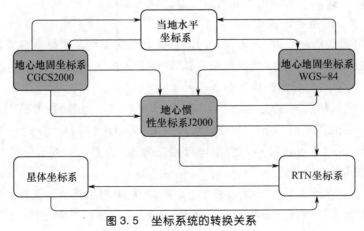

图 3.5　坐标系统的转换关系

上述时间系统和空间坐标系统的定义及其转换关系,本书采用 SOFA 提供的算法,具体参见相关文献[3-4]。

### 3.2.1.2  卫星星座及轨道仿真模型

1) 卫星轨道力学仿真模型

人造地球卫星围绕地球运行,在此过程中会受到多种作用力的影响。总的来说,这些作用力可以分为两个大类:一是保守力,二是非保守力(即发散力)。其中,保守力包括二体引力、日月行星对卫星的引力、地球非球形引力以及地球潮汐现象引起的引力场变化等,非保守力包括太阳光压作用、大气阻力、地球红外辐射以及卫星姿态控制的动力等。前者力系可以使用"位函数"来描述,而后者力系不存在"位函数",只能直接使用这些力的表达式。

在惯性坐标系中,应用牛顿第二定律得到卫星的运动方程如下:

$$m\ddot{r} = f_{TB} + f_{NB} + f_{NS} + f_{TD} + f_{RL} + f_{SRP} + f_{AL} + f_{DG} + f_{TH} \tag{3.32}$$

式中:$m$ 为卫星质量;$r$ 为卫星在惯性坐标系中的位置矢量,$r = x + y + z$;$f_{TB}$ 为二体引力,地心对卫星的吸引力,即把地球看作是质量分布均匀的球体,地球和卫星看成两个质点;$f_{NB}$ 为日、月和除地球之外其他行星对卫星的引力,称为第三体引力;$f_{NS}$ 为地球非球形部分对卫星的引力,称为地球非球形摄动;$f_{TD}$ 为地球潮汐使地球对卫星引力的变化,包括海潮、固体潮汐和大气潮汐,统称为地球潮汐摄动;$f_{RL}$ 为相对论效应的影响,也称后牛顿效应摄动;$f_{SRP}$ 为太阳光压作用力对卫星的压力,称为太阳光压摄动;$f_{AL}$ 为地球红外辐射和地球反射太阳光对卫星的压力,称为地球返照和红外辐射摄动;$f_{DG}$ 为地球大气对卫星的阻力,称为大气阻力摄动;$f_{TH}$ 为作用在卫星上的其他力,如卫星姿态控制力等。

上述各种受力中,除了二体引力以外,其他力统称为摄动力。对于二体引力,设地球质量为 $M$,卫星质量为 $m$,卫星在地心惯性系中的位置矢量为 $r$,根据牛顿万有引力定律,有

$$\ddot{r} = -\frac{G(M+m)}{r^3}r \tag{3.33}$$

式中:$G$ 为万有引力常数;$r = \|r\|$;$\ddot{r} = \dfrac{d\dot{r}}{dt} = \dfrac{d^2 r}{d^2 t}$。由于 $m \ll M$,因而,式(3.33)可简写为

$$\ddot{r} = -\frac{GM}{r^3}r \tag{3.34}$$

式(3.34)包含三个二阶常微分方程,需要 6 个相互独立的积分常数才能确定,实用中大多采用轨道六根数($a, e, i, \Omega, \omega, \nu_0$)来表征。如图 3.6 所示,在地心惯性坐标系内,$a$ 为轨道长半轴,$e$ 为轨道偏心率,$i$ 为轨道倾角,$\Omega$ 为升交点赤经,$\omega$ 为近地点幅角,$\nu_0$ 为参考时刻 $t_0$ 的真近点角。

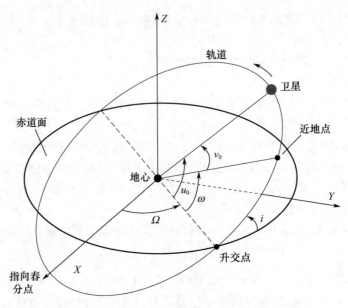

图 3.6　卫星轨道示意图

　　根据式(3.34)得到的轨道六根数,也称为二体问题的解。若考虑式(3.32)所列除了二体引力以外的摄动力,则很难得到解析解。一般通过对式(3.32)进行数值积分得到轨道的数值解。下面给出其他摄动力的计算模型。

　　(1)地球非球形摄动。

　　地球对导航卫星的作用力主要是地球质心引力和地球引力场摄动力,地球引力场摄动主要由地球形状不规则和质量分布不均匀所致,而地球固体潮、海潮、极移潮、大气潮等潮汐现象也会间接地产生地球引力场摄动力。在地心地固系内,考虑引力场摄动的卫星处的地球引力位为

$$V(r,\varphi,\lambda) = \frac{\mu}{r} + R(r,\varphi,\lambda) \tag{3.35}$$

式中:$\mu = GM$ 为地心引力常数;$\mu/r$ 为正常引力位,卫星在它的作用下作二体运动;第二项 $R(\cdot)$ 为卫星处的地球引力场摄动力位,$(r,\varphi,\lambda)$ 为卫星在地心地固系内的球坐标位置。用球谐函数表示为

$$R(r,\varphi,\lambda) = \frac{\mu}{r} \sum_{n=2}^{\infty} \sum_{m=0}^{n} \left(\frac{a}{r}\right)^n \overline{P}_{nm}(\sin\varphi) \big[ (\overline{C}_{nm} + \Delta\overline{C}_{nm})\cos(m\lambda) +$$
$$(\overline{S}_{nm} + \Delta\overline{S}_{nm})\sin(m\lambda) \big] \tag{3.36}$$

式中:$a$ 为平均地球赤道半径;$\overline{P}_{nm}$ 为规格化缔合勒让德多项式;$\overline{C}_{nm}$ 和 $\overline{S}_{nm}$ 为规格化球谐展开系数,下角标 $n$、$m$ 分别为球谐展开式的阶数和次数;$\Delta\overline{C}_{nm}$ 和 $\Delta\overline{S}_{nm}$ 是固体潮、海潮、极移潮、大气潮等引起的规格化球谐系数的变化量。其中规格化缔合勒让德函数 $\overline{P}_{nm}(\sin\varphi)$ 和非规格化缔合勒让德函数 $P_{nm}(\sin\varphi)$ 之间的关系为

$$\overline{P}_{nm}(\sin\varphi) = H_{nm} \cdot P_{nm}(\sin\varphi) \tag{3.37}$$

式中

$$P_{nm}(\sin\varphi) = \cos^m\varphi \sum_{t=0}^{k} \sin^{n-m-2t}\varphi$$

$$H_{nm} = \left[ \frac{(n-m)!(2n+1)(2-\delta_{0m})}{(n+m)!} \right]^{\frac{1}{2}} \tag{3.38}$$

式中：$\delta_{0m}$ 为 Kronecker 算子。

此外，规格化球谐系数 $\overline{C}_{nm}$ 和 $\overline{S}_{nm}$ 与非规格化球谐系数 $C_{nm}$ 和 $S_{nm}$ 之间的关系为

$$\overline{C}_{nm} = \frac{C_{nm}}{H_{nm}}, \quad \overline{S}_{nm} = \frac{S_{nm}}{H_{nm}} \tag{3.39}$$

式中：$m=0$ 的项，即 $C_{n0}$ 项成为带谐项系数；$n=m$ 的项成为扇谐系数；$n \neq m$ 的项成为田谐项系数。

目前，国际上已研制出了多种系列的地球重力场模型，如戈达德地球模型（GEM）系列、联合引力模型（JGM）系列、地球引力模型（EGM）系列（常用的 EGM96 为 $360 \times 360$ 阶次）等。导航卫星属于中高轨道卫星，计算其地球引力场摄动时一般取 $8 \sim 12$ 阶次。

（2）第三体引力摄动。

导航卫星不但受地球引力的作用，还受太阳、月亮以及金星、木星、水星、火星、土星等天体的引力作用，即

$$f_m = -m\sum_j \mu_j \left[ \frac{r_s - r_j}{\| r_s - r_j \|^3} + \frac{r_j}{r_j^3} \right] \tag{3.40}$$

式中：$\mu_j$ 为第 $j$ 个天体的引力常数；$r_j$ 为第 $j$ 个天体的地心位置矢量；$r_s$ 为卫星 S 的地心位置矢量；$m$ 为卫星 S 的质量；$\| \cdot \|$ 为取模算子。各天体的引力常数可以从 JPL 的（行星）演进/月球星历表（DE/LE）历表（如 DE200/LE200、DE403/LE403、DE405/LE405 等）读取，各天体在天球参考系中的位置可由 ED/LE 历表使用拉格朗日多项式插值法拟合内插计算得到。

（3）太阳光压摄动。

在 GPS 卫星定轨应用较为成功的模型有 ROCK 模型、COLOM BO 模型、JPL 光压模型、Bernese 模型。ROCK 系列模型是 Rockwell 公司基于简化的卫星表面形状及卫星表面不同部分反射性质而建立的一种经验模型，使用该模型能使定轨的光压模型误差控制在 3% 以内。Bernese 模型是基于 ROCK 模型建立的一种改进光压模型，该模型在卫星的 3 个相互正交方向上分别使用三组参数来吸收残余摄动力影响，可使定轨精度达到厘米级。上述模型主要是针对 GPS 卫星，对于北斗卫星这些模型存在一些缺点，因此针对 ROCK 模型和 Bernese 模型进行适应性改造，同时根据北斗卫星特点建立了北斗卫星光压模型（太阳宏观模型和经验模型）[5]。

① 球模型。早期的研究从理论角度出发,对太阳光压进行建模时将卫星简化为一个球体,也称为经典太阳光压理论模型。在这种假设条件下,太阳光压摄动力表达式如下:

$$\boldsymbol{a}_{SRP} = -vP_S\left(\frac{AU}{RSUN}\right)^2 C_R \frac{A}{M}\boldsymbol{e}_D \tag{3.41}$$

式中:$v$ 为地影因子;$P_S$ 为距太阳一个天文单位处的太阳辐射强度;AU 为 1 个天文单位;RSUN 为卫星到太阳的距离;$C_R$ 为卫星表面反射系数;$A/M$ 为卫星表面受光照的有效面质比;单位矢量 $\boldsymbol{e}_D$ 由卫星指向太阳。$P_S$ 具体由下式计算得到,为

$$P_S = \frac{S}{c} \tag{3.42}$$

式中:$S$ 是太阳辐射常数,约为 $1367.2\text{W/m}^2$;$c$ 为光速。

球模型修正因子 $C_R$ 是卫星表面材料的反射系数,在一些轨道处理过程中,GPS 卫星的 $C_R \approx 0.2$。球模型建模方式简单,应用非常广泛,但是其不足是精度不够高。由于实际中卫星并非简单的球体,随后人们又研究出了精度更好的一系列非球形的太阳光压模型。

② ROCK 系列模型。ROCK 系列模型针对 GPS 不同类型卫星有不同的具体模型。该系列模型是根据卫星的具体几何结构和表面材料的光学特性来设计的。对于 Block Ⅰ 和 Block Ⅱ 卫星分别称为 ROCK4 和 ROCK42。它根据卫星的形状结构和表面材料的反射率和吸收率等物理特性将卫星分成多个部分。卫星体被认为是由两个表面光滑的平面板和一个圆柱体组成,同时考虑了各个部分之间的遮挡关系。该模型最为重要的因素就是卫星形状和材料的精确信息。该模型将太阳光压分为 3 个组成部分。

一是平面板镜面反射部分。此时卫星表面视为一面镜子,光滑平面板的受力如下:

$$\begin{cases} a_{f,N} = -\left(\dfrac{A \cdot E}{c}\right) \cdot (1 + \mu\nu) \cdot \cos^2\theta \\ a_{f,S} = -\left(\dfrac{A \cdot E}{c}\right) \cdot (1 - \mu\nu) \cdot \sin\theta \cdot \cos\theta \end{cases} \tag{3.43}$$

二是漫反射部分。光滑平面板的漫反射部分是其镜面反射部分的 2/3:

$$a_{f,N} = -\frac{2}{3}\left(\frac{A \cdot E}{c}\right) \cdot (1 + \mu\nu) \cdot \cos^2\theta \tag{3.44}$$

三是平面板圆柱体部分。和平面板部分稍有不同:

$$\begin{cases} a_{c,N} = -\left(\dfrac{A \cdot E}{c}\right) \cdot \left(1 + \dfrac{\mu\nu}{3}\right) \cdot \cos^2\theta \\ a_{c,S} = -\left(\dfrac{A \cdot E}{c}\right) \cdot (1 - \mu\nu) \cdot \sin\theta \cdot \cos\theta \\ a_{c,D} = -\dfrac{\pi}{6}\left(\dfrac{A \cdot E}{c}\right) \cdot \nu \cdot (1 - \mu) \cdot \cos\theta \end{cases} \tag{3.45}$$

式 (3.43) ~ (3.45) 中:$E$ 为总的太阳辐射量;$\nu$ 为反射率;$\mu$ 为镜面反射率;$\theta$ 为太阳光线与入射平面夹角;下角 f、c 分别表示平面板和圆柱体,N、S、D 分别表示三个方向,其中 N 表示轨道面法向,D 表示卫星到太阳的方向,S 与 N、D 构成右手坐标系。

ROCK 系列模型都是建立在以上模型公式基础上的,前后提出了 ROCK S 系列和 ROCK T 系列。为了计算的有效性,上述模型通过短时傅里叶序列拟合得到具体模型算式。下面仅列出 ROCK T 系列的具体公式,ROCK S 系列与此类似。

T10 适用 Block Ⅰ 类卫星,如下:

$$
\begin{cases}
F_x = -0.01\sin\varepsilon + 0.08\sin(2\varepsilon + 0.9) - 0.06\cos(4\varepsilon + 0.08) + 0.08 \\
F_y = 0.2\sin(2\varepsilon - 0.3) - 0.3\sin4\varepsilon \\
F_{\text{sun}} = -4.54
\end{cases}
\tag{3.46}
$$

T20 适用 Block Ⅱ／ⅡR 类卫星,如下:

$$
\begin{cases}
F_x = -0.265\sin\varepsilon + 0.16\sin3\varepsilon + 0.1\sin5\varepsilon - 0.07\sin7\varepsilon \\
F_y = 0.265\cos\varepsilon \\
F_{\text{sun}} = -8.695
\end{cases}
\tag{3.47}
$$

T30 适用 Block Ⅲ 类卫星,如下:

$$
\begin{cases}
F_x = -11\sin\varepsilon - 0.2\sin3\varepsilon + 0.2\sin5\varepsilon \\
F_y = -11.3\cos\varepsilon + 0.1\cos3\varepsilon + 0.2\cos5\varepsilon \\
F_{\text{sun}} = 0
\end{cases}
\tag{3.48}
$$

式中:$\varepsilon$ 是地球-卫星-太阳夹角。

ROCK 系列模型的不足之处在于其无法对卫星的复杂外形建模,无法充分地考虑天线结构和一些非常小的部件处的光压摄动。同时,它只考虑了光压的一次入射作用。而且,该模型没有考虑卫星表面材料会随时间老化,最终引起其反射特性的改变,从而使得卫星长期在轨运行后此模型精度降低。

③ 欧洲定轨中心经验轨道模型(ECOM)。ECOM 的提出是为了有效地补偿太阳光压摄动引起的轨道误差。同时,通过长期历史数据分析,发现 3 个方向都可分成 1 个常数项和 2 个周期项。具体模型如下:

$$
\boldsymbol{a}_{\text{SRP}} = \boldsymbol{a}_{\text{ROCK}} + D(\mu) \cdot \boldsymbol{e}_D + Y(\mu) \cdot \boldsymbol{e}_Y + B(\mu) \cdot \boldsymbol{e}_B
\tag{3.49}
$$

式中

$$
\begin{cases}
D(\mu) = D_0 + D_C\cos\mu + D_S\sin\mu \\
Y(\mu) = Y_0 + Y_C\cos\mu + Y_S\sin\mu \\
B(\mu) = B_0 + B_C\cos\mu + B_S\sin\mu
\end{cases}
\tag{3.50}
$$

$D_0$、$D_C$、$D_S$、$Y_0$、$Y_C$、$Y_S$、$B_0$、$B_C$、$B_S$(下角 C 表示 cos 项的系数,S 表示 sin 项的系数)9 个参数是通过轨道估计解算得到的。此模型精度高,但待解算的参数较多。虽然建立模型时没有分析 Block ⅡR 类卫星的数据,但对其仍然适用。目前,精密定轨中应用最广泛的就是此模型。

为了得到更加正确地描述卫星所受光压摄动影响的先验信息,欧洲定轨中心(CODE)在此模型上进行了改进。改进后的新模型精度比 ROCK 系列模型精度高一个数量级。

$$a_{SRP} = D \cdot e_D + Y \cdot e_Y + B \cdot e_B + Z(\mu) \cdot e_Z + X(\mu) \cdot e_X \tag{3.51}$$

式中

$$\begin{cases} D = D_0 \\ Y = Y_0 \\ B = B_0 \end{cases} \tag{3.52}$$

$$\begin{cases} Z(\mu) = Z_1 \sin(\mu - \mu_0) \\ X(\mu) = X_1 \sin(\mu - \mu_0) + X_3 \sin(3\mu - \mu_0) \end{cases} \tag{3.53}$$

式中:$\mu_0$ 为卫星轨道面内太阳的纬度幅角;$D_0$、$Y_0$、$B_0$、$Z_1$、$X_1$、$X_3$ 为新模型的 6 个主要参数,它们都是周期性的参数,其周期与 $\beta$(太阳在卫星轨道面的高度角)有关。实际上,新模型有 18 个不同的参数。式(3.51)中的 $Z$ 项和 $X$ 项是为了体现被太阳光照亮的卫星表面的受力情况而增加的。目前 CODE 是将此新模型作为太阳光压的先验模型,然后对参数 $D_0$、$Y_0$、$B_0$、$B_C$、$B_S$ 进行估计,由此得到的轨道精度非常高。

$$\begin{cases} D = D_0 + D_{C2} \cos(2\beta) + D_{C4} \cos(4\beta) \\ Y = Y_0 + Y_C \cos(2\beta) \\ B = B_0 + B_C \cos(2\beta) \\ Z(\mu) = \sin(\mu - \mu_0) \cdot [Z_0 + Z_{C2} \cos(2\beta) + Z_{S2} \sin(2\beta) + Z_{C4} \cos(4\beta) + Z_{S4} \sin(4\beta)] \\ X(\mu) = \sin(\mu - \mu_0) \cdot [X_{10} + X_{1C} \cos(2\beta) + X_{1S} \sin(2\beta)] + \\ \qquad\qquad \sin(3\mu - \mu_0) \cdot [X_{30} + X_{3C} \cos(2\beta) + X_{3S} \sin(2\beta)] \end{cases}$$

$$\tag{3.54}$$

式中:$D_0$、$Y_0$、$B_0$ 是卫星特性参数,$D_{C2}$、$D_{C4}$、$Y_C$、$B_C$、$Z_{C2}$、$Z_{S2}$、$Z_{C4}$、$Z_{S4}$、$X_{10}$、$X_{1C}$、$X_{1S}$、$X_{30}$ 是常数项,以上参数在相关文件中能够找到;$Z_0$ 为 GPS 卫星的 Block 类型。

④ Adjustable box – wing 模型。考虑已有模型的优缺点,德国慕尼黑工业大学 Rodriguez – Solano 等建立了 Adjustable box – wing 模型。对该模型有以下假设。

(i)卫星表面结构简化为盒状的卫星星体部分和表面光滑的太阳帆板部分。

(ii)卫星某些体积很小的部件,如天线等不考虑其几何外形,但不忽略其质量。

(iii)卫星各个表面之间不存在遮挡,同时只考虑光线的 1 次入射。

(iv)卫星从某一面吸收的热量总是从另一面散出。

(v)不考虑卫星内能增加和减少过程中产生的影响。

（vi）太阳辐射强度、卫星的外形、质量都是已知的。

在这些假设的基础上,该模型将卫星分为卫星星体和太阳帆板部分。假设太阳帆板所受光照完全被吸收,而星体部分所受光照完全被反射。星体部分可以分为 $+X$、$+Z$、$-Z$ 3 个面。其具体模型如下。

对于太阳帆板部分:

$$\boldsymbol{a}_{SP} = -\frac{A_{SP}}{M}P_s\left(\frac{AU}{RSUN}\right)^2\cos\theta\left[\left(1-\rho\right)\boldsymbol{e}_D + 2\left(\frac{\delta}{3}+\rho\cos\theta\right)\boldsymbol{e}_N\right] \qquad (3.55)$$

对于卫星星体部分:

$$\boldsymbol{a}_{SB} = -\frac{A_{SB}}{M}P_s\left(\frac{AU}{RSUN}\right)^2\cos\theta\left[\left(\alpha+\delta\right)\left(\boldsymbol{e}_D+\frac{2}{3}\boldsymbol{e}_N\right)\right] \qquad (3.56)$$

式中

$$\cos\theta = \boldsymbol{e}_D \cdot \boldsymbol{e}_n \qquad \cos\theta \geqslant 0 \qquad (3.57)$$

式中: $A_{SP}$、$A_{SB}$ 分别为太阳帆板、卫星星体的有效面积; $\alpha$、$\rho$、$\delta$ 分别为卫星表面的吸收率、反射率和漫反射率; $\boldsymbol{e}_N$ 为卫星表面的法矢量,其他参数含义同前。

此模型中有 9 个参数是根据 GNSS 采集的实际数据进行调整的,分别为:SP 太阳帆板比例因子、SB 太阳帆板旋转滞后角、$Y$ 向加速度、$+X$ 面的吸收率和漫反射率、$+Z$ 面的吸收率和漫反射率、$-Z$ 面的吸收率和漫反射率、$+X$ 面的反射率、$+Z$ 面的反射率、$-Z$ 面的反射率。

此模型表现出与 CODE 模型相似的特性,在重叠弧度和轨道预报中,两者表现出一样的性能;在卫星轨道径向误差上表现出比 CODE 更好的性能。相关研究表明:CODE 模型能够与 GPS 历史数据吻合得很好,但是不能完全补偿由太阳光压引起的摄动加速度;而此模型却是相反的,它能够对太阳光压摄动进行高精度的建模。

⑤ 太阳蚀因子计算。只有当卫星位置处于地球和月球的阴影之外时才有光压摄动,所以地影问题是计算太阳光压摄动时必须考虑的。地影的计算方法有两种,即柱形阴影和锥形阴影计算方法。由于柱形阴影计算方法精度较低,采用锥形地影模型,蚀因子 $v = 1 - \dfrac{A_s'}{A_s}$,其中 $A_s'$ 为地影的被蚀面积。计算过程如下:

$$\begin{cases} \theta_{es} = \arccos\dfrac{\boldsymbol{r}\cdot\boldsymbol{\Delta}_s}{|\boldsymbol{r}\cdot\boldsymbol{\Delta}_s|} \\ A_s = \pi\alpha_s^2, \quad A_e = \pi\alpha_e^2 \\ \alpha_s = \arcsin(\alpha_s'/\Delta_s), \quad \alpha_e = \arcsin(\alpha_e'/r) \end{cases} \qquad (3.58)$$

式中: $\boldsymbol{r}$ 为卫星在地心惯性坐标系下的位置; $\boldsymbol{\Delta}_s$ 为卫星指向太阳的单位矢量; $\alpha_s'$ 和 $\alpha_e'$ 分别为太阳、地球的有效半径。

地影情况如下。

（i）当 $\boldsymbol{r}\cdot\boldsymbol{\Delta}_s < 0$ 时,必然在地影之外,$A_s' = 0$。

（ii）当 $\theta_{es} \leqslant |\alpha_e - \alpha_s|$ 时，则处于本影或者伪本影中，有

$$A'_s = \alpha_s^2 \arccos\left(\frac{\theta_e}{\alpha_s}\right) + \alpha_e^2 \arccos\left(\frac{\theta_{es} - \theta_e}{\alpha_e}\right) - \theta_{es}\sqrt{\alpha_s^2 - \theta_e^2} \tag{3.59}$$

式中：$\theta_e = \dfrac{1}{2\theta_{es}}(\theta_{es}^2 + \alpha_s^2 - \alpha_e^2)$。

（iii）其余情况，$A'_s = 0$。

（4）潮汐摄动。

受日、月引力及其周期性变化影响，非刚性地球存在周期性的形变现象，称为固体潮。固体潮对引力场球谐系数二阶项的归一化的修正公式为

$$\begin{cases} \Delta\overline{C}_{2,0} = \dfrac{1}{\sqrt{5}}k_2 \sum\limits_{j=1}^{2} \beta_j P_2(\sin\varphi_j) \\[2mm] \Delta\overline{C}_{2,m} = \dfrac{1}{3m}\dfrac{3}{\sqrt{5}}k_2 \sum\limits_{j=1}^{2} \beta_j P_{2,m}(\sin\varphi_j)\cos m(\lambda_j + v) \\[2mm] \Delta\overline{S}_{2,m} = \dfrac{1}{3m}\dfrac{3}{\sqrt{5}}k_2 \sum\limits_{j=1}^{2} \beta_j P_{2,m}(\sin\varphi_j)\sin m(\lambda_j + v) \end{cases} \tag{3.60}$$

式中：$m=1,2$；$j=1$ 表示太阳，$j=2$ 表示月球；$k_2$ 为二阶 Love 数；$\varphi_j$ 和 $\lambda_j$ 分别为日、月的地理坐标；$v$ 为潮汐滞后角。

$$\begin{cases} P_2(\sin\varphi_j) = \dfrac{3}{2}\sin^2\varphi_j - \dfrac{1}{2} \\[2mm] P_{2,1}(\sin\varphi_j) = 3\sin\varphi_j\cos\varphi_j \\[2mm] P_{2,2}(\sin\varphi_j) = 3(1 - \sin^2\varphi_j) \end{cases} \tag{3.61}$$

（5）相对论效应摄动。

相对论效应摄动的影响较小，只需考虑其中最主要的 Schwarzschild 项，相应的摄动加速度为

$$\boldsymbol{a}_{rel} = \frac{GM}{c^2 r^3}\left\{2(\beta+\gamma)\frac{GM}{r} - (\dot{\boldsymbol{r}}\cdot\dot{\boldsymbol{r}})\boldsymbol{r} + 2(1+\gamma)(\boldsymbol{r}\cdot\dot{\boldsymbol{r}})\boldsymbol{r}\right\} \tag{3.62}$$

式中：$c$ 为无量纲化后真空中的光速，$c = 299792458$；$GM$ 为地球引力常数；$\boldsymbol{r}$ 和 $\dot{\boldsymbol{r}}$ 分别为卫星的地心位置矢量和速度矢量；$\beta$ 和 $\gamma$ 为相对论效应的第一、二参数，取值均为1。

（6）轨道机动推力。

由于导航星在轨工作期间轨控发动机经常需要工作，这将影响定轨和轨道预报。因此这里有必要考虑相应机动力对轨道的影响，以便更好地模拟轨道运动。

假定喷气为一瞬时过程，即使在轨控过程中喷气本身是有间隙的（完整的喷气过程是由若干次喷气和间隙所构成的动力学过程），也可用平均效应的连续喷气过

程所代替,相应的"推力"加速度为

$$a_{th} = Ea_0 \qquad (3.63)$$

式中:$a_{th}$ 为 J2000 地心惯性坐标系中的推力加速度;$a_0$ 为 STW 坐标系(由垂迹方向、速度方向、轨道面法向构成右手坐标系)中常推力加速度;$E$ 为 STW 坐标系到 J2000 地心惯性坐标系的转换矩阵。

2)卫星星座仿真模型

GNSS 星座构型的建立依据是确保为全球任意位置的用户提供定位服务。Walker-δ 星座就是针对这种导航全球覆盖性需求下的最具影响力的星座设计方法,它达到了南北地区均匀覆盖的效果,有效解决了全球 $n$ 重覆盖问题。

一个 Walker-δ 星座需要用 5 个变量描述:卫星总数($T$)、轨道平面数目($P$)、相邻轨道面临近卫星之间的相位因子($F$)、轨道高度($H$)和轨道倾角($I$)。但为简化处理,通常用($T/P/F$)来表示 Walker 星座的星座结构,其中 $0 \leqslant F \leqslant P-1$。

对于 Walker-δ 星座,由于它的对称性以及均匀分布的特点,通常在不考虑星下点轨迹的要求时,只要确定一颗卫星位置速度信息以及 Walker-δ 星座的描述符,则整个 Walker-δ 星座就能够确定。其中,已知位置速度信息的节点称为 Walker-δ 星座的种子卫星;默认情况下,种子卫星为该 Walker-δ 的第一个轨道平面上的第一颗卫星。

假设种子卫星 A 的轨道 6 根数($a,e,i,\Omega,\omega,M_0$)和星历参考时刻 $t_{0e}$,其中轨道 6 根数定义:$a$ 表示轨道长半轴、$e$ 表示轨道偏心率、$i$ 表示轨道倾角、$\Omega$ 表示升交点赤经、$\omega$ 表示近地点幅角、$M_0$ 为平近点角,则第 $j$ 轨道面上的第 $k$ 颗卫星相对基准卫星的升交点赤经为

$$\Omega_j = \Omega_0 + (j-1)\frac{360°}{P} \qquad (3.64)$$

平近点角为

$$M_{jk} = M_0 + (j-1)\frac{360°}{T}F + (k-1)\frac{360°}{S}, \quad S = T/P \qquad (3.65)$$

除了升交点赤经和平近点角外,其他轨道根数都与种子卫星一致。

3)卫星轨道仿真模型

卫星轨道计算模型用于计算卫星位置、速度、加速度,主要包括计算导航星座和作为用户的 LEO 卫星的轨道力模型及其积分器,卫星轨道的计算均在惯性坐标系中进行。依据系统要求,对于 GEO/IGSO/MEO 卫星组成的导航星座,在轨道计算过程中只考虑地球非球形摄动、日月引力摄动和太阳光压摄动。对于 LEO 卫星,则需要考虑地球非球形摄动、日月引力摄动、太阳光压摄动、固体潮汐摄动、相对论效应摄动和大气阻力摄动。

利用卫星受摄运动方程,对其进行数值积分运算,可以得到星座卫星运动轨道。

积分算法可以考虑单步的 7(8) 阶 Runge-Kutta 法或多步积分方法——KSG(发明该积分器的三位学者姓名的首字母)方法。由于观测值计算往往需要已知发射时刻的卫星位置,而对于接收时刻(观测历元)为整秒的观测,发射时刻往往带有毫秒量级的小数。这对于单步法轨道积分器来说存在步长控制的问题,为避免该问题而且为了提高计算效率,本书采用 KSG 积分器进行轨道积分。

KSG 积分器由预报、校正和插值模型组成,是适用于二阶微分方程组的定阶、定步长多步法积分器。其本质属于 Cowell 方法,即它是用插值多项式代替右端的被积函数得到计算公式;但 KSG 积分器对一般预估-校正(PECE)算法中的校正公式作了修正,使积分器系数的计算工作量减少了近乎一半,是同类积分器中计算量较少、精度较高的积分器。假定二阶方程与初始条件为

$$\begin{cases} \ddot{r} = f(r, \dot{r}, t) \\ r(t_0) = r_0, \quad \dot{r}(t_0) = \dot{r}_0 \end{cases} \quad (3.66)$$

则 KSG 积分器由 $t_n$ 至 $t_{n+1}$ 步点的预报-校正公式如下。

(1)预报:

$$\begin{cases} r_{n+1}^p = r_n + h\dot{r}_n + h^2 \sum_{j=1}^{i} \alpha_{j,1} \nabla^{j-1} f_n \\ \dot{r}_{n+1}^p = \dot{r}_n + h \sum_{j=1}^{i} \beta_{j,1} \nabla^{j-1} f_n \end{cases} \quad (3.67)$$

(2)校正:

$$\begin{cases} r_{n+1} = r_{n+1}^p + h^2 \alpha_{i+1,1} \nabla^i f_{n+1}^p \\ \dot{r}_{n+1} = \dot{r}_{n+1}^p + h\beta_{i+1,1} \nabla^i f_{n+1}^p \end{cases} \quad (3.68)$$

式中:$i$ 为积分器阶数;$h$ 为积分步长;$\alpha$、$\beta$ 为积分器系数;$\nabla$ 为后差分算子。非整步点的解由插值公式求出。设插值时刻 $t = t_{n+r} = t_n + \mu h$,其中 $k$ 为小于零的实数,它满足 $n + \mu - 1 \leq n + \mu \leq n$,则以 $t_j(j = n, n-1, \cdots, n-i+1)$ 为步点的插值公式为

$$\begin{cases} r_{n+\mu} = r_n + \mu h\dot{r}_n + (\mu h)^2 \sum_{j=1}^{i} \alpha_{j,\mu} \nabla^{j-1} f_n \\ \dot{r}_{n+\mu} = r_n + \mu h \sum_{j=1}^{i} \beta_{j,\mu} \nabla^{j-1} f_n \end{cases} \quad (3.69)$$

### 3.2.1.3　卫星原子钟仿真模型

卫星钟仿真模型基于地面钟信号,根据给定的时间和测站坐标以及卫星轨道,利用数学模拟和实测数据模拟的方法,仿真产生卫星钟数据,其中需要进行时间系统、坐标系统的转换,广义相对论修正,基于实测数据和数学模型的系统差仿真,以及随机差仿真等,见图 3.7。

1)二次多项式钟差模型

卫星钟差采用二阶多项式表示:

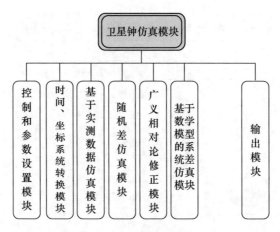

图 3.7　卫星钟仿真模块构成

$$\Delta t_S = a_0 + a_1(t - t_{oc}) + a_2(t - t_{oc})^2 \tag{3.70}$$

式中：$a_0$ 为星钟偏差，相对于系统时间的偏差；$a_1$ 为钟速，相对于实际频率的偏差系数；$a_2$ 为半加速（频率漂移的一半）。

相对论时延改正包括两部分，对时钟频率影响的常数部分约 $4 \times 10^{-10}$ 量级，影响最大，但可通过钟速调整消除。对时钟频率有影响的周期部分与卫星轨道偏心率、高度和运动周期有关，约 100ns，经改正后误差可忽略不计。周期部分相对论改正公式如下：

$$\Delta \tau = 2 \frac{\boldsymbol{R} \cdot \boldsymbol{v}}{c^2} \tag{3.71}$$

式中：$\boldsymbol{R}$、$\boldsymbol{v}$ 分别为卫星的位置和速度矢量。

通过地面的测量设备，能够实现对卫星上下行伪距数据的测量，经过处理获取卫星钟差观测数据。不同卫星钟差与原子钟本身的性能相关，在钟差、钟速和钟漂等参数上均具有不同性质。

卫星钟差仿真的数据处理流程如图 3.8 所示。

2) 5 种噪声钟差模型

卫星导航定位系统实质上是一个测时测距的定位系统，其定位精度与时钟精度密切相关。在卫星导航系统中，卫星钟差作为观测数据的主要误差源之一，其精度直接影响卫星导航系统的精度和性能。高保真度的卫星钟差模型，可以实际地反映系统运行状况，在仿真测试系统中起着重要作用。原子钟的输出可以看作由确定性部分和随机性部分两部分组成，原子钟的确定性部分可用一个确定的二次多项式函数模型来描述，并且各项系数的含义明确；而原子钟的随机变化部分是一个随机变化量，可能包含一种或者一种以上的随机噪声，因此原子钟随机噪声的仿真生成是原子钟仿真建模的关键。

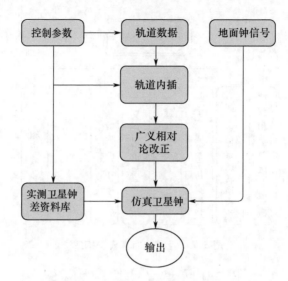

**图 3.8　卫星钟差仿真的数据处理流程**

对原子钟的功率谱密度进行分析可以发现,组成原子钟误差的噪声可以用 5 种独立的噪声进行叠加[6]:相位白噪声、相位闪变噪声、频率白噪声、频率闪变噪声和频率随机游走噪声。

这些误差通常用 Allan 方差来进行描述。它是最为常见的时域频率稳定度分析方法,通常使用其开方根值。Allan 方差定义如下[7]:

$$\sigma_y^2(\tau) = \frac{1}{2(M-1)} \sum_{i=1}^{M-1} \left[ \bar{y}_{i+1} - \bar{y}_i \right]^2 = \frac{1}{2(N-2)\tau^2} \sum_{i=1}^{N-2} \left[ x_{i+2} - 2x_{i+1} + x_i \right]^2$$

(3.72)

式中:$\tau$ 为测量时间间隔;$x_i$ 为钟差数据(或相位数据);$N$ 为钟差数据个数,$N = M + 1$。

相对频率偏差 $\bar{y}_i$ 定义为

$$\bar{y}_i = \frac{x_{i+1} - x_i}{\tau}$$

(3.73)

相对频率噪声的功率谱密度可以分成不同的部分,每一种对应一种不同的噪声类型:

$$S_y(f) = h_2 f^2 + h_1 f + h_0 + \frac{h_{-1}}{f} + \frac{h_{-2}}{f^2}$$

(3.74)

式中:$h_2$、$h_1$、$h_0$、$h_{-1}$、$h_{-2}$ 为每种噪声强度系数。

每种噪声的 Allan 方差可以近似由功率谱密度获得,如表 3.2 所列。其中,高频截止频率 $f_h$ 定义为系统谱带宽的上限。

表 3.2　钟差噪声类型

| 噪声类型 | $S_y(f)$ | $\sigma_y^2(\tau)$ |
|---|---|---|
| 相位白噪声（WP） | $h_2 f^2$ | $\dfrac{3h_2 f_h}{4\pi^2 \tau^2}$ |
| 相位闪变噪声（FP） | $h_1 f$ | $h_1 \dfrac{6+3\ln(2\pi f_h \tau) - \ln(2)}{4\pi^2 \tau^2}$ |
| 频率白噪声（WF） | $h_0$ | $\dfrac{h_0}{2\pi}$ |
| 频率闪变噪声（FF） | $\dfrac{h_{-1}}{f}$ | $h_{-1} 2\ln(2)$ |
| 频率随机游走噪声（RWF） | $\dfrac{h_{-2}}{f^2}$ | $h_{-2} \dfrac{4\pi^2 \tau}{6}$ |

3）相对论效应计算方法

在卫星导航系统中，当信号源或信号接收机相对于所选的各向同性光速坐标系（地心惯性（ECI）坐标系）发生移动时，需要狭义相对论的相对论校正；当信号源或信号接收机处于不同的重力势时，需要有广义相对论的相对论校正。

星载原子频标同时受到狭义相对论和广义相对论的影响，引起频率的变化。狭义相对论引起的频率变化为

$$\Delta f_1 = -\frac{v^2}{2c^2} \cdot f \tag{3.75}$$

式中：$f$ 为原子频标在惯性系中处于静止状态时的频率；$v$ 为卫星速度。

根据广义相对论，处于不同等势面的振荡器，其频率因引力位不同而变化，产生引力频移。广义相对论引起的频率变化为

$$\Delta f_2 = \frac{\mu}{c^2}\left(\frac{1}{R} - \frac{1}{r}\right) \cdot f \tag{3.76}$$

式中：$\mu = 3.98600436 \times 10^{14}\,\mathrm{m^3/s^2}$ 为地球引力常数；$R$ 为信号接收机的向径；$r$ 为信号源向径。

综合考虑速度和引力位的影响，地面观测到的星载原子频标的频率变化为

$$\Delta f = \Delta f_1 + \Delta f_2 =$$

$$\frac{f}{c^2}\left(\frac{\mu}{R} - \frac{\mu}{r} - \frac{v^2}{2}\right) =$$

$$\frac{\mu}{c^2}\left(\frac{1}{R} - \frac{2}{a(1 - e\cos E)} - \frac{1}{2a}\right) \cdot f \tag{3.77}$$

式中：$a$ 为卫星长半轴；$e$ 为轨道偏心率；$E$ 为偏近点角。

对于 GPS 卫星,将其近似为圆轨道卫星时可根据上式求得相对论效应引起的频差为 $\Delta f = 4.45 \times 10^{-10} \cdot f$,为保证地面观测到的星载原子频标的频率为 10.23MHz 的基准频率,星载原子频标将被降低为 10.22999999545MHz。由于 GPS 卫星实际上是椭圆轨道,卫星钟差则按照下式补偿:

$$\Delta t_r = Fe\sqrt{a}\sin E \qquad (3.78)$$

式中:$F = -4.442807633 \times 10^{-10} \mathrm{s/m^{1/2}}$。

在星间链路中,设卫星 $i$、$j$ 之间相互测距,则同样由相对论效应,对卫星 $j$ 而言,卫星 $i$ 的频率偏差为

$$\Delta t = \frac{\mu}{c^2}\left(\frac{1}{r_j} - \frac{1}{r_i}\right) \cdot t_i + \frac{1}{2c^2}(v_j^2 - v_i^2) \cdot t_i \qquad (3.79)$$

得到时间偏差为

$$\Delta f = \frac{\mu f_i}{c^2}\left(\frac{1}{r_j} - \frac{1}{r_i}\right) + \frac{f_i}{2c^2}(v_j^2 - v_i^2) \qquad (3.80)$$

从上述公式可以看出,对于 Walker 星座,由相对论效应引起的两颗卫星之间的频率和时钟相对变化并不明显,在相对导航时可以不用考虑。

### 3.2.1.4 卫星姿态仿真模型

在轨运行的卫星,由于受到内外力矩的作用,其姿态总是在变化。作用在卫星星体的外力矩是指由卫星与周围环境通过介质接触或场的相互作用而产生的力矩,主要有气动力矩、太阳辐射力矩、重力梯度力矩和磁力矩等。对于卫星姿态的仿真计算可以根据精度需要,加载姿态运动模型和高精度的姿控动力学模型。姿态运动模型中只考虑典型姿态模式下卫的运动学模型,输出卫星的姿态角数据,并可以按需要添加误差;高精度的姿控动力学模型考虑对各种干扰力矩、控制误差以及测量误差的仿真,需要由卫星总体提供相关的设计与实测数据支持。考虑到导航卫星平台对地指向的约束,考虑典型的姿控模式为偏航控制,可能存在的控制策略有三类,如表 3.3 所列。

表 3.3 偏航控制策略

| 序号 | 姿控策略 | 描述 |
|---|---|---|
| 1 | 太阳帆板约束下的偏航控制 | $Z$ 轴对地指向恒定,$X$ 轴同心地固坐标系中的运动方向,相对轨道左右小范围摆动 |
| 2 | 地心固联(ECF)方向速度约束的偏航控制 | $Z$ 轴对地指向恒定,$X$ 轴同心地心惯性坐标系中的运动方向,相对轨道完全静止,没有摆动 |
| 3 | ECI 速度方向约束的偏航控制 | $Z$ 轴对地指向恒定,$X-Z$ 平面经过太阳,使得太阳帆板能够始终朝向太阳 |

卫星姿态主要用来描述卫星本体坐标系的 3 个轴的方向,对卫星姿态进行描述

是相对于空间参考坐标系,这里选定轨道坐标系做参考坐标系,姿态参数常用的描述方法有四元素、欧拉角和方向余弦式等。方向余弦式(定义)通俗理解就是卫星本体坐标系相对于参考坐标系的旋转矩阵 $T_{Ob}$,但是方向余弦式没有直观的物理意义,欧拉角是能够最直观描述卫星姿态的参数,这里选用欧拉角来描述卫星姿态。根据欧拉定理可得,由刚体绕固定点的若干次有限转动合成能够得到刚体绕该点的角位移。绕着参考坐标系转动 3 次得到卫星本体坐标系,每次的转动角就是欧拉角。

根据选择不同的旋转轴,共有 12 种旋转顺序,可分为对称旋转和非对称旋转两类。描述三轴稳定卫星一般采用 $Z—X—Y$ 非对称旋转,定义转动角依次为偏航角 $\psi$、滚动角 $\varphi$、俯仰角 $\theta$。

得到轨道坐标系(参考坐标系)到卫星本体坐标系的旋转矩阵:

$$T_{Ob} = R_Y(\theta) R_X(\varphi) R_Z(\psi)$$

$$= \begin{bmatrix} \cos\psi\cos\theta - \sin\psi\sin\theta\sin\varphi & \cos\theta\sin\psi + \cos\psi\sin\theta\sin\varphi & -\sin\theta\cos\varphi \\ -\cos\varphi\sin\psi & \cos\varphi\cos\psi & \sin\varphi \\ \sin\theta\cos\psi + \sin\psi\cos\theta\sin\varphi & \sin\psi\sin\theta - \cos\psi\cos\theta\sin\varphi & \cos\varphi\cos\theta \end{bmatrix} \quad (3.81)$$

式中

$$R_Y(\theta) = \begin{bmatrix} \cos\theta & 0 & -\sin\theta \\ 0 & 1 & 0 \\ \sin\theta & 0 & \cos\theta \end{bmatrix}$$

已知姿态方向余弦矩阵 $T_{Ob}(\varphi, \theta, \psi)$ 可很简单地求出欧拉角的数值:

$$\begin{cases} \varphi = \arcsin(T_{23}) \\ \theta = \arctan\left(-\dfrac{T_{13}}{T_{33}}\right) \\ \psi = \arctan\left(-\dfrac{T_{21}}{T_{22}}\right) \end{cases} \quad (3.82)$$

式中:$T_{ij}(i = 1,2,3; j = 1,2,3)$ 表示 $T_{Ob}$ 的第 $i$ 行,第 $j$ 列。欧拉角具有直接、明确的几何意义,且星敏感器能够直接对其进行测量,能够最直观地描述卫星姿态。

下面介绍轨道坐标系(参考坐标系)到卫星本体坐标系的旋转矩阵 $T_{Ob}$ 的具体求法。

设轨道坐标系到地心惯性坐标系的旋转矩阵为 $T_{OI}$,$(X_I, Y_I, Z_I)$ 为惯性系坐标,$(X_o, Y_o, Z_o)$ 为轨道坐标系坐标,则有

$$\begin{bmatrix} X_I \\ Y_I \\ Z_I \end{bmatrix} = (e_{x_o} \quad e_{y_o} \quad e_{z_o}) \begin{pmatrix} X_o \\ Y_o \\ Z_o \end{pmatrix} = T_{OI} \begin{pmatrix} X_o \\ Y_o \\ Z_o \end{pmatrix} \quad (3.83)$$

式中:$e_{x_o}$、$e_{y_o}$ 和 $e_{z_o}$ 分别对应轨道坐标系的 $X$、$Y$ 和 $Z$ 轴(单位矢量)在惯性系的投影,

$e_{x_o} = \dfrac{r \times v}{|r \times v|}$，$e_{y_o} = e_z \times e_x$，$e_{z_o} = -\dfrac{r}{|r|}$，$r$ 和 $v$ 分别表示卫星位置和速度在惯性系的单位矢量。

设卫星本体坐标系到地心惯性坐标系的坐标转换矩阵为 $T_{bI}$（卫星姿态模型为名义姿态时），$(X_b, Y_b, Z_b)$ 为本体坐标系坐标，则有

$$\begin{bmatrix} X_I \\ Y_I \\ Z_I \end{bmatrix} = (e_{x_b} \quad e_{y_b} \quad e_{z_b}) \begin{pmatrix} X_b \\ Y_b \\ Z_b \end{pmatrix} = T_{bI} \begin{pmatrix} X_b \\ Y_b \\ Z_b \end{pmatrix} \tag{3.84}$$

式中：$e_{x_b}$、$e_{y_b}$ 和 $e_{z_b}$ 分别对应卫星本体坐标系的 $X$、$Y$ 和 $Z$ 轴（单位矢量）在惯性系的投影，$e_{y_b} = \dfrac{r}{|r|} \times \dfrac{r_{sun} - r}{|r_{sun} - r|}$，$e_{z_b} = -\dfrac{r}{|r|}$，$e_{x_b} = e_{y_b} \times e_{z_b}$，$r_{sun}$ 为太阳位置在惯性系的单位矢量。

根据式（4.53）和式（4.54）可得轨道坐标系与卫星本体坐标系的旋转矩阵为

$$T_{Ob} = (T_{bI})^{-1} \times T_{OI} \tag{3.85}$$

### 3.2.1.5　空间环境仿真模型

1）对流层延迟仿真模型

对流层延迟仿真部分主要任务是根据给定的时间和测站坐标以及卫星轨道，利用多种对流层模型和气象参数计算出信号路径上的对流层延迟，其中需要进行时间系统、坐标系统的转换，以及高度角方位角的计算，主要仿真模块见图3.9。

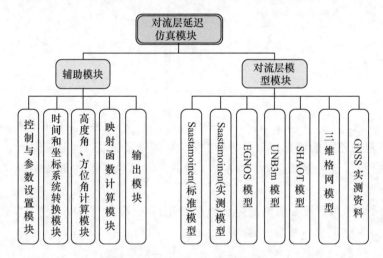

图3.9　对流层延迟仿真模块组成

对流层延迟仿真可采用的模型有 Saastamoinen 模型（实测气象参数、标准气象参数），欧洲静地轨道卫星导航重叠服务（EGNOS）模型，新不伦瑞克大学（UNB）的 UNB3m 模型，上海天文台（SHAO）对流层（SHAOT）模型和三维格网模型等[8]，目前

常用的对流层映射函数有 Neil、全局映射函数（GMF）、维也纳映射函数 1（VMF1）等。利用多种模型仿真对流层延迟的流程如图 3.10 所示。

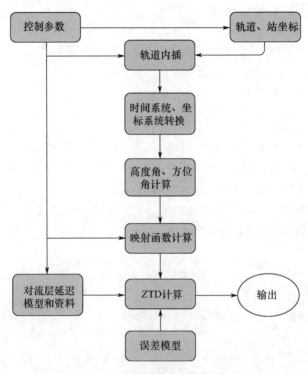

**图 3.10 对流层延迟仿真流程**

根据是否需要加入实测气象参数，对流层天顶延迟模型可分为带实测气象参数的对流层天顶延迟模型和无需实测气象参数的对流层天顶延迟模型。前者的代表模型主要有 Hopfield 模型、改进的 Hopfield 模型、Saastamoinen 模型等，后者的代表模型主要有 UNB 模型和 EGNOS 模型等。

（1）Hopfield 模型。

Hopfield 模型是 Hopfield 于 1969 年提出的。该模型将整个大气层仅分为电离层和对流层两层，并假定对流层的大气温度下降率为一常数，即高程每上升 1000m，温度下降 6.8℃。天顶总延迟认为是天顶干延迟和天顶湿延迟的总和。Hopfield 利用全球 18 个台站的一年平均资料拟合得到了以下经验公式，即

$$\Delta D_{\mathrm{tro}}^z = \Delta D_{\mathrm{dry}}^z + \Delta D_{\mathrm{wet}}^z \tag{3.86}$$

式中：$\Delta D_{\mathrm{tro}}^z$ 为对流层天顶总延迟（ZTD）；$\Delta D_{\mathrm{dry}}^z$ 为干延迟部分；$\Delta D_{\mathrm{wet}}^z$ 为湿延迟部分。

干延迟、湿延迟的计算式为

$$\Delta D_{\mathrm{dry}}^z = 10^{-6} \int_{h_0}^{h_{\mathrm{dry}}} N_{\mathrm{dry}} \mathrm{d}h = 1.552 \times 10^{-5} \times \frac{P_0}{T_0} \times (h_{\mathrm{dry}} - h_0) \tag{3.87}$$

$$\Delta D_{\text{wet}}^z = 10^{-6} \int_{h_0}^{h_{\text{wet}}} N_{\text{wet}} dh = 7.46512 \times 10^{-2} \times \frac{e_0}{T_0^2} \times (h_{\text{wet}} - h_0) \quad (3.88)$$

式中：$P_0$ 为测站的大气压强；$T_0$ 为测站温度；$h_0$ 为测站高程；$h_{\text{dry}}$、$h_{\text{wet}}$ 分别为干、湿大气的层顶高度；$e_0$ 为水汽压。Hopfield 建议采用以下经验公式：

$$\begin{cases} h_{\text{dry}} = 40136 + 148.72(T_0 - 273.16) \\ h_{\text{wet}} = 11000 \\ e_0 = \text{RH} \times 10^{\frac{7.5(T_0 - 273.3)}{T_0}} \end{cases} \quad (3.89)$$

式中：RH 为相对湿度。

在有实测气象参数作为输入时，Hopfield 模型的精度能够达到厘米级。但是，相关研究表明，由于 Hopfield 模型的分层特性，将对流层中的温度下降率设定为常数，在较高测站情况下，该模型会出现较大计算偏差。

为了进一步提高 Hopfield 模型的精度，1972 年，Hopfield 又提出了 Hopfield 的改进模型。该模型的干、湿延迟计算公式为

$$\Delta D_i^z = 10^{-6} N_i \sum_{k=1}^{9} \frac{f_{k,i}}{k} r_i^k \quad i = \text{dry, wet}$$

$$(3.90)$$

式中：$N_{\text{dry}} = \dfrac{77.64P}{T}$；$N_{\text{wet}} = -\dfrac{12.96e_0}{T} + \dfrac{371800e_0}{T^2}$；$f_{1,i} = 1$，$f_{2,i} = 4a_i$，$f_{3,i} = 6a_i^2 + 4b_i$，$f_{4,i} = 4a_i(a_i^2 + 3b_i)$，$f_{5,i} = a_i^4 + 12a_i^2 b_i + 6b_i^2$，$f_{6,i} = 4a_i b_i(a_i^2 + 3b_i)$，$f_{7,i} = b_i^2(6a_i^2 + 4b_i)s$，$f_{8,i} = 4a_i b_i^3$，$f_{9,i} = b_i^4$；$r_i = \sqrt{(R_e + h_i)^2 - R_e^2 \sin^2 z} - R_e \cos z$，$R_e = 6378137\text{m}$。

变量 $a_i$、$b_i$ 定义为

$$a_i = -\frac{\cos z}{h_i}, \quad b_i = -\frac{\sin^2 z}{2h_i R_e}$$

其余符号的定义同 Hopfield 模型。

（2）Saastamonien 模型。

Saastamoinen 模型依然将对流层延迟分为干、湿分量进行计算。不同于 Hopfield 模型和改进的 Hopfield 模型，该模型将对流层分成两层积分：地表到 11～12km 的对流层和 12～50km 的平流层，并认为该对流层的温度递减率为 6.5℃/km，平流层的大气温度假设为常数，而水汽压则是基于回归线的气压轮廓线对折射指数的湿项积分。

干分量和湿分量可分别表示为

$$\Delta D_{\text{dry}}^z = 10^{-6} k_1 \frac{R_{\text{dry}}}{g_m} P_0 \quad (3.91)$$

$$\Delta D_{\text{wet}}^z = 10^{-6} (k_2' + k_3/T) \frac{R_{\text{dry}}}{(\lambda + 1) g_m} e_0 \quad (3.92)$$

式中：$k_1 = 77.642 \text{K/hPa}$；$k_2' = k_2 - 0.622 k_1 \text{K/hPa}$，$k_2 = 64.7 \text{K/hPa}$；$k_3 = 371900 \text{K}^2/\text{hPa}$；$R_{\text{dry}} = 287.04 \text{m}^2/(\text{s}^2 \cdot \text{K})$；$g_m = 9.784 \text{m/s}^2$；$\lambda = 3$。

由式(5.6)和式(5.7)，并考虑测站的地理位置和高程，可得基于 Saastamoinen 模型的对流层天顶延迟为

$$\Delta D_{\text{tro}}^z = 2.277 \times 10^{-3} \left[ P_0 + \left( \frac{1255}{T_0} + 0.05 \right) e_0 \right] / f(B, H) \tag{3.93}$$

$$f(B, H) = 1 - 0.266 \times 10^{-2} \times \cos(2B) - 0.28 \times 10^{-3} \times H \tag{3.94}$$

式中：$B$ 为测站纬度；$H$ 为测站高程(km)；其余符号的含义同 Hopfield 模型。

（3）激光对流层延迟模型。

在含介质的空间中，光是以小于真空光速的群速度传播的，这样激光自卫星到达地球的时间将发生延迟。此外，由于大气折射效应，光在空气中已不再按直线传播，光程将是一条弯曲的曲线。这两种效应统称为激光测距的大气折射效应，它使我们实测的卫星到测站的距离增大。对激光测距进行大气折射改正的公式目前广泛使用的还是 Marini 公式：

$$\Delta \rho_{\text{RF}} = \frac{f(\lambda)}{f(\phi, H)} \times \frac{A + B}{\sin\gamma + \dfrac{B/(A+B)}{\sin\gamma + 0.01}} \tag{3.95}$$

式中

$$A = 0.002357P + 0.000141W_1$$

$$B = 1.084 \times 10^{-8} \times P \times T \times K + \frac{2 \times 4.734 \times 10^{-8} \times P^2}{T \times \left(3 - \dfrac{1}{K}\right)}$$

$$W_1 = \frac{W}{100} \times 6.11 \times 10^{\frac{7.5 \times (T - 273.15)}{237.3 + (T - 273.15)}}$$

$$K = 1.163 - 0.00968\cos 2\phi - 0.00104T + 0.00001435P$$

$$f(\lambda) = 0.9650 + \frac{0.0164}{\lambda^2} + \frac{0.000228}{\lambda^4}$$

$$f(\phi, H) = 1 - 0.0026\cos 2\phi - 3.1 \times 10^{-7}H$$

式中：$\gamma$ 为卫星的实际仰角；$P$、$T$、$W$ 分别为测站的大气压强(mbar)(1bar = 0.1MPa)、大气温度(K)和湿度(%)；$W_1$ 为测站的水蒸气压强(mbar)；$H$、$\phi$ 分别为测站的大地高(m)和测站纬度；$\lambda$ 为激光的波长($\mu$m)。

（4）无气象参数模型。

在对流层延迟改正中，Hopfield 模型和 Saastamoinen 模型都需要提供比较精确的实测气象参数。然而，有些专家认为，天气情况复杂多变，依赖地面气象数据来推算传播路径上的气象元素会带来一些误差，并且常规的卫星导航接收机并没有安装相关的气象测量设备，不利于对流层延迟的改正。针对以上问题，研究人员提出了几种

无实测气象参数的对流层延迟模型,代表模型有新不伦瑞克大学(UNB)对流层模型和 EGNOS 模型。

① UNB 模型。UNB 系列模型是基于 Saastamoninen 发展而来的。在计算对流层延迟过程中,UNB 系列模型不需要实测的气象参数数据,而是利用气象参数的预报模型计算所需的气象参数,再利用 Saastamoinen 模型分别计算天顶对流层延迟的干湿分量,最后通过 Niell 映射函数折算导航信号传播路径上的对流层延迟量。所有 UNB 系列模型的核心思想都是相同的,所不同的是它们的气象参数预报模型。UNB2 模型给出了各个纬度带海平面上 5 个气象参数的平均值,包括大气压 $P_0$、温度 $T_0$、水汽压 $e_0$、温度递减率 $\beta$、水汽递减率 $\lambda$,但没有给出气象参数随时间的变化;UNB3 模型在此基础上进一步给出了 5 个气象参数的周年运动振幅,具体见表 3.4。

表 3.4　UNB3 模型的气象参数均值和振幅

| 纬度/(°) | $P_0$/mbar | $T_0$/K | $e_0$/mbar | $\beta$/(K·km$^{-1}$) | $\lambda$ |
|---|---|---|---|---|---|
| 均值 | | | | | |
| 15 | 1013.25 | 299.65 | 26.31 | 6.30 | 2.77 |
| 30 | 1017.25 | 294.15 | 21.79 | 6.05 | 3.15 |
| 45 | 1015.75 | 283.15 | 11.66 | 5.58 | 2.57 |
| 60 | 1011.75 | 272.15 | 6.78 | 5.39 | 1.81 |
| 75 | 1013.00 | 263.65 | 4.11 | 4.53 | 1.55 |
| 幅度 | | | | | |
| 15 | 0.00 | 0.00 | 0.00 | 0.00 | 0.00 |
| 30 | 3.75 | 7.00 | 8.85 | 0.25 | 0.33 |
| 45 | 2.25 | 11.00 | 7.24 | 0.32 | 0.46 |
| 60 | 1.75 | 15.00 | 5.36 | 0.81 | 0.74 |
| 75 | 0.50 | 14.50 | 3.39 | 0.62 | 0.30 |

用户根据纬度和年积日可插值计算所需要的气象参数,模型为

$$X_{\text{doy}} = \text{Avg}_{\text{doy}} - \text{Amp}_{\text{doy}} \cdot \cos\left( (\text{doy} - 28) \frac{2\pi}{365.25} \right) \tag{3.96}$$

式中:$X_{\text{doy}}$ 为年积日 doy 对应的气象参数;$\text{Avg}_{\text{doy}}$、$\text{Amp}_{\text{doy}}$ 分别为气象参数的周年均值和周年运动振幅。该模型适用于以上所述的 5 个气象参数。

确定气象参数后,对流层天顶延迟由以下模型计算得到:

$$\begin{cases} d_{\text{h}}^z = \dfrac{10^{-6} k_1 R}{g_{\text{m}}} P_0 \left( 1 - \dfrac{\beta H}{T_0} \right)^{\frac{g}{R\beta}} \\ d_{\text{nh}}^z = \dfrac{10^{-6} (T_{\text{m}} k_2' + k_3) R}{g_{\text{m}} \lambda' - \beta R} \cdot \dfrac{e_0}{T_0} \cdot \left( 1 - \dfrac{\beta H}{T_0} \right)^{\frac{\lambda' g}{R\beta} - 1} \end{cases} \tag{3.97}$$

式中:下标 h 表干分量;nh 表非干分量。

$$\begin{cases} g_{\mathrm{m}} = 9.784(1 - 2.66 \times 10^{-3}\cos(2B) - 2.8 \times 10^{-7}H) \\ T_{\mathrm{m}} = (T_0 - \beta H)\left(1 - \dfrac{\beta R}{g_{\mathrm{m}}\lambda'}\right) \end{cases} \tag{3.98}$$

研究表明,UNB3 模型和具有实测气象参数的 Hopfield 和 Saastamoinen 模型计算的天顶延迟精度相当,且不需要实测气象参数,比较适合于全球实时导航定位或实时模拟对流层延迟的需要。

② EGNOS 模型。EGNOS 模型是一种无需实测气象参数作为输入的 ZTD 计算模型。该模型提供了平均海平面的气压、水汽压、水汽梯度、温度和温度梯度这 5 个气象参数,使用时,只需用户提供所需计算的测站的纬度和年积日即可。EGNOS 模型的计算过程分为两步:一是根据用户输入确定各气象参数;二是将计算得到的气象参数代入公式,得干、湿分量延迟,即可得 ZTD。

气象参数的计算式为

$$\xi(\varphi, D) = \xi_0(\varphi) - \Delta\xi_0(\varphi) \times \cos\left(\frac{2\pi(D - D_{\min})}{365.25}\right) \tag{3.99}$$

式中:$\xi(\varphi, D)$ 为 5 个气象参数;$\varphi$ 为测站纬度;$D$ 为年积日;南半球 $D_{\min} = 28$;北半球 $D_{\min} = 211$;$\xi_0(\varphi)$ 为各气象参数的年平均值;$\Delta\xi_0(\varphi)$ 为各气象参数季节变化值。

干、湿分量的计算式为

$$\Delta D_{\mathrm{dry}}^z = 10^{-6}k_1 \frac{R_{\mathrm{dry}}}{g_{\mathrm{m}}}P_0\left(1 - \frac{\beta H}{T}\right)^{\frac{(\lambda+1)g}{R_{\mathrm{d}}\beta}} \tag{3.100}$$

$$\Delta D_{\mathrm{wet}}^z = 10^{-6}k_2 \frac{R_{\mathrm{dry}}}{g_{\mathrm{m}}(\lambda+1) - \beta R_{\mathrm{d}}}\frac{e_0}{T}\left(1 - \frac{\beta H}{T}\right)^{\frac{(\lambda+1)g}{R_{\mathrm{d}}\beta} - 1} \tag{3.101}$$

式中:$g = 9.80665\mathrm{m/s}^2$;$g_{\mathrm{m}} = 9.784\mathrm{m/s}^2$;$R_{\mathrm{d}} = 287.054\mathrm{s}^2/\mathrm{K}$;$k_1 = 77.604\mathrm{K/mbar}$;$k_2 = 377600\mathrm{K}^2/\mathrm{mbar}$。

(5) 对流层延迟映射函数。

根据对流层天顶延迟模型可以得到与测站垂直方向上的对流层延迟信息,但不能求得斜路径上的大气延迟。此时需要选择合适的映射函数,将由对流层天顶延迟模型计算的改正值投影到任意斜方向。二者之间的数学关系式如下:

$$D_{\mathrm{tro}} = D_{\mathrm{tro}}^z \cdot \mathrm{MF}(E) \tag{3.102}$$

如果进一步划分对流层天顶延迟模型,式(3.102)可表示为

$$D_{\mathrm{tro}} = D_{\mathrm{dry}}^z \cdot \mathrm{MF}_{\mathrm{dry}}(E) + D_{\mathrm{wet}}^z \cdot \mathrm{MF}_{\mathrm{wet}}(E) \tag{3.103}$$

式中:$D_{\mathrm{tro}}$ 为对流层任意方向的总延迟;$D_{\mathrm{dry}}^z$、$D_{\mathrm{wet}}^z$ 分别为对流层天顶延迟方向的干、湿延迟;$\mathrm{MF}(E)$ 为总体映射函数;$\mathrm{MF}_{\mathrm{dry}}(E)$、$\mathrm{MF}_{\mathrm{wet}}(E)$ 分别为干、湿映射函数;$E$ 为信号路径的高度角。

目前相关研究者提出了很多针对对流层延迟的映射函数模型,可以归总为按天

顶距三角函数进行级数展开的映射函数模型和连分形式的映射函数模型。前者的代表模型为 Hopfield 映射函数模型和 Saastamoinen 映射函数模型,后者的代表模型有 Marini 映射函数模型。

① Hopfield 映射函数模型。Hopfield 于 1972 年总结了干、湿大气层的高度和大气折射率误差模型后,将映射函数简单表示为高度角的正割函数,为了更加符合大气廓线的规律,后人对其做了改进,改进后的较精确的 Hopfield 映射函数模型为

$$M(E) = \frac{1}{\sin \sqrt{E^2 + \theta^2}} \qquad (3.104)$$

式中:当计算干分量映射函数时,$\theta = 2.5°$,当计算湿分量映射函数时,$\theta = 1.5°$。

② Saastamoinen 映射函数模型。Saastamoinen 映射函数的建立需要知道大气折射廓线及干、湿对流层和干平流层的边界值,三角函数用泰勒级数进行展开,最后可得基于 Saastamoinen 模型及映射函数的对流层斜方向总延迟计算式:

$$D_{tro} = 2.2277 \times 10^{-3} \sec z_0 \left[ P_0 + \left( \frac{1255}{T_0} + 0.05 \right) e_0 - B(r) \tan^2 z_0 \right] \qquad (3.105)$$

式中:$z_0$ 为卫星天顶距;$B(r)$ 为测站纬度;其余参数同 Saastamoinen 模型定义。

③ Marini 映射函数模型。Marini 是典型的连分式形式的映射函数,形式如下:

$$M(z_0) = \cfrac{1}{\cos z_0 + \cfrac{a}{\cos z_0 + \cfrac{b}{\cos z_0 + \cfrac{c}{\cdots}}}} \qquad (3.106)$$

式中:$z_0$ 为卫星天顶距;$a$、$b$、$c$ 通过经验资料分析获得。

2)电离层延迟仿真模型

电离层延迟仿真部分主要任务是根据给定的时间和测站坐标以及卫星轨道,利用多种电离层模型和 GNSS 双频实测电子总含量(TEC)计算出信号路径上的电离层延迟,其中需要进行时间系统、坐标系统的转换,以及高度角方位角的计算,见图 3.11。

电离层延迟仿真可采用的模型有[9]:美国的 Klobuchar 模型,欧洲的 NeQuick 模型,上海天文台电离层(SHAOI)模型,IGS 的全球电离层模型(GIM)(IGS-GIM),包含中国区域更多站的 GIM(SHAO-GIM),基于全球掩星资料和 GNSS 地基资料的三维格网模型。其中,上海天文台为北斗卫星导航系统发展的电离层延迟改正模型,即 SHAOI 模型,采用简易球谐函数,模型参数少,适合导航电文播发,精度相对比较高,在中国地区平均相对改正精度达 80%,全球平均相对改正精度达 75% 以上。

利用多种模型仿真电离层延迟的流程如图 3.12 所示。

针对全球电离层 TEC,结合 TEC 的变化特性和一定的数学方法,研究者们建立了许多模型,这些模型各有特色,国际上几个著名的电离层分析中心都有各自的电离

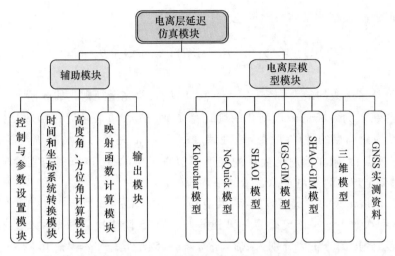

图 3.11　电离层延迟仿真模块组成

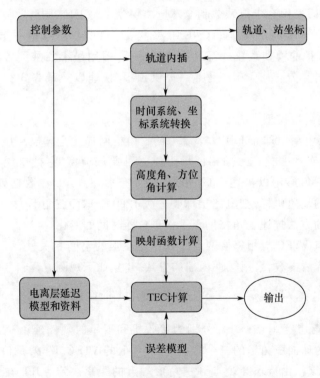

图 3.12　电离层延迟仿真流程

层 TEC 模型,利用这些模型对全球电离层 TEC 进行建模,并提供电离层 TEC 产品,供相关人员研究使用。

（1）球谐函数模型。

欧洲定轨中心（CODE）采用 15 阶的球谐函数模型来模拟全球电离层 TEC 的时

空分布和变化,模型的具体数学描述如下:

$$E(\beta,s) = \sum_{n=0}^{N}\sum_{k=0}^{n} \tilde{P}_n^k(\sin\beta)(A_n^k\cos ks + B_n^k\sin ks) \tag{3.107}$$

式中:$N$ 为球谐函数的最大阶数;$\tilde{P}_n^k = \Lambda(n,k)P_n^k$ 表示完全规则化的 $n$ 阶 $m$ 次的缔合勒让德函数,$P_n^k$ 为经典的未规则化的勒让德函数,$\Lambda(n,k)$ 表示规化函数;$A_n^k$、$B_n^k$ 为待估系数;$\beta$ 为穿刺点的地磁纬度或地理纬度;$s = \lambda - \lambda_0$ 是穿刺点的日固经度,$\lambda$、$\lambda_0$ 分别表示穿刺点、太阳在地理坐标系的经度。值得提出的是,该模型的零阶项 $A_0^0$ 代表了当前时刻全球电离层电子总含量的平均值。

一个 $n$ 阶 $m$ 次的球谐函数模型,共有 $(n+1)^2 - (n-m)(n-m+1)$ 个系数,模型的阶数和次数表征了该模型的空间分辨力。如 15 阶满次的球谐模型共有 256 个系数,纬度、经度的分辨力分别为 $\Delta\beta = \pi/n = \pi/15$、$\Delta s = 2\pi/m = 2\pi/15$。

CODE 将一天的电离层 VTEC 的变化按 2h 的间隔分成 12 个或者 13 个时段,并用 15 阶的球谐模型拟合求得系数和全球电离层模型(GIM),同时解算卫星和接收机的硬件延迟,发布电离层交换(IONEX)格式文件和 15 阶球谐系数文件。另外,CODE 还对所求得的模型系数进行时间序列分析,采用最小二乘配置法预报两天后的全球电离层时空分布。CODE 是唯一提供预报、快速以及最终 3 种电离层产品的分析中心。

(2)JPL 电离层模型。

JPL 在单层电离层球壳上用一个统一的三角格网描述全球电离层垂直电子总含量(VTEC)的分布和变化。三角格网模型是一种单层模型,它把单层电离层球壳分成很多个球面三角形用以描述全球 VTEC 的分布形态。JPL 在数据处理时,采用了太阳方向固定的地磁坐标,把电离层球壳分成 1280 个球面三角形,共 642 个格网点,并用随机过程的方法描述三角格网点上 VTEC 随时间的变化。

由于采样点 VTEC 与相邻格网点 VTEC 存在强的空间相关性,可以把格网点上的 VTEC 当作待估参数,采用线性内插的方式,建立如下观测方程:

$$\text{VTEC}_{\text{IPP}} = \sum_{i=V_A,V_B,V_C} W(\theta,\phi,i)\text{VTEC}_i + b_r + b_s \tag{3.108}$$

式中:IPP 为电离层穿刺点;$b_r$、$b_s$ 分别为接收机和卫星的硬件延迟;$\text{VTEC}_i$ 为当前待估穿刺点所在的球面三角形的三个端点 A、B、C 上的 VTEC;$W(\theta,\phi,i)$ 为内插计算时对应端点的权,该权由待求穿刺点到三角形端点的距离决定。JPL 在利用三角格网模型计算全球各格网点 VTEC 的同时也可解算接收机和卫星的硬件延迟。

对于多时段的情况,将卫星和接收机的硬件延迟当成全局变量,各时段之间,依据格网点上的 VTEC 随机游走的特征,按照零均值、方差与时间呈线性变化的随机过程特征,同时估计多时段节点上的全球电离层三角格网模型和硬件延迟。其中,方差随时间变化的估计采用下式计算:

$$\Delta \sigma^2 = \dot{q} \Delta t \qquad\qquad (3.109)$$

式中:$\Delta \sigma^2$ 是格网点上 VTEC 的方差随时间的增量;$\Delta t$ 为时间间隔;$\dot{q}$ 是方差随时间的变化率,它直接表征了格网点上新的 VTEC 数据受原来数据的影响程度,亦即格网点上 VTEC 的平稳程度。对于不同地区上的格网点,$\dot{q}$ 的取值是不同的,其变化范围一般在 $0.7 \sim 8.4\text{TECU/h}^{0.5}$(TECU 是电子总含量单位),低纬度地区一般取较大的值。另一方面,$\dot{q}$ 取值越大,对结果的影响也越大,适当选择 $\dot{q}$ 值,可以获得高精度、稳定的结果。实际处理过程中,JPL 采用了分解 Kalman 滤波器算法实现上述三角格网模型的逐步更新求解和随机过程方差的转移。

（3）双层层析模型。

加泰罗尼亚理工大学(UPC)IGS 电离层数据分析中心协调站拥有自己的全球电离层模型——双层层析模型,其具体数学表达式如下:

$$L_{\text{I}} = k \int_{\boldsymbol{r}^{\text{T}}(t_{\text{T}})}^{\boldsymbol{r}_{\text{R}}(t_{\text{R}})} N_e(\boldsymbol{r},t)\,\mathrm{d}s + \lambda_1 b_1 - \lambda_2 b_2 \qquad\qquad (3.110)$$

式中:$L_{\text{I}}$ 为两个频率的消几何组合观测量,单位为 $10^{17}$ 电子数/$\text{m}^2$;$k \approx 1.05\text{m}$ 为常数;$N_e(\boldsymbol{r},t)$ 为 $t$ 时刻 $\boldsymbol{r}$ 路径上的电子密度,整个电子密度积分限从 $t^{\text{T}}$ 时刻的测站位置 $\boldsymbol{r}^{\text{T}}$ 到 $t_{\text{R}}$ 时刻的卫星位置 $\boldsymbol{r}_{\text{R}}$;$\lambda_1 b_1 - \lambda_2 b_2$ 含有整周模糊度和卫星接收机硬件延迟,在单一弧段内作为常量予以考虑。

（4）三维电离层数学模型。

ESA 所用的全球模型是三维电离层数学模型,具体可用如下方程表述:

$$\text{TEC} = \int_s N_e(h)\,\mathrm{d}s = N_{0D_1} \cdot \int_s p_{D_1}(h)\,\mathrm{d}s + N_{0D_2} \cdot \int_s p_{D_2}(h)\,\mathrm{d}s + N_{0E} \cdot \int_s p_{\text{E}}(h)\,\mathrm{d}s +$$

$$N_{0F_1} \cdot \int_s p_{F_1}(h)\,\mathrm{d}s + N_{0F_2} \cdot \int_s p_{F_2}(h)\,\mathrm{d}s + N_{0D_1} \cdot \int_s \text{plasmasp}(h \geqslant h_{0F_2})\,\mathrm{d}s$$

$$(3.111)$$

式中:$N_e(h)$ 为高度 $h$ 处的电离层电子密度;设 $N_i(h)$ 为高度 $h$ 处各层($D_1$、$D_2$、E、$F_1$、$F_2$)的电子密度,则 $N_{0i}$ 为各层的最大电子密度(与各层剖面函数成比例);$p_i(h)$ 为高度 $h$ 的描述 $i$ 层电子密度的剖面函数;$\text{plasmasp}(h \geqslant h_{0F_2})$ 为高度大于 $h_{0F_2}$ 的等离子层处最高层剖面函数的顶层部分的指数改正。

该模型将全球划分为经度×纬度×高度的三维格网,反映了电离层的分层结构,它把电离层分成了 $D_1$、$D_2$、E、$F_1$ 和 $F_2$ 几个层次,通过对不同层的电子密度分别进行积分最终得到信号路径上总的 TEC。

（5）电离层延迟映射函数模型。

借助于电离层投影函数 mf,可实现倾斜路径上的电离层延迟到单层模型垂直方向上延迟之间的转换,从而实现倾斜观测量到电离层模型参数化。一般将 mf 视为卫星高度角的函数,定义为斜距电离层延迟与垂直电离层延迟的比值:

$$\mathrm{mf}(z_{\mathrm{ipp}}) = \mathrm{TEC}(z_{\mathrm{ipp}})/\mathrm{TEC}(z_{\mathrm{ipp},0}) = \mathrm{TEC}(z_{\mathrm{ipp}})/\mathrm{VTEC} \tag{3.112}$$

式中：$z_{\mathrm{ipp}} = 90° - \theta_{\mathrm{ipp}}$，是 GPS 卫星在站星连线与电离层单层模型（SLM）的电离层穿刺点（IPP）处的天顶距；$\theta_{\mathrm{ipp}}$ 为 GPS 卫星在 IPP 处的高度角。

GPS 中常用的电离层投影函数有：Klobuchar 提出的一种用于 GPS 广播星历电离层模型的投影函数，Clynch 提出的利用最小二乘方法拟合求解的 $Q$ 因子投影函数，欧吉坤提出的一种可适用于高度角变化而分段取值的电离层投影函数，Stefan Schaer 提出的修正的单层模型（MSLM）投影函数等。下面给出了几种投影函数：

Klobuchar 模型的投影函数：

$$\mathrm{mf}(z) = 1 + 2\left(\frac{z+6}{96}\right)^3 \tag{3.113}$$

式中：$z$ 为接收机处卫星的天顶距。

Clynch $Q$ 因子投影函数：

$$\mathrm{mf}(z) = \sum_{i=0}^{3} a_i \left(\frac{z}{90}\right)^{2i} \tag{3.114}$$

欧吉坤提出分段取值的电离层投影函数：

$$\mathrm{mf}(h) = P \cdot \frac{1}{\sqrt{1 - \left(\dfrac{R_0}{R_0 + h_{\mathrm{m}}}\cos h\right)^2}} \tag{3.115}$$

$$P = \begin{cases} \sin(5° + 55°) & h < 5° \\ \sin(h + 55°) & 5° \leqslant h \leqslant 40° \\ 1 & h \geqslant 40° \end{cases} \tag{3.116}$$

式中：$h$ 为测站处卫星的高度角；$R_0$ 为地球平均半径；$h_{\mathrm{m}}$ 为电离层的高度。

Sovers、Fanselow 提出的双层电离层投影函数：

$$\mathrm{mf}(z) = \frac{\sqrt{R_0^2 \sin^2 e + 2R_0 h_2 + h_2^2} - \sqrt{R_0^2 \sin^2 e + 2R_0 h_2 + h_1^2}}{h_2 - h_1} \tag{3.117}$$

式中：$e$ 为卫星的高度角；$h_2$、$h_1$ 分别为双层电离层模型上下两层的高度。这里 $h_2$、$h_1$ 满足 $(h_2 + h_1)/2 = 355\mathrm{km}$。

目前，国内的一些学者对电离层投影函数也作了许多研究与对比分析，而最简便的是三角函数型 SLM 投影函数：

$$\mathrm{mf}(z) = 1/\cos z \tag{3.118}$$

通常分别取 SLM 单层的高度 $H$ 为 350km、400km、450km。分析 SL 投影函数可发现，在观测高度角大于 15°~20°时，各类投影函数计算的效果并无大的差异。本书中的数据分析均采用了 SLM 投影函数。

另外，对于电离层单层模型而言，电离层中自由电子的分布实际上被压缩简化为一个球，球心位于地球的质量中心。这样计算的电离层投影函数，是在球面上进行的。然而,电离层在赤道地区存在着双驼峰,且电离层总电子含量随纬度变化存在着梯度。如果考虑这种电离层的不均匀性,简化出电离层梯度倾斜导致的球壳等效高度的变化,可以改善投影函数的效果,从而改进电离层模型的建模。对此,袁洪等的分析表明,WAAS 低纬度地区的电离层延迟格网算法中考虑这一因素,可提高电离层延迟修正精度 3 倍左右。

3）多路径效应仿真模型

信号的多路径误差,是指由于受到环境因素的影响,导致接收的信号中包含了反射或绕射信号,从而使信号的延时和相位发生畸变[10]。多路径信号可用与直达信号相比较的几个相对量来表示,通常用相对时延 $\delta$、信号的相对幅度 $\alpha$、相位角 $\theta$ 及相位角变化率 $\dot{\theta}$。其中 $\delta$ 完全取决于接收机所处的环境,而 $\alpha$ 和 $\theta$ 则取决于环境和用户的天线特性,$\dot{\theta}$ 则取决于用户的运动轨迹及运动过程所经历的环境因素。

基于多路径信号的产生机理,Ray 发展了一个逼真的静态多路径信号的解析模型,该模型主要包含 3 个部分:反射环境仿真、天线增益模式仿真、跟踪环路仿真。Ning Luo 的研究则表明,尽管 Ray 的模型在静态下可以比较准确地仿真多路径信号,但对于动态接收机环境,反射环境随时间急剧变化,则该模型过于复杂,实际上已经不太可能重构沿着接收机轨迹的反射环境,在仿真中常用统计模型来描述。因此在系统多路径误差仿真中,采用静态的多路径效应解析模型和动态的多路径效应统计模型,见图 3.13。

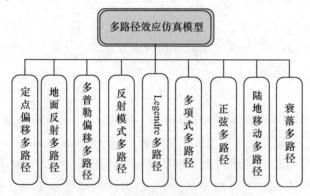

图 3.13　多路径效应仿真模型的组成

## 3.2.2　观测数据仿真

### 3.2.2.1　监测接收机观测数据仿真模型

观测数据生成模型主要功能是提供生成各种观测数据的数学模型和计算方法。观测数据主要包括伪距、载波相位、伪距率以及多普勒频移信息。

1）伪距

接收机采用相关测量方法获得对卫星的伪距观测数据。由于接收机只能得到测量数据的接收时刻,而不知道卫星发播信号时刻,因此在仿真监测接收机测量数据时只能从接收时刻出发,反向计算卫星发播信号时刻。

由伪随机码测距原理可知,观测伪距 $\rho'$ 主要包括两部分:信号在空间的传播距离 $\rho$ 和星地钟差等效距离 $c\delta t$,且

$$\rho' = \rho + c\delta t \tag{3.119}$$

信号在空间的传播距离除了卫星和监测站接收机之间的几何距离部分,还包含信号传播过程中受到各类因素影响带来延迟部分,具体如下:

$$\begin{cases} \rho = \rho_0 + \delta\rho_{\text{Ion}} + \delta\rho_{\text{Tro}} + \delta\rho_{\text{Rel}} + \delta\rho_{\text{Off}} + \delta\rho_{\text{Noise}} \\ c\delta t = c(\delta t_k - \delta t^s) \end{cases} \tag{3.120}$$

式中:$\rho_0$ 为卫星与监测站接收机之间的几何距离;$\delta\rho_{\text{Ion}}$ 为电离层误差延迟距离;$\delta\rho_{\text{Tro}}$ 为对流程误差延迟距离;$\delta\rho_{\text{Rel}}$ 为相对论相应延迟距离;$\delta\rho_{\text{Off}}$ 为相位中心偏移延迟距离;$\delta\rho_{\text{Noise}}$ 为观测噪声;$\delta t_k$ 为监测站接收机钟面时与导航系统标准时之差;$\delta t^s$ 为卫星钟面时与导航系统标准时之差;$c$ 为信号在空中传播的速度。

本节接下来主要介绍伪距观测值 $\rho'$ 仿真的具体算法。假设监测站接收机于接收机钟面时 $t_k^{\text{rece}}$ 时刻获得一组观测伪距,由于接收机本地时钟与导航系统标准时系统存在钟差 $\delta t_k$,因此接收机获得伪距的系统时 $T_{\text{rece}}$ 为

$$T_{\text{rece}} = t_k^{\text{rece}} - \delta t_k \tag{3.121}$$

考虑到信号在空间中传播时延消耗 $\tau$,卫星发播测距信号的系统时 $T_{\text{send}}$ 应为

$$T_{\text{send}} = T_{\text{rece}} - \tau \tag{3.122}$$

由于卫星星钟与导航系统标准时系统存在钟差 $\delta t^s$,因此卫星发播测距信号时的卫星钟面时为

$$t_{\text{send}}^s = T_{\text{send}} + \delta t^s \tag{3.123}$$

式中:$\delta t_k$、$\delta t^s$ 可利用钟差模型直接计算得出。需要强调的是,钟差是时间的函数,计算 $\delta t_k$、$\delta t^s$ 的时间应该分别为 $T_{\text{rece}}$ 和 $T_{\text{send}}$ 时刻,但是如果这样,就必须迭代才能求解式(3.121)和式(3.123),考虑到原子钟具有高稳特性,$T_{\text{rece}}$ 和 $t_k^{\text{rece}}$ 时刻的钟差之差很小,可以忽略不计,因此,计算 $\delta t_k$ 的时刻近似为 $t_k^{\text{rece}}$,如此就免去了迭代求解过程。同样计算 $\delta t^s$ 的时刻也可近似为 $t_{\text{send}}^s$。

$\tau$ 可由下式计算:

$$\tau = \frac{R(T_{\text{rece}} - \tau, T_{\text{rece}})}{c} + \delta t_{\text{Ion}} + \delta t_{\text{Tro}} + \delta t_{\text{Rel}} + \delta t_{\text{Off}} + \delta t_{\text{Noise}} \tag{3.124}$$

式中:$R(T_{\text{rece}} - \tau, T_{\text{rece}})$ 表示 $(T_{\text{rece}} - \tau)$ 时刻卫星位置至 $T_{\text{rece}}$ 时刻接收机位置的几何距离;$\delta t_{\text{Ion}}$、$\delta t_{\text{Tro}}$、$\delta t_{\text{Rel}}$、$\delta t_{\text{Off}}$ 和 $\delta t_{\text{Noise}}$ 分别表示由于电离层、对流层、相对论效应、相位中心偏移和噪声引起的时延。由于 $\tau$ 与 $R(T_{\text{rece}} - \tau, T_{\text{rece}})$ 有关,因此 $\tau$ 需要采用迭代方法计算。

迭代初始时,设

$$\begin{cases} \tau_0 = 0 \\ R_0 = R(T_{\text{rece}} - \tau_0, T_{\text{rece}}) \end{cases} \tag{3.125}$$

式中:$R_0$ 为迭代初始的星地几何距离。其中 $(T_{\text{rece}} - \tau_0)$ 时刻卫星位置可由卫星轨道模型计算得到,用 $(X^s(T_{\text{rece}} - \tau_0)、Y^s(T_{\text{rece}} - \tau_0)、Z^s(T_{\text{rece}} - \tau_0))^{\text{T}}$ 表示,考虑到 $\tau_0 = 0$,也可用 $(X^s(T_{\text{rece}})、Y^s(T_{\text{rece}})、Z^s(T_{\text{rece}}))^{\text{T}}$ 表示。$T_{\text{rece}}$ 时刻接收机位置为已知量,用位置矢量 $(X_k(T_{\text{rece}})、Y_k(T_{\text{rece}})、Z_k(T_{\text{rece}}))^{\text{T}}$ 表示。

因此:

$$R_0 = \sqrt{(X^s(T_{\text{rece}}) - X_k(T_{\text{rece}}))^2 + (Y^s(T_{\text{rece}}) - Y_k(T_{\text{rece}}))^2 + (Z^s(T_{\text{rece}}) - Z_k(T_{\text{rece}}))^2} \tag{3.126}$$

此后每次迭代按以下顺序进行。

步骤 1:先计算 $\tau_i = R_{i-1}/c$。

步骤 2:计算 $(T_{\text{rece}} - \tau_i)$ 时刻卫星位置,如果在地固坐标系中计算,需要对卫星坐标进行地球自转改正:

$$\begin{cases} X^s(T_{\text{rece}}) = X^s(T_{\text{rece}} - \tau_i)\cos(\omega\tau_i) + Y^s(T_{\text{rece}} - \tau_i)\sin(\omega\tau_i) \\ Y^s(T_{\text{rece}}) = Y^s(T_{\text{rece}} - \tau_i)\cos(\omega\tau_i) - X^s(T_{\text{rece}} - \tau_i)\sin(\omega\tau_i) \\ Z^s(T_{\text{rece}}) = Z^s(T_{\text{rece}} - \tau_i) \end{cases} \tag{3.127}$$

式中:$\omega$ 为地球自转角速度。

步骤 3:计算 $R_i = R(T_{\text{rece}}, T_{\text{rece}}) + \delta\rho_{\text{Ion}} + \delta\rho_{\text{Tro}} + \delta\rho_{\text{Rel}} + \delta\rho_{\text{Off}} + \delta\rho_{\text{Noise}}$,直到 $|R_i - R_{i-1}| < \varepsilon$。$\varepsilon$ 为迭代收敛阈值,由所需精度决定,取 $\varepsilon < 1.0 \times 10^{-5}$ 可以满足要求。

最后得到信号传播时延 $\tau$ 和卫星发播导航信号的系统时刻 $T_{\text{send}}$,也就得到观测伪距为

$$\rho' = c(\delta t_k + \tau - \delta t^s) \tag{3.128}$$

如果需要仿真区分精码和粗码差异的伪距观测数据,可通过添加不同大小的白噪声来实现。如精码测距的噪声一般为 $0.1 \sim 0.3\text{m}$,则可添加均值为 0、均方差为 0.1 的白噪声来实现,粗码测距的噪声一般为 $1.5 \sim 3\text{m}$,则可添加均值为 0、均方差为 1.0 的白噪声来实现。与此类似,还可仿真具有宽窄相关差异的观测数据。

2)载波相位

载波相位测量的观测量是接收机所接收的卫星载波信号与本地参考信号的相位差。它不使用码信号,不受码控制的影响。一般的相位测量只是给出一周以内的相位值(以周为单位,计量周的小数部分)。如果对整周进行计数,则自某一初始采样时刻以后就可以取得连续的相位测量值。

当接收机第一次捕获到卫星信号时,只能获得不足整周的小数部分 $\delta\varphi(t_0)$,存在一个整周模糊度 $N_0$ 不能确定,当接收机锁定卫星信号获得连续观测数据时,第 $i$ 次观测量包括相对第一次观测的整周变化 $\Delta N(t_i)$ 和不足整周的小数部分 $\delta\varphi(t_i)$,即

第 1 次:$\varphi(t_0) = N_0 + \delta\varphi(t_0)$。

第 $i$ 次:$\varphi(t_i) = N_0 + \Delta N(t_i) + \delta\varphi(t_i)$。

当导航信号失锁后再捕获时,载波相位观测值就归零到第一次捕获状态,存在一个新的整周模糊度。

载波相位 $\varphi$ 与伪距 $\rho$ 之间存在关系:

$$\varphi = \rho/\lambda = N + \delta\varphi \tag{3.129}$$

式中:$\lambda$ 为载波波长;$N$ 为整周数;$\delta\varphi$ 为相位。因此,载波相位观测量的仿真可在伪距仿真的基础上进行。

但是由于电离层效应的影响,相位传播时延与码传播时延并不相同,利用下式仿真载波测量空间传播时延:

$$\tau_\varphi = \frac{R(T_{\text{rece}} - \tau, T_{\text{rece}})}{c} - \delta t_{\text{Ion}} + \delta t_{\text{Tro}} + \delta t_{\text{Rel}} + \delta t_{\text{Off}} + \delta t_{\text{Noise}} \tag{3.130}$$

从而,载波测量伪距为

$$\rho'_\varphi = c(\delta t_k + \tau_\varphi - \delta t^s) \tag{3.131}$$

当首次($t_0$ 时刻)捕获导航信号时,载波观测量为

$$\begin{cases} \delta\varphi(t_i) = \rho'_\varphi(t_i)/\lambda - [\rho'_\varphi(t_i)/\lambda] \\ \Delta N(t_i) = [\rho'_\varphi(t_i)/\lambda] - N_0 \end{cases} \tag{3.132}$$

式中:$\rho'_\varphi(t_0)$ 为 $t_0$ 时刻载波测量伪距;$\lambda$ 为载波波长;$[\cdot]$ 为取整运算符。

当第 $i$ 次($t_i$ 时刻)捕获导航信号时,载波观测量为

$$\begin{cases} \delta\varphi(t_i) = \rho'_\varphi(t_i)/\lambda - [\rho'_\varphi(t_i)/\lambda] \\ \Delta N(t_i) = [\rho'_\varphi(t_i)/\lambda] - N_0 \end{cases} \tag{3.133}$$

如果信号出现失锁,则引入新的整周模糊度,整周计数从零开始重新计数。

3)伪距变化率观测值数学模型

伪距仿真的高精度需求决定了伪距生成相关模型不可删减,为了减少观测数据生成所需的时间,采用迭代计算和插值相结合的伪距生成方法。具体如下:若需要以时间为步长生成一组观测数据,则迭代计算法以 $D = NT$ 为步长生成伪距,而在区间 $(kD, kD + D)$,$k = 0, 1, \cdots, n$ 内插值得到每个时间 $T$ 节点上的伪距,从而得到迭代计算和插值组合的伪距生成方法。

插值可减少计算量,缩短计算时间,从而提高软件的实时性,但是不可避免地会使插值计算出的伪距值与迭代计算的伪距值之间产生偏差,从而影响上次伪距的精度。由于泰勒级数展开具有误差随着展开点与被展开点的距离增大而增大的特性,

此单调性能有效控制插值偏差,基于此,采用泰勒级数展开的插值方式。经分析,伪距的二阶变率对伪距精度的影响量级为 $10^{-4}$m,伪距的三阶变率对精度的影响量级为 $10^{-5}$m,三阶泰勒级数展开的余项对伪距精度的影响量级小于 $10^{-5}$m,能够满足伪距仿真的高精度需求,可见伪距的四阶变率对伪距仿真精度的影响可以忽略,泰勒级数展开可选取 3 阶级数:

$$\rho = \rho_0 + \dot{\rho}_0(t - t_0) + \frac{1}{2}\ddot{\rho}_0(t - t_0)^2 + \frac{1}{6}\dddot{\rho}_0(t - t_0)^3 + \Delta\rho \tag{3.134}$$

式中:$\rho_0$、$\dot{\rho}_0$、$\ddot{\rho}_0$、$\dddot{\rho}_0$ 为 $t_0$ 时刻 $kD$ 节点上的伪距、伪距一阶、二阶、三阶变率;$\Delta\rho$ 为展开余项。伪距变率求解可分为真实距离和各误差项之和的变率两部分计算,将式(3.120)改写为

$$\rho = R + \delta \tag{3.135}$$

式中:$R = \sqrt{(x_s - x_u)^2 + (y_s - y_u)^2 + (z_s - z_u)^2}$ 为卫星与接收机之间的几何距离(真实距离);$\delta$ 为各误差项之和,伪距变率为

$$\begin{cases} \dot{\rho} = \dot{R} + \dot{\delta} \\ \ddot{\rho} = \ddot{R} + \ddot{\delta} \\ \dddot{\rho} = \dddot{R} + \dddot{\delta} \end{cases} \tag{3.136}$$

式中:真实距离的变率 $\dot{R}$,$\ddot{R}$,$\dddot{R}$ 用解析法求解。而由于各误差项的模型带有复杂和建模不精确的特性,各误差项的变率只宜用差分法求解,各误差项的变率求解如下式所示:

$$\begin{cases} \dot{\delta}_i = \dfrac{\delta_{i+1} - \delta_i}{D} & i = 0, 1, 2 \\ \ddot{\delta} = \dfrac{\dot{\delta}_{i+1} - \dot{\delta}_i}{D} & i = 0, 1, 2 \\ \dddot{\delta} = \dfrac{\ddot{\delta}_{i+1} - \ddot{\delta}_i}{D} & i = 0, 1, 2 \end{cases} \tag{3.137}$$

#### 3.2.2.2　星地时间同步观测数据仿真模型

星地时间同步数据是指用来进行星地时间同步解算的测量数据。目前最常用的方法是星地伪距双向时间同步法,也称星地无线电双向时间同步法,它的基本原理是:时间同步站在地面钟 $t_k$ 时刻向卫星发射测距信号,该信号被卫星设备在卫星钟 $t_{sr}$ 时刻接收,获得星上测量伪距 $\rho'_{up}$(称上行伪距);而卫星在卫星钟 $t_s$ 时刻向地面发射测距信号,该信号被地面设备在地面钟 $t_{kr}$ 时刻接收,获得地面测量伪距 $\rho'_{down}$(称下行伪距)。星上测量数据$(t_{sr}, \rho'_{up})$通过下行数据链路回传给地面站。地面站根据地面测量数据$(t_{kr}, \rho'_{down})$和星上测量数据$(t_{sr}, \rho'_{up})$进行时间同步解算。星地伪距双向时间同步观测数据示意图如图 3.14 所示。

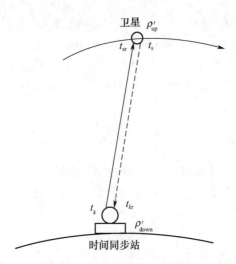

**图 3.14 星地伪距双向时间同步观测数据示意图**

不难理解,并不是任意两组$(t_{kr},\rho'_{\text{down}})$和$(t_{sr},\rho'_{\text{up}})$都可以配对进行时间同步解算的。一般而言,进行星地时间同步之前,需要利用粗同步手段调节星钟和站钟的差值(即星地钟差)在一定范围之内,之后再进行双向时间比对。双向时间比对采用伪随机码相关测量,同监测接收机一样,也只能得到获得测量数据的钟面时刻。因而,在仿真星地时间同步测量数据时仍然是从接收时间反向计算发射时刻。为保证数据易于处理,令$t_{kr}=t_{sr}=t_r$,即星上设备和地面设备在各自时钟的同一钟面时刻输出观测伪距。

$(t_{kr},\rho'_{\text{down}})$与监测接收机伪距观测数据的仿真方法相同,具体算法不再重复。$(t_{sr},\rho'_{\text{up}})$源自地面发播信号,卫星接收测量,相比下行测量数据,信号传播方向发生变化,因此仿真过程变为由卫星接收信号钟面时$t_{sr}$计算卫星接收信号系统时$T_{\text{rece}}$,再由$T_{\text{rece}}$迭代计算信号传播时延$\tau$得到地面发播信号的系统时$T_{\text{send}}$,最后计算地面发播信号时刻的地面钟差$\delta t_k$,从而得到上行伪距$\rho'_{\text{up}}$。

同仿真监测接收机伪距观测数据一样,站钟钟差$\delta t_k$、星钟钟差$\delta t^s$可由钟差模型计算得出,$\tau$可迭代计算。需要注意的是,如果在地固坐标系中计算,必须考虑地球自转效应,而上行信号和下行信号的地球自转效应的计算方法并不相同。下行信号的地球自转改正是通过旋转卫星坐标实现。上行信号的地球自转改正是通过旋转时间同步站坐标实现,公式为

$$\begin{cases} X_k(T_{\text{rece}}) = X_k(T_{\text{rece}}-\tau)\cos(\omega\tau) + Y_k(T_{\text{rece}}-\tau)\sin(\omega\tau) \\ Y_k(T_{\text{rece}}) = Y_k(T_{\text{rece}}-\tau)\cos(\omega\tau) - X_k(T_{\text{rece}}-\tau)\sin(\omega\tau) \\ Z_k(T_{\text{rece}}) = Z_k(T_{\text{rece}}-\tau) \end{cases} \quad (3.138)$$

式中:$X_k(T_{\text{rece}}-\tau)$、$Y_k(T_{\text{rece}}-\tau)$、$Z_k(T_{\text{rece}}-\tau)$为在信号发射时刻地固坐标系中时间同步站坐标;$X_k(T_{\text{rece}})$、$Y_k(T_{\text{rece}})$、$Z_k(T_{\text{rece}})$为在信号接收时刻地固坐标系中时间同步

站坐标。

地球自转改正还可直接计算得到,计算时注意区分信号的传播方向。

(1) 信号方向为卫星至地面时:

$$\delta\rho_\omega = \frac{\omega}{c}\left(-X_k(T_{rece})Y^s(T_{rece}-\tau) + Y_k(T_{rece})X^s(T_{rece}-\tau)\right) \qquad (3.139)$$

(2) 信号方向为地面至卫星时:

$$\delta\rho_\omega = \frac{\omega}{c}\left(X_k(T_{rece}-\tau)Y^s(T_{rece}) - Y_k(T_{rece}-\tau)X^s(T_{rece})\right) \qquad (3.140)$$

星上测量数据$(t_{sr}, \rho'_{up})$和地面测量数据$(t_{kr}, \rho'_{down})$是相互独立的两组数据,在仿真过程中分别处理。

### 3.2.2.3　站间时间同步测量数据仿真模型

站间时间同步最常用的方法是卫星双向时间传递(TWSTT)法。卫星双向时间传递是基于两个需要时间同步的地面站经同一个 GEO 卫星转发器转发对方站测距信号,双方均进行伪距测量后获得两站间钟差。站间双向时间传递如图 3.15 所示。

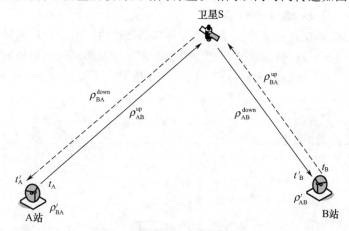

图 3.15　站间双向时间传递示意图

同星地时间同步一样,两组观测数据必须配对才能进行时间同步解算。并且,由于同样采用伪随机码相关测量,因此只能获得测量数据的接收时刻,在仿真观测数据时须从接受时间反向计算发射时刻。为保证能够进行时间同步解算,在两地时钟粗同步情况下,令$t'_A = t'_B$,即两站各在本地钟整秒时刻输出观测数据。

A 站接收伪距$\rho'_{BA}$和 B 站接收伪距$\rho'_{AB}$的仿真原理相同,仅以$\rho'_{AB}$的仿真为例,介绍卫星双向时间传递观测数据的仿真。

$\rho'_{BA}$的仿真可分为卫星 S 至 A 站的下行段和 B 站至卫星 S 的上行段,其与星地伪距双向时间同步观测数据仿真中的上/下行并不完全一样,因为在该过程中卫星仅仅起到转发信号的作用,不接收信号获得观测伪距。因此,信号传播延迟不包含卫星钟差,所以在仿真观测数据时不考虑计算卫星钟钟差。

仿真流程为:首先由 A 站接收信号的钟面时 $t'_A$ 计算此时站钟钟差 $\delta t_A$,获得接收测距的系统时刻 $T^{rece}_A$,然后迭代计算下行信号的空间传播时延 $\tau_{SA}$,得到信号自卫星转发的系统时刻 $T^s_{send}$,不考虑卫星转发时延,令卫星接收 B 站信号的系统时刻 $T^s_{rece} = T^s_{send}$,再次迭代计算上行信号的空间传播时延 $\tau_{SB}$,得到信号自 B 站发射的系统时刻 $T^{send}_B$,计算此时 B 站钟钟差 $\delta t_B$,得到 B 站发播信号的钟面时刻 $t'_B$,因此

$$\rho'_{BA} = c(\tau_{BS} + \tau_{SA} + \delta t_A - \delta t_B) \tag{3.141}$$

具体流程是:首先由 A 站接收信号的钟面时 $t'_A$ 计算此时站钟钟差 $\delta t_A$,获得接收测距信号的系统时刻 $T^{rece}_A$,然后迭代计算下行信号的空间传播时延 $\tau_{SA}$,得到信号自卫星转发的系统时刻 $T^s_{send}$,不考虑卫星转发时延,令卫星接收 B 站信号的系统时刻 $T^s_{rece} = T^s_{send}$,再次迭代计算上行信号的空间传播时延 $\tau_{BS}$,得到信号自 B 站发射的系统时刻 $T^{send}_B$,计算此时 B 站钟钟差 $\delta t_B$,得到 B 站发播信号的钟面时刻 $t'_B$,因此

$$\rho'_{BA} = c(\tau_{BS} + \tau_{SA} + \delta t_A - \delta t_B) \tag{3.142}$$

### 3.2.2.4 星间观测数据计算模型

星间链路的测量任务是为卫星轨道和钟差估计提供测量值。星间链路的双单向测量由两颗卫星交替进行相互之间的伪码相位测距过程和测量结果相互传递过程组成,它包含了两个单向伪距测量过程,如图 3.16 所示。

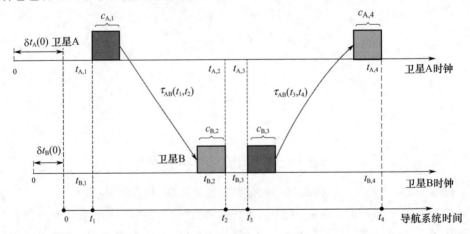

图 3.16　星间双单向测量示意图(见彩图)

接收机采用相关测量的方法获得对卫星的伪距观测数据,由于从接收机的界面只能得到测量数据的接收时刻,而不知道信号自卫星发播的星钟时刻,因此在仿真星-星观测数据时只能根据测量信号的接收时刻,反向计算卫星发播信号的星钟时刻。星-星数据通信如图 3.17 所示。

仿真时主要考虑以上 3 种误差,为仿真简单起见,不考虑卫星间时间同步问题。

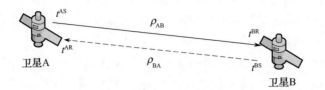

图 3.17　星-星数据通信示意图

因此,卫星星间测量伪距方程可以表示为

$$\rho_{ij} = \sqrt{(x_i - x_j)^2 + (y_i - y_j)^2 + (z_i - z_j)^2} + c(\delta t_r - \delta t_s) + \delta_{off} + \delta_{bias} + \delta_{multipath} + \delta_{rel} + \varepsilon_{ij}$$

$$(3.143)$$

式中: $x_i, y_i, z_i$ 为第 $i$ 颗卫星的坐标; $x_j, y_j, z_j$ 为第 $j$ 颗卫星的坐标; $\delta t_r$ 为接收观测信号卫星的钟差; $\delta t_s$ 为发射信号卫星的钟差; $\delta_{off}$ 为天线相位中心误差; $\delta_{bias}$ 为设备时延误差; $\delta_{multipath}$ 为多路径效应对观测值的影响; $\delta_{rel}$ 为相对论效应; $\varepsilon_{ij}$ 为星间测距噪声值。

### 3.2.3　系统误差仿真

系统误差是在同一条件下,多次测量时误差的绝对值和符号保持不变,或者在条件改变时按一定的规律变化的误差。

测量过程中系统误差往往伴随着随机误差一起出现,但系统误差往往更具有隐蔽性,因为系统误差是隐藏在测量数据之中的,而重复测量又不能降低它对测量结果的影响。有时系统误差的数值相当大,甚至要比随机误差大得多。

系统误差分为两大类:恒定系统误差和可变系统误差。

恒定系统误差是在整个测量过程中,误差大小和符号均固定不变的系统误差。如某量块的标称长度为 10mm,实际长度为 10.001mm,误差为 0.001mm,若按标称长度使用,则始终会存在 0.001mm 的系统误差。恒定系统误差随时间变化的过程是在图 3.18 中用 $a$ 标识的直线。

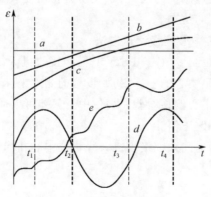

图 3.18　系统误差分类

可变系统误差是在整个测量过程中,大小和符号随着测量位置或时间的变化而发生有规律变化的系统误差。可变系统误差又可以细分为线性变化系统误差、多项式变化系统误差、周期性变化系统误差、复杂规律变化系统误差。

测量过程随着测量位置或时间的变化,误差值成比例地增大或减小的系统误差即线性变化系统误差。如刻度值为1mm的标准刻尺,存在刻划误差,每一刻度间距实际为$(1mm + \Delta L)$,若用它测量另一长度,得到刻度值$K$,则被测长度的实际值为$L = K(1mm + \Delta L)$,由于测量值为$K$,故产生的系统误差为$-\Delta L \cdot K$是随测量值$K$的大小而线性变化的。线性变化系统误差随时间变化的过程是在图3.18中用$b$标识的直线。

利用多项式来描述非线性关系的系统误差,称为多项式变化系统误差。如钟差与时间的关系为

$$x(t) = x_0 + y_0 t + \frac{1}{2} D t^2 + \varepsilon_x(t) \tag{3.144}$$

多项式变化系统误差随时间变化的过程在图3.18中用$c$标识。

在整个测量过程中,随着测量位置或时间的变化,误差按周期性规律变化的,称其为周期性变化系统误差。周期性变化系统误差随时间变化的过程是在图3.18中用$d$标识的曲线。

随着测量位置或时间的变化,误差按确定的更为复杂的规律变化,称其为复杂规律变化系统误差,复杂规律变化系统误差随时间变化的过程是在图3.18中用$e$标识的曲线。

恒定系统误差以大小和符号固定的形式存在于每个测量值中。它在数据处理时只影响算术平均值,而不影响残差及标准差。因此除了要设法找出该恒定系统误差的大小和符号,对其算术平均值加以修正外,不会影响其他数据处理的过程。可变系统误差对算术平均值和残差均产生影响。

此外,对于有确定物理意义的模型,系统误差仿真主要包括天线相位中心偏移、通道时延、固体潮等数据的仿真。

### 3.2.3.1 天线相位中心偏移计算方法

用于导航定位的伪距测量值是相对于卫星和接收机天线相位中心的,而卫星轨道计算模型给出的是卫星质心的坐标,初始设置的测站坐标是测站标石中心的坐标,因此需要考虑天线相位中心偏移误差。相位中心偏差可以通过改正卫星或接收机坐标实现,也可以直接计算改正值。

令$r_{ant}$和$r_E$分别表示地固系中接收机天线相位中心和标石中心的位置矢量,则相位中心偏离矢量定义为

$$\Delta r_{ant} = r_{ant} - r_E \tag{3.145}$$

一般而言接收机相位中心偏移常在当地水平坐标系中表示,即天线相位中心相

对标石中心的垂直方向偏离 $\Delta H$，北向偏离 $\Delta N$ 和东向偏离 $\Delta E$，将 $(\Delta E, \Delta N, \Delta H)^{\mathrm{T}}$ 转换到地固系中，即可得到偏移矢量

$$\Delta \boldsymbol{r}_{\mathrm{ant}} = \begin{pmatrix} \Delta x \\ \Delta y \\ \Delta z \end{pmatrix} = R_3(270° - L) R_1(B - 90°) \begin{pmatrix} \Delta E \\ \Delta N \\ \Delta H \end{pmatrix} \tag{3.146}$$

式中：$L$ 和 $B$ 为接收机的大地经度和大地纬度。

在地固系中将相位中心偏移投影至接收机到卫星的方向矢量上即可得到接收机天线相位中心偏差：

$$\Delta \rho_{\mathrm{r}} = \frac{(\boldsymbol{r}_{\mathrm{s}} - \boldsymbol{r}_{\mathrm{E}}) \cdot \Delta \boldsymbol{r}_{\mathrm{ant}}}{|\boldsymbol{r}_{\mathrm{s}} - \boldsymbol{r}_{\mathrm{E}}|} \tag{3.147}$$

式中：$\boldsymbol{r}_{\mathrm{s}}$ 为卫星在地固系中的位置矢量。

同理，如果已知卫星天线相位中心偏移为 $\boldsymbol{r}_{\mathrm{sant}}$，则卫星天线相位中心偏差为

$$\Delta \rho_{\mathrm{s}} = \frac{(\boldsymbol{r}_{\mathrm{s}} - \boldsymbol{r}_{\mathrm{E}}) \cdot \Delta \boldsymbol{r}_{\mathrm{sant}}}{|\boldsymbol{r}_{\mathrm{s}} - \boldsymbol{r}_{\mathrm{E}}|} \tag{3.148}$$

### 3.2.3.2　通道时延仿真方法

卫星信号发射机和接收机的电路延迟又称为通道时延。在星间链路的双向测量过程中，通道时延是需要修正的量。通道时延是卫星的固有偏差，可以通过精确标定而削弱，最终以系统残差形式影响测距精度。设备时延不是固定不变的，通道时延误差主要包括以下两方面。

（1）收发信机由于结构自身存在的时延不确定性，主要是基带数字时钟管理模块（DCM）输出的时钟抖动误差。

（2）收发信机的时延随环境的变化而发生改变，主要是由于环境改变引起的材料传输特性改变和滤波器元器件参数改变，以此导致的传输线延迟变化和滤波器群延迟的变化。星载无线电跟踪测量设备的温度系数约为 $(100 \pm 30) \mathrm{ps}/℃$，测量设备温度每升高 $1℃$，由此带来的测量设备时延误差约为 $0.1\mathrm{ns}$。因此为了保证高精度的星间时间同步，必须对星载无线电跟踪测量设备，特别是对测量天线、射频前端、中频自动增益控制（AGC）、滤波器和放大器等进行严格的温度控制，并对测量数据进行温度补偿。由于卫星测量设备的温度控制一般在 $\pm 2℃$ 以内，因此通道时延误差小于 $0.2\mathrm{ns}$。

在导航应用中，通道时延一般不作标定扣除，而是控制发射通道和接收通道的长期时延稳定性，分别将卫星信号发射通道时延和用户接收机通道时延列入卫星钟与用户钟内。

### 3.2.3.3　固体潮

摄动天体（月球、太阳）对弹性地球的引力作用使地球表面产生周期性的涨落，称为固体潮现象。固体潮改正在径向可达 $30\mathrm{cm}$，水平方向可达 $5\mathrm{cm}$。固体潮包括与

纬度有关的长期偏移项和主要由日周期和半日周期组成的周期项。通过 24h 的静态观测,可平均掉大部分的周期项影响。但对于长期项部分,在中纬度地区,该项改正在径向可达 12cm,即使利用长时间观测(如 24h),该长期项仍然包含在测站坐标中。根据国际地球参考框架(ITRF)协议,即使通过长期观测可以平均掉大部分的周期项部分,但在进行单点定位时,仍然需要考虑完整的地球固体潮改正,如果不进行完整的固体潮改正,其长期项部分会引起径向 12.5cm 和北向 5cm 的测站坐标系统误差。

## ▲ 3.3 RNSS 测试数据驱动方法

### 3.3.1 仿真场景的构成

RNSS 测试的仿真对象包括空间段的北斗星座、GPS 星座、GLONASS 星座、Galileo 星座等多个导航星座,地面段的主控站、注入站、各类监测站等地面站点。

仿真生成的数据包括卫星轨道数据、钟差数据,环境段的电离层数据、对流层数据等,并在以上数据的基础上结合地面段仿真节点,仿真生成地面段节点对各导航星座、各频点的观测数据、接收导航电文以及星间观测数据等。

RNSS 测试主要仿真对象及其仿真数据如表 3.5 所列。

表 3.5 RNSS 测试主要仿真对象及其仿真数据

| 仿真对象 | | 仿真数量 | 仿真数据 |
|---|---|---|---|
| 空间段 | 北斗星座 | 30 颗卫星 | 轨道数据、钟差数据、星间观测数据 |
| | GPS 星座 | 32 颗卫星 | 轨道数据、钟差数据、系统时偏差 |
| | GLONASS 星座 | 24 颗卫星 | 轨道数据、钟差数据、系统时偏差 |
| | Galileo 星座 | 30 颗卫星 | 轨道数据、钟差数据、系统时偏差 |
| 环境段 | 电离层 | | 电离层垂直电子总含量(VTEC)数据 |
| | 对流层 | | 气象参数、对流层天顶总延迟(ZTD)数据 |
| | 多路径效应 | | 多路径反射模型、随机模型 |
| 地面段 | 监测站 | ≥40 个 | 北斗监测接收机多频点的伪距、载波相位、多普勒频移以及伪距变化率观测数据和导航电文;GPS、GLONASS、Galileo 系统接收机伪距、载波相位观测数据和导航电文 |
| | 时间同步/注入站 | ≥4 个 | 星地上行观测数据、星地下行观测数据 |
| | 激光站 | ≥2 个 | SLR 观测数据 |

### 3.3.2 仿真数据驱动方法

为了生成仿真数据,并利用仿真数据作为理论值,对接收得到的 RNSS 处理结果进行评估,仿真系统至少需具备 3 种功能:数学仿真功能、仿真管理与控制功能以及测试评估功能。仿真数据驱动的 RNSS 业务测试驱动关系及流程如图 3.19 所示。

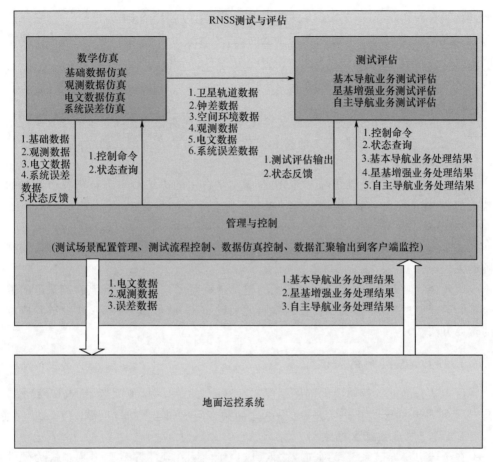

图 3.19　RNSS 测试与评估数据驱动示意图

（1）数学仿真单元生成 RNSS 测试与评估所需各类数据,包括基础数据、观测数据、电文数据、系统误差数据等,并将观测数据等信息发送给管理与控制单元,将卫星轨道、钟差、电离层等数据发送给测试评估单元作为评估的理论值。

（2）管理与控制单元将 RNSS 测试所需的观测数据、电文数据等信息发送给地面运控系统,并监听地面运控系统的处理结果。管理与控制单元接收到地面运控系统 RNSS 处理结果后,发送给测试评估单元。

（3）测试评估单元将接收到的 RNSS 处理结果与仿真理论值进行比较,或者采用残差分析法、重叠弧段法、外部数据比较法等方法,对 RNSS 处理结果进行评估,并输出评估结果。

## 3.4　虚实结合的测试方法

仿真数据(虚拟数据)和实测数据相结合是一种"虚实结合"技术,其本质是一种通过将实物和科学仿真方法(仿真模型或物理模型)相结合的方法[11-13]。它通过"虚"的仿真模型解决了部分系统不全的问题,又通过与实物相连的方法解决了模型的实时性和真实性问题,以此构建一个闭环试验环境,可以有效地评估和分析待测实物。该技术相比仿真技术具有以下优点。

1)真实性

通过虚实结合技术构造的闭环试验环境是建立在实物或实际系统的正常运行条件基础之上,它纳入了实际系统的真实状态,还原了整个系统的处理过程。

2)有效性

试验实物通常是大系统的一部分,而虚实结合中的虚拟技术弥补了整个系统的缺失部分,建立了与实物系统的联系,提高了整个系统的覆盖性。

3)结果可靠

真实的系统运行环境,完整的系统处理流程促使试验能够获取更可靠可信的试验结果。

因此,虚实结合技术能够在大系统的建设过程发挥重大作用,尤其在高风险的卫星系统的建设过程中,虚实结合技术是验证关键技术、减低试验风险、减少试验成本的重要方法。

### 3.4.1 虚实结合测试技术

虚实结合测试首要解决的问题是虚实结合的方式——框架问题,重点解决"虚"与"实"的同步问题。同步问题又可分为时间同步问题和业务协同问题。

#### 3.4.1.1 虚实结合框架

在全球卫星导航系统整网建成之前,以少量实际在轨卫星和信号模拟源为硬件基础,以仿真软件平台为数据驱动基础。首先,通过信号模拟源模拟与在轨卫星具有相同功能的卫星(物理虚星),物理虚星与在轨卫星之间的测量与通信链路构成物理星间链路,通过数学仿真技术模拟其他未在轨的卫星(仿真虚星),仿真虚星之间的测量与通信链路构成虚拟星间链路;然后,将虚拟链路(虚)和物理链路(实)集成,组成整网运行的星地、星间链路网络;最后,利用"虚-实结合"的整网卫星系统进行试验与验证。

一种实用的"虚-实结合"的测试评估技术框架[11-13]如图3.20所示。其构成要素如下。

(1)实际在轨运行的卫星。

(2)可以与在轨卫星建链的实际地面站。

(3)数学仿真分系统。

(4)管理与控制分系统。

(5)评估与分析分系统。

其中,实际在轨运行的卫星和与之建链的实际地面站代表系统"真实"的部分;

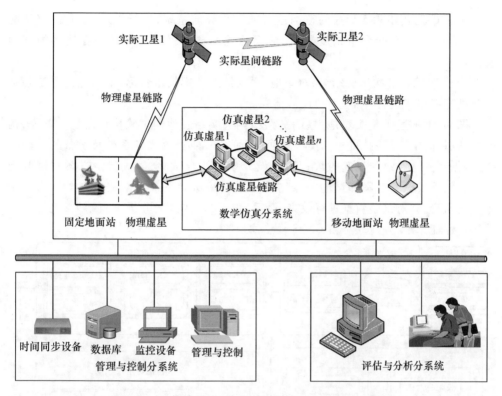

图 3.20　"虚-实结合"的测试评估技术示意图(见彩图)

信号模拟源和数学仿真分系统代表系统"虚"的部分。管理与控制分系统负责对虚实结合各组成要素进行管理与调度。评估与分析分系统负责对测试结果进行评估分析。

利用仿真系统与实际在轨卫星、地面站构建"虚-实结合"的整网卫星系统开展系统级测试评估的方法,具体步骤如下。

步骤 1:根据实际在轨卫星轨道和地面站布局,配置试验场景。计算地面站与在轨卫星的可见性,以确定试验时间区间。

步骤 2:根据实际在轨卫星及卫星星座设计方案生成所有卫星试验时间区间内的轨道和钟差数据。

步骤 3:根据实际在轨卫星、未在轨卫星和地面站的可见关系和路由策略,设计星地、星间链路建链规划表与路由表。

步骤 4:根据步骤 3 形成的星地、星间链路建链规划表与路由表,将与实际在轨卫星建链的未在轨卫星分配给地面站,形成物理虚星网;未与实际在轨卫星建链的卫星自动构成仿真虚星网。

步骤 5:将步骤 4 形成的物理虚星网和仿真虚星网通过天地一体、软硬协同技术进行集成,形成"虚-实结合"的完全组网卫星导航系统。

步骤6:利用步骤5形成的整网运行的卫星导航系统,进行星地、星间链路性能评估、星间/星地双向测量精度分析、地面运控业务处理等系统级关键技术的试验验证。

步骤7:综合各次试验结果,对星地、星间链路关键技术指标、地面运控系统各项业务处理能力等进行评估,得到评估结果。

图3.21描述了整个星地、星间链路组网虚实结合地面试验执行流程。首先,构建星地、星间链路组网"虚-实结合"地面试验闭环环境,收集各系统及设备的试验状态,根据任务选择最佳试验时段;其次,设计虚实结合试验,生成试验方案和试验指令;然后,下发试验方案和试验指令,"虚-实结合"试验系统根据试验方案和试验指令进行执行,并对试验数据进行收集;最后,根据试验需求,分析试验结果,统计各项功能和性能结果,并建立更新 GNSS 模型库。

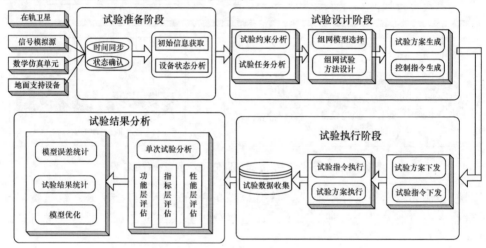

图3.21　"虚-实结合"试验执行流程图

### 3.4.1.2　时间同步机制

"虚-实结合"的测试评估技术,涉及仿真数据、模拟信号、实测数据等多种数据接入方式,能够对被测对象进行更充分完备的测试,同时降低系统建设风险。仿真数据("虚")、模拟信号("虚")与实测数据("实")配合使用,系统的时间同步成为关键的一环,有效的时间同步机制是实现系统"虚-实结合"测试评估的前提和保障。

时间同步设备用于实现整个测试系统的时间同步,实现星地、虚实系统的协同统一运行关系,选择一台精准的时间同步设备作为时间基准,以固定间隔播发时间信息;其他各设备接收并解析该时间信息,完成设备的时间同步,为整个测试提供统一的时间基准。

这里的时间同步精度主要保证数据模拟节拍、仿真等的实时性,精度要求在毫秒量级即可,可采用卫星授时、网络时间服务器播发方式实现。在测试开展之前,时间同步设备保证仿真数据、实测数据以及其他相关系统和设备的时间一致性。

### 3.4.1.3　业务协同技术

在系统时间达成一致的基础上,虚实业务协同成为必须解决的问题。图 3.20 中,管理与控制设备主要用于实现虚实业务协同,具体包括以下三个方面。

1) 实现对"虚-实结合"系统仿真的协同

能够模拟产生卫星的业务数据("虚"),也能够接入实际在轨卫星的各类业务数据("实"),模拟产生的卫星业务数据类型及格式需与实测数据一致,并在时间同步机制下保持数据生成时间的一致性。

2) 实现对"虚-实结合"系统的综合调度管理

能够根据实际在轨卫星、仿真虚星的情况合理响应星间规划,合理规划接入哪些实际在轨卫星("实")、模拟哪些卫星("虚"),并能够汇聚实际在轨卫星的业务数据和仿真虚星的业务数据,实现对"虚-实结合"系统的综合调度管理。

3) 系统运行状态的监测

实现对系统状态以及"虚-实结合"系统运行状态的监测,以配合完成结果的分析评估;业务测试子系统实时接收在轨卫星数据,对实际在轨卫星、仿真虚星的运行状态进行并行监测,为完成业务数据的测试评估提供清晰的条件。

## 3.4.2　在星间组网测试中的应用

针对北斗三号分步实施和阶梯式组网的特点,利用上面"虚-实结合"的测试技术,构建一个天地一体虚-实结合的系统级测试与评估环境,可以解决北斗全球系统星间链路整网功能和性能的验证的问题[14-16]。

通过地面站模拟与在轨卫星具有相同功能的卫星(物理虚星),物理虚星与在轨卫星之间的测量与通信链路构成物理星间链路;以在轨卫星为参考和标准,通过仿真系统模拟其他未在轨的卫星(仿真虚星),仿真虚星之间的测量与通信链路构成虚拟星间链路;然后,将虚拟星间链路(虚)和物理星间链路(实)集成,组成整网运行的卫星导航星间链路试验系统。

如图 3.22 所示,该系统由试验任务管理子系统、星间链路数学仿真子系统、星间链路网络协议仿真子系统、星间链路网络协议栈子系统、网络数据分析与存储子系统、实际在轨卫星数据交互子系统等组成。

该系统能够模拟导航星座中除待测卫星外其他卫星星间链路的信息处理流程,可以与待测卫星载荷构成全星座组网闭环测试环境,具备从数据链路层接入在轨卫星星间链路载荷能力,支持完成星间链路载荷接口、信号、信息流验证。它通过"虚"仿真模型解决了部分系统不全的问题,又通过与实物相连的方法解决了模型的实时性问题。

### 3.4.2.1　试验场景

为了说明上述方法的有效性,建立如图 3.23 所示地面试验场景。图中:在轨运行的境外星和境内星及其之间的星间链路构成了实际系统,即"实"的部分;数学仿

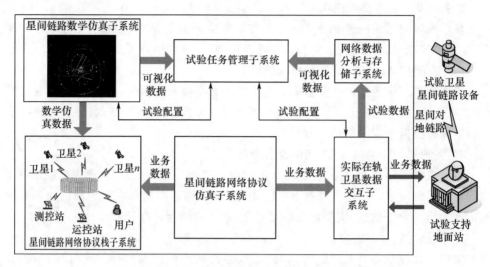

图 3.22　星间链路"虚-实结合"地面试验系统组成示意图(见彩图)

真设备、固定站接收设备和移动站接收设备构成了虚拟系统,即"虚"的部分。"虚"的部分通过地面专用网络连接。"虚"和"实"之间通过卫星与地面站的物理链路(无线电信号)进行通信。L 频段导航分系统和遥测遥控分系统作为辅助设备。上述元素共同构成了天地一体虚-实结合的星间链路组网试验环境。

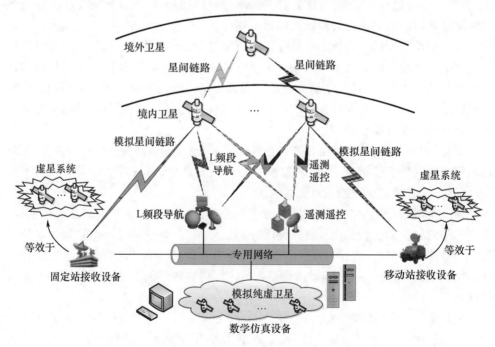

图 3.23　星间链路"虚-实结合"地面试验场景示意图(见彩图)

本试验中,5 颗在轨运行的试验卫星(2 颗 IGSO + 3 颗 MEO)作为实际卫星系统,其余未在轨的 21 颗 MEO 卫星作为仿真虚星。参与地面试验的还有 1 个固定站、2 个移动站。

### 3.4.2.2　试验结果

在上述系统作用下,首先进行的是数据传输正确性试验,得到如图 3.24 所示的数据传输结果。

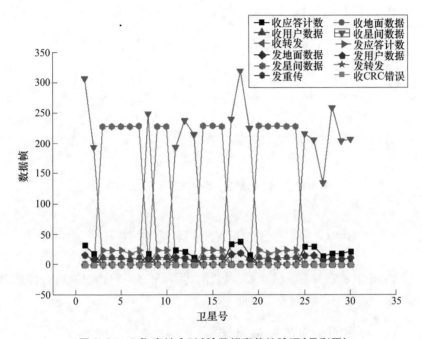

图 3.24　"虚-实结合"试验数据有效性验证(见彩图)

从图 3.24 可以看出,由于各设备数据具有固定的识别号,在发送及解析时结果正确,未出现循环冗余校验(CRC)错误,结果验证了虚实结合技术下,实星、物理虚星、纯虚星接收和传输星间、地面和用户数据的正确性。

为了验证"虚-实结合"时间同步机制下,节拍控制效果和时间同步机制的有效性,进行了不同传输速率下的通信时延,结果如图 3.25 所示。

图 3.25 的试验结果表明,各颗卫星按照设定的发送频率和预定时间节拍工作,验证了"虚-实结合"试验节拍控制的有效性,同时证明时间同步机制的有效性。

通过实物试验技术与仿真试验技术相结合的方法构建一个整网的运行环境,复现整个导航系统运行处理流程,完成对星间链路组网的功能及性能的试验验证。该方法不仅可以充分测试在轨卫星的功能和性能,同时也充分挖掘了系统不全时地面试验的验证能力,能够在试验阶段及时发现星间链路设计可能存在的不足之处,为及时改进或优化系统建设方案提供试验依据。

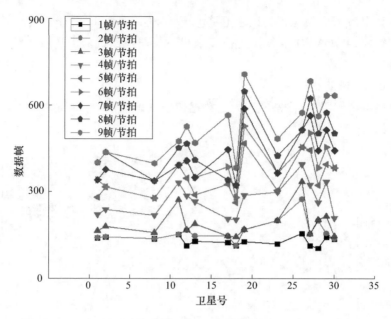

图 3.25 "虚-实结合"节拍控制效果(见彩图)

# △ 3.5 RNSS 评估方法

针对 RNSS 主要业务的测试需求,本节阐述 RNSS 的评估方法,内容涵盖基本导航、星基增强导航和自主导航等关键业务。

## 3.5.1 时间同步业务评估方法

时间同步业务是地面运控系统的核心业务之一。对时间同步业务的评估,主要关注两方面的事情:一是通过对时间测量量(如星地上下行伪距或站间双向伪距)处理,得到的时间同步结果是否正确;二是时间比对算法在维持时间频率基准方面是否稳定。前者关注的主要是精度,后者是稳定度。下面分别给出两方面的评估方法。

### 3.5.1.1 基于仿真理论值比较的时间同步精度评估

基于仿真理论钟差的卫星钟差精度测试评估,将地面运控系统输出的卫星钟差参数计算的卫星钟差与仿真理论卫星钟差进行比对,并计算卫星钟差误差的均方差,给出评估结果。

由导航电文中给出卫星钟差参数,可以计算任意 $t_k$ 历元的卫星钟差改正数,即

$$\delta t_k^j = a_0^j + a_1^j (t_k - t_{oc}) + a_2^j (t_k - t_{oc})^2 - \Delta t_r \tag{3.149}$$

式中:$a_0^j$、$a_1^j$ 和 $a_2^j$ 分别为卫星钟差、频率误差和半加速度参数;$t_k$ 为某一历元时刻;$t_{oc}$ 为参考时刻;$\Delta t_r$ 为星载时钟相对论效应参差项,由下式计算

$$\Delta t_{\mathrm{r}} = -2\frac{\sqrt{\mu a}}{c^2}e\sin E_k$$

式中：$\mu$ 为地心引力常数；$c$ 为光速；$a$ 为卫星轨道长半轴；$e$ 为卫星轨道偏心率，由本星广播星历得到；$E_k$ 为卫星轨道偏近点角，由本星广播星历计算得到。

星地时间同步误差序列及其均方根误差统计可以表示为

$$\begin{cases} e_{\mathrm{cl},k}^{j} = \delta t_k^j - \delta t_{0k}^j \\ \sigma_{\mathrm{cl},m}^{j} = \sqrt{\dfrac{\sum\limits_{i=1}^{m}\left(e_{\mathrm{cl},i}^{j}\right)^2}{m}} \end{cases} \tag{3.150}$$

式中：$\delta t_{0k}^j$ 为星载时钟理论钟差改正数；$m$ 为测试历元数。

当 $t_k$ 处在观测时刻之内时，则测试的是卫星钟的估计误差，当 $t_k$ 大于观测时刻时，则测试的是卫星钟的预报误差。

#### 3.5.1.2　基于残差分析法的时间同步精度评估法

时间同步残差分析法评估时间同步精度，对某颗卫星时间同步观测数据残差进行是否服从正态分布的假设检验，并统计钟差误差均方差。

考虑样本是否服从正态分布的 $t$ 分布函数为

$$T \triangleq t = \sqrt{n-1}\,\frac{\overline{X}-\mu_0}{S} \sim t(n-1) \tag{3.151}$$

从而由 $P\{T > t_{1-\alpha/2}(n-1)\} = \alpha$ 可得出给定显著性水平 $\alpha$ 下此检验的拒绝域为

$$W\left\{(x_1,x_2,\cdots,x_n):\left|\sqrt{n-1}\,\frac{\overline{X}-\mu_0}{S}\right| > t_{1-\alpha/2}(n-1)\right\} \tag{3.152}$$

式中：$x_1,x_2,\cdots,x_n$ 为样本；$\overline{X}$ 为样本均值；$\mu_0$ 为数学期望；$S$ 为标准差，$n$ 为样本数。称此为 $t$ 检验法。

#### 3.5.1.3　基于 Allan 方差的原子钟频率稳定度评估

通常情况下，原子钟的时间偏差 $x(t)$ 可以用确定性变化分量和随机变化分量来描述，即

$$x(t) = x_0 + y_0 t + \frac{1}{2}Dt^2 + \varepsilon_x(t) \tag{3.153}$$

式中：上式右边前三项为原子钟的确定性时间分量，$x_0$ 为原子钟的初始相位（时间）偏差，$y_0$ 为原子钟的初始频率偏差，$D$ 为原子钟的线性频漂；$\varepsilon_x(t)$ 为原子钟时间偏差的随机变化分量。

由式（3.153），原子钟的瞬时相对频率偏差 $y(t)$ 可表示为

$$y(t) = y_0 + Dt + \varepsilon_y(t) \tag{3.154}$$

式中：$y_0$、$D$ 意义与式（3.153）相同；式右边前两项为原子钟瞬时相对频率偏差的确定

性分量;$\varepsilon_y(t)$为其随机变化分量。由此可见,原子钟的系统变化部分可用一个确定性函数模型来描述,而原子钟的随机变化部分是一个随机变化量,只能从统计意义上来分析。

定义 $x(t)$ 为随机相位误差,有

$$x(t) = \int_{t_0}^{t} y(t)\,\mathrm{d}t \qquad (3.155)$$

此时,积分区间上的平均相对频率误差 $\bar{y}_k$ 为

$$\bar{y}_k = \frac{x(t_{k+1}) - x(t_k)}{\tau} \qquad (3.156)$$

式中:$\tau = t_{k+1} - t_k$。

则 Allan 方差表达式为

$$\sigma_y(\tau) = \frac{1}{2}\langle(\bar{y}(t_{k+n}) - \bar{y}(t_k))^2\rangle =$$

$$\frac{1}{2\tau^2}\langle(x(t_{k+2}) - 2x(t_{k+1}) + x(t_k))^2\rangle \qquad (3.157)$$

式中:$\langle \cdot \rangle$ 表示时间平均。Allan 方差是原子频率稳定性的衡量标准[17-19]。但是在实际研究中发现,Allan 方差不能很好地区分白色调相噪声和闪烁调相噪声,为此可以使用修正 Allan 方差进行钟差噪声的分析。修正 Allan 方差的定义为

$$\mathrm{Mod}(\sigma_y(n\tau_0)) = \frac{1}{2}\left\langle\left[\frac{1}{n}\sum_{k=0}^{n-1}(\bar{y}(t_{k+n}) - \bar{y}(t_k))\right]^2\right\rangle =$$

$$\frac{1}{2\tau^2}\left\langle\left[\frac{1}{n}\sum_{k=0}^{n-1}(x(t_{k+2n}) - 2x(t_{k+n}) + x(t_k))\right]^2\right\rangle =$$

$$\frac{1}{2n^4\tau_0^2(N - 3n + 1)}\sum_{i=0}^{N-3n}\left[\sum_{k=i}^{i+n-1}(x(t_{k+2n}) - 2x(t_{k+n}) + x(t_k))\right]^2$$

$$(3.158)$$

式中:$\tau_0$ 为时间间隔;$n$ 为取样个数;$\tau = n\tau_0$ 为取样间隔;$N$ 为取样间隔为 $\tau_0$ 时总的采样数目。

### 3.5.1.4 基于 Hadamard 方差的原子钟频率稳定度评估

如果对于短时间的预报,修正的 Allan 方差可以很好地满足要求,但是对于长时间预报模式,采用 Allan 方差不稳定甚至可能无意义;另外,修正的 Allan 方差虽然能够描述上一节提到的卫星钟差五种噪声($\alpha = -2, -1, 0, +1, +2$),但仍然不能描述另外两种噪声($\alpha = -3$ 的调频闪变游走(Flick Walk)噪声);$\alpha = -4$ 的调频随机跑动(Random Run)噪声)。采用 Hadamard 方差,不但可以描述这两种噪声,而且不论短期还是长期性能都很稳定。

Hadamard 方差的定义式为[20]

$$_H\sigma_y^2(\tau) = \frac{1}{6(M-2)}\sum_{i=1}^{M-2}(\bar{y}_{i+2} - 2\bar{y}_{i+1} + \bar{y}_i)^2 \tag{3.159}$$

若采用相位数据,则等效于

$$_H\sigma_y^2(\tau) = \frac{1}{6\tau^2(N-3)}\sum_{i=1}^{N-3}(x_{i+3} - 3x_{i+2} + 3x_{i+1} - x_i)^2 \tag{3.160}$$

### 3.5.2　精密定轨业务评估方法

精密定轨结果的评估问题,一直是航天轨道动力学领域的一个重要问题和研究的热点问题[21-25]。在仿真条件下,有仿真理论值比对法。在实测条件下,一般分为内符合法和外符合法。下面介绍的定轨残差分析法、重叠弧段法和弧段衔接点位置差异法等属于内符合法;外部轨道比较法和激光测距检核法等属于外符合法。

#### 3.5.2.1　仿真理论值比对法

基于仿真理论轨道的定轨精度测试评估,将地面运控系统输出的卫星轨道确定值(位置和速度)与仿真理论轨道(位置和速度)进行比对,输出位置和速度误差,并计算位置误差的均方差。

$t_k$ 历元时刻卫星轨道确定值在惯性系或地固系的位置分量误差和速度分量误差计算方法如下:

$$\begin{bmatrix} \Delta x_k^d \\ \Delta y_k^d \\ \Delta z_k^d \end{bmatrix} = \begin{bmatrix} x_k^d - x_{0k} \\ y_k^d - y_{0k} \\ z_k^d - z_{0k} \end{bmatrix} \tag{3.161}$$

$$e_{pos,k}^d = \sqrt{(\Delta x_k^d)^2 + (\Delta y_k^d)^2 + (\Delta z_k^d)^2} \tag{3.162}$$

式中:$x_{0k}$、$y_{0k}$、$z_{0k}$ 分别表示历元 $t_k$ 卫星轨道理论值的位置分量;$(x_k^d$、$y_k^d$、$z_k^d)$ 分别表示历元 $t_k$ 卫星轨道确定的位置分量。

定义

$$\boldsymbol{r}_k^d = \begin{bmatrix} x_k^d \\ y_k^d \\ z_k^d \end{bmatrix} \tag{3.163}$$

$$\boldsymbol{v}_k^d = \begin{bmatrix} v_{xk}^d \\ v_{yk}^d \\ v_{zk}^d \end{bmatrix} \tag{3.164}$$

可将卫星在惯性系或地固系的位置分量误差转换到卫星轨道 RTN 坐标系中。

$$\begin{bmatrix} \Delta R \\ \Delta T \\ \Delta N \end{bmatrix} = \boldsymbol{G} \begin{bmatrix} \Delta x_k^{\mathrm{d}} \\ \Delta y_k^{\mathrm{d}} \\ \Delta z_k^{\mathrm{d}} \end{bmatrix} \tag{3.165}$$

式中: $\boldsymbol{G}$ 是地固系到 RTN 坐标系的转换矩阵,它的各元素如下

$$\boldsymbol{G}(1,i) = -\frac{\boldsymbol{r}_k^{\mathrm{d}}}{|\boldsymbol{r}_k^{\mathrm{d}}|}$$

$$\boldsymbol{G}(3,i) = \frac{\boldsymbol{r}_k^{\mathrm{d}} \times \boldsymbol{v}_k^{\mathrm{d}}}{|\boldsymbol{r}_k^{\mathrm{d}} \times \boldsymbol{v}_k^{\mathrm{d}}|}$$

$$\boldsymbol{G}(2,i) = G(1,i) \times G(3,i)$$

式中: $i = 1,2,3$ 对应于转换矩阵中每个行矢量的 3 个分量。

卫星轨道确定的位置均方差统计计算可以表示为

$$\sigma_{\mathrm{pos}}^{\mathrm{d}} = \sqrt{\frac{\sum_{i=1}^{m} (e_{\mathrm{pos},i}^{\mathrm{d}})^2}{m}} \tag{3.166}$$

式中: $m$ 为测试历元数。

### 3.5.2.2　定轨残差分析法

对定轨收敛后得到的距离残差进行统计:

$$\mathrm{RMS} = \sqrt{\frac{1}{N-6} \sum_{i=1}^{N} \mathrm{res}_i^2} = \sqrt{\frac{1}{N-6} \sum_{i=1}^{N} (\rho_i^o - \rho_i^c)^2} \tag{3.167}$$

式中: $\rho^o$ 为实测伪距值(也称为观测值 O); $\rho^c$ 为根据测站坐标和卫星轨道计算得到的伪距值(也称为计算值 C)。

除了得到式(3.167)的残差统计值外,还可以对 $O - C$ 残差序列进行频谱分析。频谱分析的方法如下:

对于一组数据序列 $y(t_i)(i = 1,2,\cdots,L)$,通常不知道其是否具有周期特性,或不知周期项的准确周期。为了便于分析和把握其规律性,一个有效的方法是对数据序列进行频谱分析,以确定数据序列中隐含的周期特性和周期项的参数。因此,取基函数 $\phi = \{1, \cos(2\pi t/T_1 + H_1), \cos(2\pi t/T_2 + H_2), \cdots\}$,数据序列 $y(t_i)$ 可以用如下关系式进行逼近或拟合:

$$P_N(t_i) = A_0 + \sum_{k=1}^{N} \left[ A_k \cos\left(\frac{2\pi t_i}{T_k} + H_k\right) \right] \tag{3.168}$$

式中: $A_0$ 为常数项; $N$ 为周期函数的个数; $T_k$、$A_k$ 和 $H_k$ 分别为第 $k$ 个周期项的周期、振幅和相位, $k = 1,\cdots,N$。于是,数据序列 $y(t_i)$ 可表示为

$$y(t_i) = P_N(t_i) + V_i \tag{3.169}$$

式中：$V_i$为残差序列，其统计中误差为

$$\hat{\sigma} = \sqrt{\frac{V^{\mathrm{T}}V}{L-(N+1)}} \qquad (3.170)$$

误差频谱分析就是在频率分布区间$[f_1,f_2]$内，按照频率间隔$\Delta f$逐点采样，得到$J$个频率采样点。对各采样点频率$f$及其周期，用参数拟合方法，求得采样点频率$f$对应周期的拟合振幅、相位和$V_i$的统计值。在$J$个频率采样点上，得到一组$f$与振幅、相位和统计$V_i$的对应关系。通过分析，可判别数据序列$y(t_i)$的周期特性及各周期参数。具体步骤如下。

（1）在$[f_1,f_2]$频率区间内，计算频率采样点

$$J = \frac{f_2 - f_1}{\Delta f} \qquad (3.171)$$

（2）在第$J_n$个频率采样点，计算拟合周期

$$T_{J_n} = \frac{1}{f_1 + J_n \times \Delta f} \qquad (3.172)$$

（3）在第$J_n$个频率采样点，对式（3.169）进行线性展开：

$$y(t_i) = A_0 + \sum_{k=1}^{N} \cos\left(\frac{2\pi t_i}{T_k}\right) C_k + \sum_{k=1}^{N} \sin\left(\frac{2\pi t_i}{T_k}\right) S_k + V_i \qquad (3.173)$$

式中：$C_k = A_k \cos H_k$；$A_k = \sqrt{C_k^2 + S_k^2}$，$S_k = A_k \sin H_k$，$H_k = \arctan(S_k / C_k)$。

（4）利用最小二乘拟合法，得到周期$T_{J_n}$所对应周期项的振幅$A_{J_n}$、相位$H_{J_n}$和$V_i$的统计值$\hat{\sigma}_{J_n}$。

对所有频率采样点进行上述计算后，为了便于直观分析，给出频率－振幅对应图。根据频率与振幅的对应关系，确定数据序列$y(t_i)$所隐含的周期项。

### 3.5.2.3　重叠弧段法

重叠弧段比较是基于独立解算轨道的部分重叠弧段进行比较，然后基于统计结果作为轨道精度评估的依据。以每次定轨总弧长为3天的定轨策略为例，说明重叠弧段的定义。如图3.26所示，第1次利用第1天至第3天（共72h）的观测数据进行定轨，得到第一组定轨结果；第2次利用第2天至第4天（共72h）的观测数据进行定轨，得到第2组定轨结果。两组定轨结果有2天的弧段是重叠的。这两天的弧段就是重叠弧段。当然，第二组定轨结果也可以由第3天至第5天的观测数据得到，此时重叠弧段的长度是1天。

将具有重叠弧段的两次定轨结果进行比较，分别对RTN方向的误差进行统计：

$$\mathrm{RMS}_R = \sqrt{\frac{1}{n-p}\sum_{i=1}^{n}\Delta R_i^2} = \sqrt{\frac{1}{n-p}\sum_{i=1}^{n}(R_{1i} - R_{2i})^2} \qquad (3.174)$$

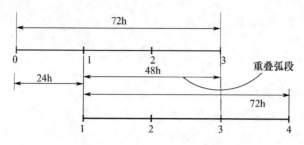

图 3.26　重叠弧段的定义

$$\mathrm{RMS}_T = \sqrt{\frac{1}{n-p}\sum_{i=1}^{n}\Delta T_i^2} = \sqrt{\frac{1}{n-p}\sum_{i=1}^{n}(T_{1i}-T_{2i})^2} \qquad (3.175)$$

$$\mathrm{RMS}_N = \sqrt{\frac{1}{n-p}\sum_{i=1}^{n}\Delta N_i^2} = \sqrt{\frac{1}{n-p}\sum_{i=1}^{n}(N_{1i}-N_{2i})^2} \qquad (3.176)$$

式中：$n$ 为样本总数；$p$ 为待估动力学参数的个数；$R$、$T$、$N$ 分别为径向、切向和法向三个方向的位置坐标；下标 1、2 分别表示两次定轨结果。

### 3.5.2.4　弧段衔接点位置差异法

为了评定 IGS 轨道精度，Griffiths 等提出通过连续 2 天精密轨道（SP3 精密星历文件）在衔接处的位置差异来评定轨道的精度。其主要思想是，采用不同的数据集获得第 1 天 24：00：00（即第 2 天 00：00：00）时刻前后卫星位置值；如果力学模型和观测模型都能够正确反映卫星的轨道特性，则通过两个数据集获得的位置是一致的；但在实际定轨过程中无论力学模型还是观测模型都存在误差，由此也可以通过衔接处的位置符合程度来反映卫星定轨的精度。弧段衔接点的轨道不连续性如图 3.27 所示。

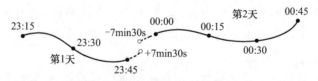

图 3.27　弧段衔接点的轨道不连续性

定义轨道衔接点位置差异（PD）为

$$\mathrm{PD} = \frac{|X_B - X_A| + |Y_B - Y_A| + |Z_B - Z_A|}{3} \qquad (3.177)$$

式中：$(X,Y,Z)$ 为卫星位置坐标；下标"A"和"B"分别表示不同的弧段。

### 3.5.2.5　外部轨道比较法

外部轨道比较是轨道评估中一种重要的轨道精度评价方式。该方式通过将计算的最终轨道与其他分析中心解算的轨道进行比较，反映出基于不同软件、不同测量模型和力学模型所引起的轨道差异。其统计量与重叠弧段法类似，此处不再赘述。

#### 3.5.2.6　激光测距检核法

卫星激光测距(SLR)通过精密测定激光脉冲从激光测站到卫星激光反射器之间的往返时间 $\tau$,可以得到卫星与测站之间的距离 $\rho_{SLR}$:

$$\rho_{SLR} = \frac{1}{2} c\tau \tag{3.178}$$

式中: $c$ 为光速。

相比于传统的微波测距,SLR 具有受电离层影响小、不需要进行钟差修正等优点。目前,SLR 是单次测距精度最高的卫星测距技术,以我国长春人造卫星观测站 SLR 系统为例(图 3.28),其探测能力达到 40000km,单次测距精度小于 1.5cm。因此,SLR 在卫星精密定轨、卫星钟差解算和卫星星历精度评估等领域被广泛运用。

**图 3.28　长春站 60cm 卫星激光测距仪**

利用 SLR 数据来评估定轨结果精度的基本思路是:根据测站坐标和卫星轨道计算得到距离值 $\rho_C^i$,将该距离值进行测站偏心、测站偏移、大气延迟、海潮负荷、固体潮、质心改正和广义相对论效应等改正($\Delta\rho$)后,再与激光测距值作差:

$$\Delta^i = \rho_{SLR}^i - (\rho_C^i + \Delta\rho) \tag{3.179}$$

用该差值的统计特性来作为精度评估的指标:

$$\sigma = \sqrt{\frac{1}{n-1} \sum_{i=1}^{n} (\Delta^i)^2} \tag{3.180}$$

式中: $n$ 为观测数据总量。

### 3.5.3　星历与钟差预报业务评估方法

星历与钟差预报是基于精密定轨和时间同步的结果,分别对轨道和卫星钟差进行的预测。其主要目的是生成广播星历电文,用于用户定位。对于用户定位而言,星历误差与钟差误差在视线方向上的投影对用户定位误差影响最大。因此,一般以用户测距误差(URE)作为评估星历和钟差的精度。

### 3.5.3.1 用户测距误差(URE)的定义

对导航星座来说,评价其导航精度的指标一般为用户等效测距误差(UERE)。UERE 包含 URE 和用户设备误差(UEE)。URE 主要取决于卫星的位置和星钟的精度,不会因为用户的飞行高度而变化;而 UEE 取决于电离层、对流层延迟误差等与空间物理环境相关的误差以及多径、接收机噪声等与用户设备相关的误差,会因为空间用户的飞行高度不同而不同。

对于某一颗卫星来说,URE 被视为与该卫星相关联的每个误差源所产生的影响的统计和。通常认为这些误差分量是独立的,并且某颗卫星的复合 URE 可以近似表示为零均值的高斯随机变量,其方差由每个分量方差之和确定。

### 3.5.3.2 URE 的计算方法

对于 GPS 来说,由于轨道和钟差是一起计算的,所以其轨道的径向误差和钟差是负相关的,因此 GPS 的 URE 可以表示为

$$URE = \sqrt{(cT - \sqrt{\lambda_R}R)^2 + \lambda_A A^2 + \lambda_C C^2} \tag{3.181}$$

式中:$c$ 为光速;$R$、$A$、$C$、$T$ 分别为广播星历与事后精密星历做差求得的卫星径向、切向、法向轨道误差和卫星钟钟差。钟误差的影响是全方位的,且各方向大小相同。$\lambda_R$、$\lambda_A$、$\lambda_C$ 分别为广播星历径向、切向、法向轨道误差的投影系数,投影系数的大小与卫星和用户的相对位置有关。美国国防部发布的 GPS 标准定位服务(SPS)性能规范(PS)给出了 GPS URE 的计算方法[26]:

$$URE_{GPS} = \sqrt{(cT)^2 + (0.980R)^2 + (0.141A)^2 + (0.141C)^2 - 1.960cTR} \tag{3.182}$$

由于北斗广播钟差是采用星地双向时间比对方法得到的,其径向和钟差的相关性很弱,所以北斗的 URE 计算公式与 GPS 略有不同。北斗的 URE 计算公式如下式所示:

$$URE = \sqrt{(cT)^2 + \lambda_R R^2 + \lambda_A A^2 + \lambda_C C^2} \tag{3.183}$$

空间信号 URE 简单示意如图 3.29 所示[27]。图中 $D_e$ 为地球平均半径,$D_s$ 为卫星轨道半径。假设在 $t$ 时刻卫星所在的精密位置为 $S_P$,广播位置为 $S_B$,观测站在地球表面位置为 $M$ 和 $R$。$S_P M$ 为卫星观测地球视线与地球的切线,$S_P$、$S_B$ 分别为卫星轨道误差和卫星钟钟差矢量,$S_M$、$S_R$ 是 $S_B$ 分别在 $S_P M$ 和 $S_P R$ 的投影点。$S_P$、$S_B$ 在 $S_P M$ 方向上的投影矢量分别为 $S_P$、$S_M$,$S_P$、$S_B$ 在 $S_P R$ 方向上的投影矢量分别为 $S_P$、$S_R$。

根据 URE 的定义,对观测站 $M$ 来说 $URE_M = S_P S_M = S_P S_B \cos \angle MS_P S_B$,对观测站 $R$ 来说 $URE_R = S_P S_R = S_P S_B \cos \angle RS_P S_B$。因为 $\angle MS_P S_B < \angle RS_P S_B$,所以 $S_P S_M > S_P S_R$。由此可知 URE 的取值和卫星半张角有关。受此影响,在卫星覆盖地球范围内不同位置,URE 值大小不一致。

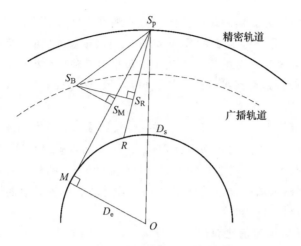

图 3.29　空间信号 URE 示意图

如图 3.30 所示,卫星对地覆盖半张角为 $\alpha$,卫星覆盖区域形成的球冠对地心的张角 $\beta_{\max} = \dfrac{\pi}{2} - \alpha = \arccos\dfrac{D_e}{D_s}$。假设用户在卫星覆盖范围形成的球冠上均匀分布,则可以在卫星覆盖范围内均匀分布的大量空间点处评估瞬时 URE 值,然后将全局平均 URE 值计算为每个空间点处的瞬时 URE 值的均方根值,即 $R$、$A$、$C$ 三个方向的卫星轨道误差的投影系数满足:

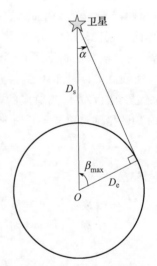

图 3.30　卫星最大覆盖范围

$$\begin{cases} \lambda_R = \dfrac{1}{S_\Sigma} \iint\limits_{\Sigma} \left( \dfrac{\boldsymbol{R} \cdot \boldsymbol{\rho}}{|\boldsymbol{R}||\boldsymbol{\rho}|} \right)^2 \mathrm{d}S \\[2mm] \lambda_A = \dfrac{1}{S_\Sigma} \iint\limits_{\Sigma} \left( \dfrac{\boldsymbol{A} \cdot \boldsymbol{\rho}}{|\boldsymbol{A}||\boldsymbol{\rho}|} \right)^2 \mathrm{d}S \\[2mm] \lambda_C = \dfrac{1}{S_\Sigma} \iint\limits_{\Sigma} \left( \dfrac{\boldsymbol{C} \cdot \boldsymbol{\rho}}{|\boldsymbol{C}||\boldsymbol{\rho}|} \right)^2 \mathrm{d}S \end{cases} \qquad (3.184)$$

式中:$\boldsymbol{R}$、$\boldsymbol{A}$、$\boldsymbol{C}$、$\boldsymbol{\rho}$ 分别为卫星轨道 $R$、$A$、$C$ 方向和卫星到用户观测方向的方向矢量;$\Sigma$ 为卫星覆盖区域构成的球面;$S_\Sigma$ 为覆盖区域的面积。

不考虑卫星截止仰角,将北斗卫星高度和地球半径代入式(3.184)可计算得到北斗 MEO 卫星和 GEO/IGSO 卫星的 URE 计算公式分别为

$$\mathrm{URE}_{\mathrm{BDS(MEO)}} = \sqrt{(cT)^2 + 0.9631R^2 + 0.0184(A^2 + C^2)} \qquad (3.185)$$

$$\mathrm{URE}_{\mathrm{BDS(GEO/IGSO)}} = \sqrt{(cT)^2 + 0.9842R^2 + 0.0079(A^2 + C^2)} \qquad (3.186)$$

## 3.5.4　电离层延迟处理业务测试与评估

地面运控系统电离层延迟处理业务主要为主控站信息处理系统根据时间同步/

注入站,外场监测站、并置监测站的监测接收机观测信息、接收的导航电文信息、气象观测信息、工况信息等进行 8 参数 Klobuchar 电离层模型[28]和 9 参数低阶球谐电离层模型计算[9]。对该项业务的测试评估主要包括对其输出数据(电离层 8 参数、9 参数)的测试评估,验证地面运控系统主控站电离层数据处理算法的可行性,验证电离层改正模型的精度。

将服务区划分为 1°×1°(或 5°×5°)的格网,选取全球分布的若干个格网点作为测试点;将选取的此若干点的经纬度分别代入 Klobuchar 模型公式,每半小时计算一整天电离层延迟改正 $I_i$,与理论模型按 1°×1°(或 5°×5°)的格网对应的格网和时刻进行差值比较,测试电离层改正模型精度。可采用以下方法对地面运控系统电离层延迟处理业务的数据进行测试评估。

### 3.5.4.1 仿真理论值比较法

根据地面运控系统主控站信息处理系统的 8 参数或 9 参数计算各格网点的电离层垂直延迟值,与地面运控系统测试保障分系统获取的各格网点的电离层垂直延迟理论值相比较,计算 8 参数 Klobuchar 模型或 9 参数球谐模型的电离层垂直延迟误差,统计电离层格网垂直延迟改正的百分比。

设在 $t$ 时刻,由电离层延迟改正模型参数计算的第 $M$ 号格网点电离层垂直延迟改正为 $I_z(t,M)$,其对应的格网点电离层垂直延迟理论为 $I_z(t,M)_0$,则此格网点在 $t$ 时刻的格网点电离层垂直延迟误差为

$$\begin{cases} \Delta I_z(t,M) = I_z(t,M) - I_z(t,M)_0 \\ \mathrm{Mean}\Delta I_z(t,M) = \dfrac{\sum\limits_{i=1}^{m} \Delta I_z(t,M)}{m} \\ \sigma_m = \sqrt{\dfrac{\sum\limits_{i=1}^{m} d\tau_i^2}{m}} \end{cases} \tag{3.187}$$

设测试 $N$ 个历元,$t = t_1, t_2, \cdots, t_N$,一般时间跨度为 24h,第 $M$ 号格网点的电离层垂直延迟平均误差为

$$\mathrm{Mean}\Delta I_z(t,M) = \dfrac{\sum\limits_{i=1}^{N} \Delta I_z(t_i,M)}{N} \tag{3.188}$$

电离层垂直延迟改正误差均方差为

$$\sigma = \sqrt{\dfrac{\sum\limits_{M=1}^{m}\sum\limits_{i=1}^{N} \Delta I_z(t_i,M)}{m}} \tag{3.189}$$

式中:$m$ 为格网点个数。

统计的垂直延迟改正百分比为

$$percent = 1 - \sqrt{\frac{1}{n}\sum_{i=1}^{n}\left(\frac{\Delta I_z(t,M)_i}{I_z(t,M)_0}\right)^2} \qquad (3.190)$$

式中:$n$ 为格网点数。

### 3.5.4.2　残差分析法

应用电离层的三角级数模型、球函数模型和多项式模型等计算格网点的电离层垂直延迟,存在电离层观测数据的计算残差,对观测数据计算残差进行是否服从正态分布的假设检验,并统计均方差。如不服从正态分布,则利用最小二乘法估计该颗卫星观测数据残差中的剩余系统误差。

### 3.5.4.3　第三方数据比较法

将 IGS 站的观测数据进行处理后输入到地面运控系统,由地面运控系统进行数据处理,根据输出的 8 参数或 9 参数计算各格网点的电离层垂直延迟值,与欧洲定轨中心(CODE)发布的全球电离层模型(GIM)中提取的 VTEC 值进行比较,计算格网点的电离层垂直延迟误差,统计电离层格网垂直延迟改正的百分比。

## 3.5.5　广域差分业务测试与评估

广域差分业务指主控站根据时间同步/注入站、外场监测站、并置监测站的北斗监测接收机观测信息、接收的导航电文信息、气象观测信息、工况信息等进行广域差分改正相关计算,生成广域差分卫星星历改正、广域差分卫星钟差慢变改正、格网点电离层垂直延迟改正等广域差分改正信息。其中,广域差分卫星星历改正、广域差分卫星钟差慢变改正是对卫星星历和钟差的残余误差的进一步修正,称为等效钟差改正数。对该项业务的测试评估主要包括对其输出数据的测试评估,验证地面运控系统广域差分改正算法的可行性及其精度。

1)广域差分卫星钟差慢变改正测试

采用与理论值比较的外符合方法对北斗卫星广域差分卫星钟差慢变改正处理业务的数据进行测试评估如下。

首先根据主控站输出的卫星钟差参数、卫星钟差改正值和卫星钟差改正变化率计算卫星钟差,然后根据主控站输出的广域差分卫星钟差改正值(卫星钟差改正值和卫星钟差改正变化率)对卫星钟差进行修正,最后将修正后的卫星钟差与理论值进行比较,给出评估结果,测试广域差分卫星钟差慢变改正精度。

由导航电文中给出卫星钟差参数和卫星钟差慢变改正数,可以计算任意 $t_k$ 历元的广域差分卫星钟差改正误差,即

$$\delta t_k = a_0 + a_1(t_k - t_{oc}) + a_2(t_k - t_{oc})^2 + A_0 + A_1(T - t_k) - \Delta t_r \qquad (3.191)$$

式中:$a_0$、$a_1$ 和 $a_2$ 分别为卫星钟差、频率误差和半加速度参数;$A_0$ 和 $A_1$ 卫星对应 $T$ 时刻的卫星钟差慢变参数;$\Delta t_r$ 为星载时钟相对论效应参差项,由下式计算

$$\Delta t_r = Fe(A)^{\frac{1}{2}} \sin E_k \qquad (3.192)$$

星地时间同步误差序列及其均方根误差统计可以表示为

$$\begin{cases} e_{cl,k} = \delta t_k - \delta t_{0k} \\ \\ \sigma_{cl,m} = \sqrt{\dfrac{\sum\limits_{i=1}^{m} e_{cl,i}^2}{m}} \end{cases} \qquad (3.193)$$

式中:$\delta t_{0k}$ 为卫星钟差理论值;$m$ 为测试历元数。

2) 广域差分卫星星历改正测试

采用与理论值比较的外符合方法对北斗卫星广域差分卫星星历改正处理业务的数据进行测试评估如下。

首先根据主控站输出的广播星历计算卫星轨道(位置和速度),然后根据主控站输出的广域差分卫星星历改正参数对其进行修正,最后将修正后的值与卫星理论轨道值进行比较,输出位置和速度误差,并计算 URE,测试广域差分卫星钟差改正精度。

卫星位置、速度误差的计算方法同地面运控系统精密定轨与星历预报处理业务。

3) 格网点电离层垂直延迟改正

采用与理论值比较的外符合方法对北斗卫星格网点电离层垂直延迟改正业务进行测试评估如下。

地面运控系统输出格网点电离层垂直延迟改正参数,将其与格网点的电离层垂直延迟改正参数的理论值进行比较,计算格网点的电离层垂直延迟误差,并统计格网点电离层垂直延迟改正的百分比。

设某一格网点电离层垂直延迟为 $d\tau_m$,其格网点电离层垂直延迟理论为 $d\tau_{0m}$,则此格网点的格网点电离层垂直延迟误差、误差的均值和均方差分别为

$$\begin{cases} \Delta d\tau_m = d\tau_m - d\tau_{0m} \\ \\ \text{Mean}\Delta d\tau_m = \dfrac{\sum\limits_{i=1}^{m} \Delta d\tau_i}{m} \\ \\ \sigma_m = \sqrt{\dfrac{\sum\limits_{i=1}^{m} d\tau_i^2}{m}} \end{cases} \qquad (3.194)$$

式中:$m$ 为格网点数。

统计的垂直延迟改正百分比为

$$\text{percent} = 1 - \sqrt{\frac{1}{n}\sum_{i=1}^{n}\left(\frac{\Delta d\tau_{mi}}{d\tau_{m0}}\right)^2} \qquad (3.195)$$

式中:$n$ 为格网点数。

### 3.5.6　自主导航业务测试与评估

#### 3.5.6.1　星座自主定轨结果测试与评估

设 $X_T^I(t_k)$ 为卫星 $I$ 在 $t_k^I$ 的理论轨道,设 $X_E^I(t_k)$ 为卫星 $I$ 在 $t_k$ 的估计轨道,则卫星轨道误差系列为

$$\Delta_T^I(t_k) = X_T^I(t_k) - X_E^I(t_k) \qquad (3.196)$$

对于单颗有效卫星 $I$,定轨均方差为

$$\Sigma^I = \pm \sqrt{\frac{\sum_{k=1}^{N^I} |\Delta^I(t_k)|}{N^I}}$$

式中:$N^I$ 为卫星 $I$ 统计卫星轨道误差均方差的历元数。

对于整个星座,定轨均方差为

$$\Sigma = \pm \sqrt{\frac{\sum_{I=1}^{N_{SAT}} \sum_{k=1}^{N^I} |\Delta^I(t_k)|}{\sum_{I=1}^{N_{SAT}} N^I}}$$

式中:$N_{SAT}$ 为星座中有效卫星的个数。

也可将卫星轨道误差 $\Delta_T^I(t_k)$ 系列转换到卫星轨道的 RTN 坐标系中。在计算单颗卫星的 URE 时,引入 RTN 方向上的加权因子 $P_R^{-1}$、$P_T^{-1}$ 和 $P_N^{-1}$,即

$$URE(i) = \sqrt{\frac{(P_R^{-1} \cdot R_{ERR}(i)\cos\alpha)^2 + (P_T^{-1} \cdot T_{ERR}(i)\sin\alpha)^2 + (P_N^{-1} \cdot N_{ERR}(i)\sin\alpha)^2}{P_R^{-1} + P_T^{-1} + P_N^{-1}}}$$

式中:$P_R$、$P_N$、$P_T$ 分别是协方差矩阵中径向、法向和迹向数值。

在计算星座 URE 时,针对含有中圆地球轨道(MEO)、地球静止轨道(GEO)和倾斜地球同步轨道(IGSO)组合的导航星座引入加权因子 $\alpha(i)$,$\beta(j)$ 和 $\gamma(k)$,即

$$URE_{constellation} = \sqrt{\frac{\sum_{i=1}^{N_1} \alpha(i)URE_{MEO}^2(i) + \sum_{j=1}^{N_2} \beta(j)URE_{GEO}^2(j) + \sum_{k=1}^{N_3} \gamma(k)URE_{IGSO}^2(k)}{\sum_{i=1}^{N_1} \alpha(i) + \sum_{j=1}^{N_2} \beta(j) + \sum_{k=1}^{N_3} \alpha(k)}}$$

$$(3.197)$$

$\alpha(i) = P_{MEO}^{-1}(i)$,$\beta(j) = P_{GEO}^{-1}(j)$,$\gamma(k) = P_{IGSO}^{-1}(k)$,其中 $P^{-1} = P_R^{-1} + P_N^{-1} + P_T^{-1}$ 分别代表 3 种卫星轨道类型在 RTN 方向上的定轨方差。

也可以利用定轨观测残差,统计单颗有效卫星 $I$ 的定轨中误差

$$s_0^I = \pm \sqrt{\frac{\sum\limits_{k=1}^{N^I} v_I^2(t_k)}{M - N_\mathrm{S}}}$$

式中：$v_I(t_k)$ 是卫星 $I$ 在 $t_k$ 的定轨观测残差；$M$ 是观测数据的个数；$N_\mathrm{S}$ 是轨道确定过程中待估计参数的个数。

对于整个星座，定轨中误差为

$$s_0 = \pm \frac{\sqrt{\sum\limits_{I=1}^{N_{\mathrm{SAT}}} \sum\limits_{k=1}^{N^I} v_I^2(t_k)}}{\sqrt{\sum\limits_{I=1}^{N_{\mathrm{SAT}}} N^I}}$$

然而上面基于定轨误差系列和残差系列统计的定轨均方差和定轨中误差只是反映了定轨误差。当存在星座的旋转误差时，统计的定轨均方差和定轨中误差会大一些；但反过来，上述方差和误差大了，并不一定存在旋转误差。下面从相关性分析讨论是否存在旋转误差。

### 3.5.6.2　基于相关性分析检验旋转误差

当存在星座的旋转误差时，各颗卫星的定轨误差系列 $X_\mathrm{E}^I(t_k)$ 会存在同样的误差，也就是说旋转误差会映射到卫星 $I$ 的定轨误差系列 $X_\mathrm{E}^I(t_k)$ 与卫星 $J$ 的定轨误差系列 $X_\mathrm{E}^J(t_k)$ 之中，它们之间就产生了相关性。同样，当有地面锚固站观测时，各颗卫星的星地观测定轨残差 $v_I(t_k)$ 也存在相关性。下面以 $Y_I(t_k)$ 代表卫星 $I$ 定轨误差系列 $X_\mathrm{E}^I(t_k)$ 或星地观测定轨残差 $v_I(t_k)$、$Y_J(t_k)$ 代表卫星 $J$ 定轨误差系列 $X_\mathrm{E}^J(t_k)$ 或星地观测定轨残差 $v_J(t_k)$。

从两变量线性相关及其回归分析关系看，确立两个变量相关的方向及其联系的密切程度是建立一元线性回归模型的前提，即只有当两个变量存在线性相关关系，或者只有存在高度线性相关关系时，考虑建立两个变量的一元线性回归模型才有意义。所以，当通过样本数据计算出两变量间的线性相关系数之后，通常要对其线性相关程度进行统计检验，即选取适当的统计量，在给定显著性水平下，检验统计量取值的显著性。由此产生了一元回归模型分析中的第一种统计检验——相关系数检验。

假定变量 $Y_I(t_k)$ 与变量 $Y_J(t_k)$ 之间的线性相关系数为 $\rho$，$-1 \leq \rho \leq 1$。通过样本数据 $(Y_I(t_k), Y_J(t_k))$，$k = 1,2,3,\cdots,N^I$，计算变量 $Y_I(t_k)$ 与变量 $Y_J(t_k)$ 的样本相关系数（即 Pearson 系数）为

$$\rho^{I,J} = \frac{\sum\limits_{k=1}^{N^I} Y_I(t_k) \cdot Y_J(t_k)}{\sqrt{\sum\limits_{k=1}^{N^I} [Y_I(t_k) - \overline{Y}_I]^2} \sqrt{\sum\limits_{k=1}^{N^I} [Y_J(t_k) - \overline{Y}_J]^2}} \tag{3.198}$$

式中：$\overline{Y}_I$ 和 $\overline{Y}_J$ 分别为卫星 $I$ 和 $J$ 变量系列的平均值。

设原假设与备择假设分别为 $H_0:\rho$；$H_1:\rho \neq 0$。选取 $t$ 为检验统计量：

$$t = \frac{\rho\sqrt{n-2}}{\sqrt{1-\rho^2}}$$

可以证明：在原假设 $H_0:\rho=0$ 为真时，

$$t = \frac{\rho\sqrt{n-2}}{\sqrt{1-\rho^2}} \sim t(n-2)$$

当备择假设为 $H_1:\rho \neq 0$ 成立时，说明卫星 $I$ 和 $J$ 的轨道是相关的，当统计星座中所有的两两卫星误差系列都存在相关性时，说明星座存在旋转误差。

从一元线性回归方程的建立看，当变量 $Y_I(t_k)$ 与变量 $Y_J(t_k)$ 之间存在高度线性相关关系且进行回归分析时，必须先通过定性分析，在变量 $Y_I(t_k)$ 与变量 $Y_J(t_k)$ 之间区分出自变量和因变量。不妨以变量 $Y_I(t_k)$ 为自变量、变量 $Y_J(t_k)$ 为因变量，并设它们之间的线性表达式为 $y=a+bx+\varepsilon$（为表述方便起见，后面均用 $y$ 替代变量 $Y_J(t_k)$，以 $x$ 替代变量 $Y_I(t_k)$），并假定 $\varepsilon \sim N(0,\delta^2)$。再通过统计获得相应的样本数据 $(x_1,y_1),(x_2,y_2),\cdots,(x_N,y_N)$，且假定满足

$$y_i = a+bx_i+\varepsilon_i \qquad \varepsilon_i = \varepsilon_1,\varepsilon_2,\cdots,\varepsilon_N$$

相互独立。

在此假定下，可以推出 $y_i \sim N(a+bx_i,\delta^2)$，以及 $y_1,y_2,\cdots,y_N$ 相互独立。再利用最小二乘法（LS）或极大似然估计法，均可求得线性表达式 $y=a+bx+\varepsilon$ 中参数 $a,b$ 的点估计为

$$\hat{b} = \frac{\sum\limits_{i=1}^{N}(x_i-\bar{x})\cdot(y_i-\bar{y})}{\sum\limits_{i=1}^{N}(x_i-\bar{x})^2}$$

$$\hat{a} = \bar{y} - \hat{b}\bar{x}$$

从而，根据样本数据 $(x_1,y_1),(x_2,y_2),\cdots,(x_N,y_N)$ 求出一元线性回归方程

$$\bar{y} = a + \hat{b}\bar{x}$$

显然，只要 $y=a+bx+\varepsilon$ 中变量 $x$ 的系数 $b \neq 0$，就表明变量 $x$ 和变量 $y$ 线性相关。然而，从实际的数据来看，对于变量 $x$ 和变量 $y$ 的任意一组取值，甚至当变量 $x$ 和变量 $y$ 不存在任何关系时，利用上式求出参数 $b$ 的点估计值 $\hat{b}=0$ 的可能性也非常小。也就是说，一旦通过样本计算出参数 $b$ 的点估计值 $\hat{b} \neq 0$，还不能由此推出变量 $x$ 和变量 $y$ 真的线性相关，还必须对其作进一步的统计检验。由此产生了一元线性回归模型分析中的第 2 种统计检验——对一元线性回归模型中变量系数（参数）的统计检验。

根据假设检验的基本理论，设原假设与备择假设分别为

$$H_0 : b , H_1 : b \neq 0$$

选取

$$t = \frac{\hat{b}}{\hat{\delta}} = \hat{b} \Big/ \frac{s_y}{l_x}$$

为检验统计量,可以证明:在 $H_0 : b = 0$ 为真时,有

$$t = \frac{\hat{b}}{\hat{\delta}} = \hat{b} \Big/ \frac{s_y}{l_x} \sim t(n-2)$$

式中

$$s_y = \sqrt{\frac{\sum_{i=1}^{N} (y_i - \hat{y})^2}{n-2}} ; l_x = \sum_{i=1}^{N} (x_i - \hat{x})^2$$

当备择假设为 $H_1 : b \neq 0$ 成立时,说明卫星 $I$ 和 $J$ 的轨道是相关的,当统计星座中所有的两两卫星误差系列都存在相关性时,说明星座存在旋转误差。

实际上,线性相关系数统计检验与回归系数统计检验是等价的,其等价性主要体现在如下两方面。

(1) 在 $H_0 : \rho = 0$ 与 $H_0 : b = 0$ 为真时,统计量

$$t = \frac{\hat{b}}{\hat{\delta}} = \hat{b} \Big/ \frac{s_y}{l_x}$$

$$t = \frac{\rho \sqrt{n-2}}{\sqrt{1 - \rho^2}}$$

都服从自由度为 $n-2$ 的 $t$ 分布。这是这两个检验具有等价性的一个方面,即检验统计量分布的等价性。

(2) 可以证明两变量间线性相关和回归系数检验统计量,对于同一样本数据,具有取值上的等同性,即

$$\frac{\rho \sqrt{n-2}}{\sqrt{1-\rho^2}} = \frac{\hat{b}}{\hat{\delta}} = \hat{b} \Big/ \frac{s_y}{l_x}$$

但对于导航卫星星座,存在多颗卫星,每颗卫星都存在误差系列,需要基于多元线性回归模型研究多变量的相关性。不妨设多元线性回归模型为

$$y_i = \beta_0 + \beta_1 x_1 + \beta_2 x_1 + \cdots + \beta_k x_k + \varepsilon \qquad k \geq 2$$

对于任意一组样本数据

$$(x_{11}, x_{21}, \cdots, x_{k1}), (x_{12}, x_{22}, \cdots, x_{k2}), \cdots, (x_{1n}, x_{2n}, \cdots, x_{kn})$$

采用普通最小二乘法或极大似然估计法,同样可以分别求得模型中参数估计

$$\hat{\beta}_0, \hat{\beta}_1, \hat{\beta}_2, \cdots, \hat{\beta}_k$$

而且它们都几乎不会为零。也就是说,同一元线性回归一样,必须对模型中每一个变量 $x_i(i=1,2,\cdots,k)$ 的系数(参数) $\beta_i$ 进行统计检验。

假定其他变量取值不变,检验 $H_0:\beta_i=0$;$H_1:\beta_i\neq0$,$i=1,2,\cdots,k$,并计算统计量

$$t=\frac{\hat{\beta}_i}{\hat{\delta}}$$

且在 $H_0:\beta_i=0$ 为真时,统计量

$$t=\frac{\hat{\beta}_i}{\hat{\delta}}\sim t(n-k-1)\qquad i=1,2,\cdots,k;k\geqslant2$$

式中: $\hat{\delta}$ 为多元线性回归分析中的估计标准误差。

但是,在多元线性回归分析中,仅对回归方程中的参数进行独立的统计检验是不够的,还必须对方程本身(或者说把所有自变量看作一个整体)进行统计检验。这是因为即使多元线性回归方程中的每一个自变量均与因变量线性相关,即均能通过单个参数的检验,也并不能保证所选自变量整体对因变量的解释程度显著(或者说也不能保证所选自变量的整体能对因变量做出较为全面的解释)。因此,还必须对因变量与所选自变量的整体间的关系进行检验,并由此产生了第 3 种检验——一元回归模型整体显著性检验,根据假设检验的基本理论,设原假设与备择假设分别为

$$H_0:\beta_1=\beta_2=\cdots=\beta_k=0,\quad H_1:\beta_0,\beta_1,\beta_2,\cdots,\beta_k$$

式中:备择假设 $H_1$ 中各元素不全相等。

选取 $F=(n-k-1)S_r/S_e$ 为检验统计量,且在 $H_0:\beta_1=\beta_2=\cdots=\beta_k=0$ 为真时,可以证明:

$$F=(n-k-1)S_r/S_e\sim F(k,n-k-1)$$

式中: $S_e=\sum_{i=1}^{n}(y_i-\hat{y}_i)^2$; $S_r=\sum_{i=1}^{n}(\hat{y}-\bar{y})^2$。

当对所有的卫星备择假设 $H_1:\beta_0,\beta_1,\beta_2,\cdots,\beta_k$ 中各元素不全相等,尤其对所有的卫星存在下列情况

$$H_1:\beta_i>0\qquad i=1,2,\cdots,k;\ k\geqslant2$$

时,就要考虑定轨过程中存在旋转误差,需要重新考虑整网定轨或自主定轨方案。

## 参考文献

[1] 李济生. 人造卫星精密轨道确定[M]. 北京:解放军出版社,1995.

[2] LICHTEN S M, BORDER J S. Strategies for high-precision global positioning system orbit determination [J]. Journal of Geophysical Research, 1987, 92(B12): 12751-12762.

[3] 杨俊,黄文德,陈建云,等. 卫星导航系统建模与仿真[M]. 北京:科学出版社,2016.

[4] International Astronomical Union. Standards of fundamental astronomy-SOFA tools for earth attitude [EB/OL]. (2007-08-01)[2019-03-30]. http://www.iau-sofa.rl.ac.uk/.

[5] 周杨森,王玲,黄文德.一种适用于导航卫星自主运行的高精度光压模型[J].天文学进展, 2015,33(4):521-530.

[6] 焦月,寇艳红.GPS卫星钟差分析、建模及仿真[J].中国科学:物理学、力学、天文学,2011,41 (5):596-601.

[7] ALLAN D W. Time and frequency (time-domain) characterization, estimation, and prediction of precision clocks and oscillators [J]. IEEE Transactions on Ultrasonics, Ferroelectrics, and Frequency Control, 1987, 34(6): 647-654.

[8] 吕慧珠,黄文德,闻德保.一种基于频谱分析和 AR 补偿的对流层延迟预报模型[J].大地测量与地球动力学,2015,35(2):283~286,308.

[9] 康娟,王玲,黄文德.一种基于系数择优的低阶球谐电离层延迟改正模型[J].空间科学学报, 2015,35(2):159~165.

[10] 张利云,黄文德,明德祥,等.多路径效应分段仿真方法[J].大地测量与地球动力学,2015, 35(1):106~110.

[11] 彭海军,王玲,黄文德,等.一种虚实结合的星间链路组网地面试验验证框架[J].航天控制, 2016,34(2):31~37,43.

[12] 杨俊,范丽,明德祥,等.卫星导航地面试验验证的平行系统方法[J].宇航学报,2015,36 (2):165~172.

[13] 杨俊,黄文德,等,全球卫星导航系统星间链路虚实结合试验验证方法:201710045148.0 [P]. 2017-01-19.

[14] ZHOU YIFAN, WANG YUEKE, HUANG WENDE, et al. In-orbit performance assessment of BeiDou inter-satellite-link ranging [J]. GPS Solutions, 2018(22): 119.

[15] SUN LEYUAN, WANG YUEKE, HUANG WENDE, et al. Inter-satellite communication and ranging link assignment for navigation satellite systems [J]. GPS Solutions, 2018,22(2):38.

[16] XIAO ZHENGUO, HUANG WENDE, YANG JUN, et al. A precision evaluation method for intersatellite link measurement of Ka band based on SLR [J]. Lecture Notes in Electrical Engineering, 2016, 388(2016 CSNC):459~467.

[17] 杨元喜,任夏.自主卫星导航的空间基准维持[J].武汉大学学报(信息科学版),2018,43 (12):1780-1787.

[18] 郭海荣.导航卫星原子钟时频特性分析理论与方法研究[D].郑州:解放军信息工程大学,2006.

[19] 郭海荣,杨元喜.导航卫星原子钟时域频率稳定性影响因素分析[J].武汉大学学报(信息科学版),2009,34(2):218-221.

[20] HOWE D A, BEARD R L, GREENHALL C A, et al. Enhancements to GPS operations and clock evaluations using a "total" hadamard deviation [J]. IEEE Transactions on Ultrasonics, Ferroelectrics, and Frequency Control, 2005, 52(8): 1253-1261.

[21] 盛传贞,甘卫军,赵春梅,等.不同观测技术的 Jason-2 卫星精密定轨评估[J].测绘学报, 2014,43(8):796-802,817.

[22] 田英国,郝金明,谢建涛,等. Swarm 卫星星载 GPS 精密定轨方法及精度分析[J]. 测绘科学技术学报,2016,33(5):452-457.

[23] 周建华,陈刘成,胡小工,等. GEO 导航卫星多种观测资料联合精密定轨[J]. 中国科学:物理学 力学 天文学,2010,40(5):520-527.

[24] 周善石,胡小工,吴斌. 区域监测网精密定轨与轨道预报精度分析[J]. 中国科学:物理学 力学 天文学,2010,40(6):800-808.

[25] 陆铁材,高成发,郭奇. 结合 IGS 分析中心产品的轨道综合算法及其精度分析[J]. 测绘通报,2018(5):11-15 +34.

[26] GRIMES J G. Global positioning system standard positioning service performance standard[R]. Washington, DC, USA: US Department of Defense, 2008.

[27] 刘瑞华,董立尧,翟显. 北斗卫星导航系统空间信号用户测距误差计算方法研究[J]. 中国空间科学技术, 2017, 37(4): 41-48.

[28] 章红平. 基于地基 GPS 的中国区域电离层监测与延迟改正研究[D]. 上海:中国科学院研究生院(上海天文台),2006.

# 第4章 RDSS 仿真测试方法

与 RNSS 不同,RDSS 需要用户向中心站测量控制中心(MCC)发送定位请求,中心站进行处理后,再向用户发送定位结果。其特点是简化了空间段和用户段,将主要功能集中在中心站[1]。本章针对中心站 RDSS 的仿真测试问题,首先根据 RDSS 的特点,给出 RDSS 测试数据仿真方法,重点对大容量用户进行建模与仿真。然后,给出测试数据驱动 RDSS 测试的方法。最后,讨论 RDSS 各项功能与指标的评估方法。

## 4.1 RDSS 主要业务及其测试需求概述

### 4.1.1 RDSS 定位

北斗二号 RDSS 定位中,空间段采用两颗 GEO 卫星作为信号转发卫星,并基于三球交汇原理在主控站测量控制中心解算用户位置信息[2]。北斗二号体制和北斗三号体制下均可进行传统双星定位,二者的观测数据生成原理相同,仅在信号体制上存在差别。RDSS 双星定位系统信号传播及测量如图 4.1 所示。

主控站测量控制中心通过 GEO 卫星 $S_1$ 发射用于询问的标准时间信号,当用户在 $t_2$ 时刻接收到该信号时,发射应答信号,经两颗 GEO 卫星 $S_1$、$S_2$ 分别回到主控站测量控制中心,由主控站测量控制中心分别测量出由卫星 $S_1$、$S_2$ 返回的信号时间延迟量。由于卫星 $S_1$、$S_2$ 在各时刻的位置已知,在数据处理过程中,考虑上述信号传输过程中卫星 $S_1$、$S_2$ 的相对运动,及主控站测量控制中心、卫星 $S_1$、$S_2$ 转发器的传输延迟、用户机的传输延迟和电离层、对流层的影响,从而可获得用户至两颗卫星之间的距离量,构成的基本观测量可用如下公式表示:

$$\rho_1 = D_{c1}(t_1) + c\delta t_{S_1}(t_1) + D_{u_1}(t_1) + c\delta t_{u_1}(t_2) + d_{u_1}(t_3) + \\ c\delta t_{S_1}(t_3) + d_{c_1}(t_3) + \delta t_{c_1 O} + \delta t_{c_1 I} + \varepsilon \tag{4.1}$$

$$\rho_2 = D_{c1}(t_1) + c\delta t_{S_1}(t_1) + D_{u_1}(t_1) + c\delta t_{u}(t_2) + d_{u_2}(t_4) + \\ c\delta t_{S_2}(t_4) + d_{c_2}(t_4) + \delta t_{c_2 O} + \delta t_{c_2 I} + \varepsilon \tag{4.2}$$

式中:$\rho_1$ 为由主控站测量控制中心发出的出站信号经卫星 $S_1$ 转发至用户机,用户机接收到该信号并发射应答信号经卫星 $S_1$ 转发,回到主控站测量控制中心的总距离;$\rho_2$ 为由主控站测量控制中心发出的出站信号经卫星 $S_1$ 转发至用户机,用户机接收到该信号并发射应答信号经卫星 $S_2$ 转发,回到主控站测量控制中心的总距离;$t_1$ 为卫星 $S_1$ 接

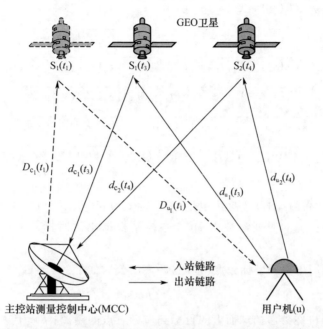

图 4.1　传统双星定位信号传播及测量过程示意图(见彩图)

收地面主控站测量控制中心询问信号并转发信号的时刻;$t_2$为用户机接收卫星 $S_1$ 的询问信号时刻;$t_3$为卫星 $S_1$ 转发用户应答信号时刻;$t_4$为卫星 $S_2$ 转发用户应答信号时刻;$\delta t_{S_1}(t_1)$为卫星出站转发器的设备时延;$\delta t_{S_1}(t_3)$为卫星 $S_1$ 的入站转发器的设备时延;$\delta t_{S_2}(t_4)$为卫星 $S_2$ 的入站转发器的设备时延;$\delta t_u(t_2)$为用户机转发信号的时延;$\delta t_{c_{10}}$为地面主控站测量控制中心至卫星 $S_1$ 出站链路设备时延;$\delta t_{c_{1I}}$为地面主控站测量控制中心至卫星 $S_1$ 入站链路设备时延;$\delta t_{c_{2I}}$为地面主控站测量控制中心至卫星 $S_2$ 入站链路设备时延;$c$ 为光速;$D_{c_1}(t_1)$为第一颗卫星 $S_1$ 至地面主控站测量控制中心的距离;$D_{u_1}(t_1)$为第一颗卫星 $S_1$ 至用户的距离;$d_{u_1}(t_3)$为由用户机返回第一颗卫星 $S_1$ 的距离;$d_{u_2}(t_4)$为用户返回卫星 $S_2$ 的距离;$d_{c_1}(t_3)$为用户返回地面主控站测量控制中心时,卫星 $S_1$ 至地面主控站测量控制中心的距离;$d_{c_2}(t_4)$为用户返回地面主控站测量控制中心时,卫星 $S_2$ 至地面主控站测量控制中心的距离;$\varepsilon$ 为各种因素造成的测量误差。

信号在设备中的时延可以精确测定,所以对信号的接收与发射的时差为已知。各类测量误差(如电离层、对流层等)可通过模型进行计算,可参见第 3 章相关部分,此处不再赘述。信号经卫星出站再经用户入站的转发时间在几百毫秒级,考虑卫星的运动,在图 4.1 中卫星 $S_1$ 的位置相对拉开了。各级距离用点坐标表示如下:

$$\begin{cases} d_{u_1}(t_3) = \sqrt{\left[X^{S_1}(t_3) - X_u(t_2)\right]^2 + \left[Y^{S_1}(t_3) - Y_u(t_2)\right]^2 + \left[Z^{S_1}(t_3) - Z_u(t_2)\right]^2} \\ d_{c1}(t_3) = \sqrt{\left[X^{S_1}(t_3) - X_c\right]^2 + \left[Y^{S_1}(t_3) - Y_c\right]^2 + \left[Z^{S_1}(t_3) - Z_c\right]^2} \\ d_{u_2}(t_4) = \sqrt{\left[X^{S_2}(t_4) - X_u(t_2)\right]^2 + \left[Y^{S_2}(t_4) - Y_u(t_2)\right]^2 + \left[Z^{S_2}(t_4) - Z_u(t_2)\right]^2} \\ d_{c_2}(t_4) = \sqrt{\left[X^{S_2}(t_4) - X_c\right]^2 + \left[Y^{S_2}(t_4) - Y_c\right]^2 + \left[Z^{S_2}(t_4) - Z_c\right]^2} \\ D_{c_1}(t_1) = \sqrt{\left[X^{S_1}(t_1) - X_c\right]^2 + \left[Y^{S_1}(t_1) - Y_c\right]^2 + \left[Z^{S_1}(t_1) - Z_c\right]^2} \\ D_{u_1}(t_1) = \sqrt{\left[X^{S_1}(t_1) - X_u(t_2)\right]^2 + \left[Y^{S_1}(t_1) - Y_u(t_2)\right]^2 + \left[Z^{S_1}(t_{21}) - Z_u(t_2)\right]^2} \end{cases}$$

$$(4.3)$$

式中:$X$、$Y$、$Z$ 为位置坐标,上标为卫星号,下标 c 为 MCC,下标 u 为用户机。

计算卫星位置的时间参数由 MCC 主控站根据出站时标和测量的距离和分离出来。

准确描述用户机到坐标原点(地心)距离的公式如下:

$$\rho_3 = r + h\cos\theta \tag{4.4}$$

式中:$r$ 为用户机在参考椭球面上的投影到坐标原点的距离;$h$ 为用户机所在点的大地高;$\theta$ 为用户机所在点的矢径与参考椭球法线的夹角。

存在关系式:

$$r + h\cos\theta = \sqrt{(X_u)^2 + (Y_u)^2 + (Z_u)^2} \tag{4.5}$$

以上给出了用户响应卫星 $S_1$ 的询问信号,并向两颗卫星发射应答信号的情况。同样可以给出用户响应卫星 $S_2$ 询问信号,并向两颗卫星发射应答信号的表达式,只不过将卫星向两颗卫星发射应答信号的标号与卫星 $S_2$ 标号互换而已。

北斗 RDSS 也是采用三球定位原理进行用户位置的计算,在 RDSS 测量的基础上,利用式(4.1)~式(4.5)构成用户定位求解方程,即可解算得到用户的位置。为了将用户的发射信号控制到合适的水平,即将既能满足 MCC 测量及解调需要,又能使 CDMA 系统用户间干扰最小,用户可接收两颗卫星的询问信号进行时差测量,按最低功率响应其中一颗卫星的询问信号。此时,只能有一颗卫星的返回信号构成测距方程,同样可以恢复出可供定位的方程组。

对方程组进行线性化后,得

$$\begin{cases} e_x^1(t_3)\delta x + e_y^1(t_3)\delta y + e_z^1(t_3)\delta z + F\left[r^1(t_1), r^1(t_3),\right. \\ \left. R_c, R_u^0, \delta_t^{S_1}(t_1), t_u(t_2), \delta_t^{S_1}(t_3)\right] - \rho_1 = 0 \\ e_x^2(t_4)\delta x + e_y^2(t_4)\delta y + e_z^2(t_4)\delta z + F\left[r^2(t_1), r^2(t_4),\right. \\ \left. R_c, R_u^0, \delta_t^{S_2}(t_1), t_u(t_2), \delta_t^{S_2}(t_4)\right] - \rho_2 = 0 \\ \cos L\cos B\delta x + \sin L\sin B\delta y + \sin B\delta z + F\left[R_u^0\right] - \rho_3 = 0 \end{cases}$$

$$(4.6)$$

式中：$e_x^1(t_3)$ 为 $t_3$ 时刻卫星 $S_1$ 对 $x$ 轴的方向余弦；其他 $e_y^1 \cdot e_z^1 \cdot e_x^2 \cdot e_y^2 \cdot e_z^2$ 依此类推；$B$ 为用户机所在位置的经度（弧度）；$L$ 为用户机所在位置的维度（弧度）；$\delta t$ 为按其上下标为设备的传输时延；$F[C_1, C_2, \cdots, C_n]$ 为以参数 $C_i$ 为参变量的表达式。

根据式（4.6）可求解用户机的坐标，简化后如下：

$$\begin{cases} e_x^1(t_3)\delta x + e_y^1(t_3)\delta y + e_z^1(t_3)\delta z + 1 = 0 \\ e_x^2(t_4)\delta x + e_y^2(t_4)\delta y + e_z^2(t_4)\delta z + 1 = 0 \\ \cos L \cos B \delta x + \sin L \sin B \delta y + \sin B \delta z + 1 = 0 \end{cases} \tag{4.7}$$

或

$$\boldsymbol{AX} + \boldsymbol{D} = 0 \tag{4.8}$$

式中

$$\boldsymbol{A} = \begin{bmatrix} e_x^1 & e_y^1 & e_z^1 \\ e_x^2 & e_y^2 & e_z^2 \\ e_{ux} & e_{uy} & e_{uz} \end{bmatrix} \tag{4.9}$$

$$\boldsymbol{D} = \begin{bmatrix} F_1 - \rho_1 \\ F_2 - \rho_2 \\ F_3 - \rho_3 \end{bmatrix} \tag{4.10}$$

$$\boldsymbol{X} = \begin{bmatrix} \delta x \\ \delta y \\ \delta z \end{bmatrix} \tag{4.11}$$

$$\boldsymbol{X} = \boldsymbol{A}^{-1}\boldsymbol{D} \tag{4.12}$$

获得 $\boldsymbol{X}$ 后，根据式（4.7）迭代计算用户位置坐标。

### 4.1.2　RDSS 授时

#### 4.1.2.1　RDSS 单向授时算法

授时是指用户通过某种方式获得本地时间与北斗标准时间的钟差，然后调整本地时间，使时差控制在一定的精度范围内。RDSS 的工作机制完全不同于 RNSS，前者基于转发工作原理，原子钟在 MCC，卫星的作用仅是转发 MCC 播发的信号，后者的原子钟在卫星上。RDSS 为授时终端提供两种授时方式：单向授时和双向授时[3]。

单向授时模式下 MCC 连续播发授时信息，授时终端接收后可获得系统的时间序列和授时信息，根据授时信息和当前位置信息，对恢复的时间序列进行校准，解算得到钟差。RDSS 单向授时信号传播过程如图 4.2 所示。

系统时为 MCC 精确保持的标准北斗时间，用户的本地时为用户钟的钟面时间，

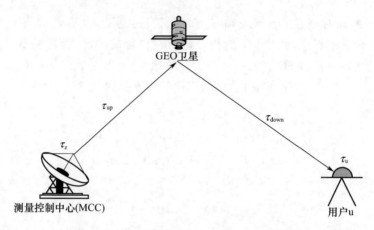

GEO卫星

$\tau_{up}$

$\tau_{down}$

$\tau_z$

$\tau_u$

测量控制中心(MCC)

用户u

图 4.2　RDSS 单向授时信号传播过程示意图

两者存在钟差 $\Delta t_u$,在授时过程中,MCC 在出站广播电文中把某一帧时标通过一种特殊的方式调制在出站信号中,该帧时标与前一个北斗时秒脉冲(PPS)信号 $1PPS_{BD}$ 的时间间隔为 $\Delta\tau$,经延迟后到达用户本地接收机,利用时间间隔计数器可以测量出本地 $1PPS_u$ 与帧时标的时间间隔为 $\tau_i$,信号传播过程中详细的时序关系如图 4.3 所示。$\tau_d$ 为 MCC 至用户接收机的总时延,$\tau_z$ 和 $\tau_u$ 分别为系统设备单向零值、终端单向零值,$\tau_{up}$ 和 $\tau_{down}$ 分别为信号上行延迟、下行延迟。$\tau_t$ 为卫星对信号的转发时延。

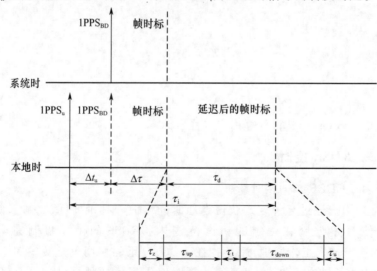

图 4.3　RDSS 单向授时原理图

由图 4.3 的关系可知:

$$\begin{cases} \tau_i = \Delta t_u + \Delta\tau + \tau_d \\ \tau_d = \tau_z + \tau_{up} + \tau_t + \tau_{down} + \tau_u \end{cases} \quad (4.13)$$

式中:$\Delta\tau$ 可根据关门帧时标所在帧的帧分号获取;$\tau_{up}$ 和 $\tau_t$ 之和可从出站广播电文中

获取;$\tau_{\text{down}}$需要根据卫星位置和用户接收机的位置计算得到,从用户接收机的角度考虑,得到测量伪距后,需要对伪距进行修正,消除星历误差、大气时延、地球自转改正等误差的影响。

一般来说,对已知精确坐标的固定用户,观测一颗卫星的出站信号就可以自主解算获得本地时间与北斗系统时间的钟差,实现授时。如果观测 2 颗或者更多卫星,则可增强观测量的冗余度,提高授时的稳健性。

#### 4.1.2.2　RDSS 双向授时算法

双向授时模式下,用户机发送双向定时申请信息,经卫星转发给地面中心站;地面中心站计算出入站信号的双向传播时延,进行误差校正后,把双向传输时延信息经卫星发给用户;用户机以此对恢复的时间序列进行校准,解算得到钟差。具体流程如图 4.4 所示。

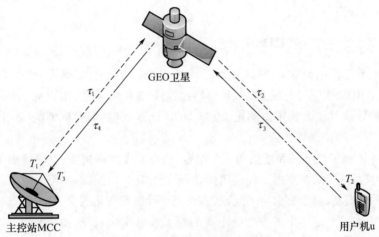

图 4.4　RDSS 双向授时原理图

(1)MCC 在 $T_0$ 时刻发送某时标信号,该时标信号经过 $\tau_1$ 间隔后到达卫星。

(2)卫星对时标信号进行转发,经 $\tau_2$ 延迟后到达用户接收机,此时,接收机的本地时为 $T_2$。

(3)用户机对接收到的时标信号进行的处理也看作是信号转发,经 $\tau_3$ 延迟后到达卫星(该卫星与流程 2 中的卫星为同一颗卫星)。

(4)卫星对时标信号进行转发,经 $\tau_4$ 延迟到达 MCC,此时,MCC 的时刻为 $T_3$,即 $T_3 = T_1 + \tau_1 + \tau_2 + \tau_3 + \tau_4$。

(5)根据 MCC 的信号发播时刻和接收时刻,可得到双向传播时延,除以 2 即可得到 MCC 至用户机的单向传播时延。

(6)MCC 将单向传播时延发送给用户机,用户机根据接收时标信号的时刻 $T_2$ 及单向传播时延可计算出本地时与 MCC 时间的差值 $\Delta t_u$:

$$T_2 + \Delta t_u = T_3 - \frac{\tau_1 + \tau_2 + \tau_3 + \tau_4}{2} \tag{4.14}$$

即

$$\Delta t_{\mathrm{u}} = T_3 - \frac{\tau_1 + \tau_2 + \tau_3 + \tau_4}{2} - T_2$$

RDSS 单向授时与双向授时的区别如下。

（1）单向定时需事先计算用户机的位置，若位置未知，则需先发送定位请求获得位置信息；双向定时无需知道用户机位置，所有处理都由地面中心站完成。

（2）单向定时采用被动方式，不占用系统容量；双向定时通过与中心站交互的方式进行，占用系统容量，受到一定的限制。

（3）单向定时：用户机根据广播的卫星位置信息按照一定的计算模型自主计算单向传播时延，卫星位置误差、环境误差都会影响时延的估计精度，影响定时精度。双向定时：无需知道用户机位置和卫星位置，通过来回双向传播时间除以 2 的方式获取，估计精度较高。

### 4.1.3　北斗广义 RDSS

广义卫星无线电测定业务（CRDSS）的基本概念是通过一颗由双向往返测距功能的转发式 RDSS 卫星，完成 MCC 至用户往返距离和的测量，用户完成该卫星与其他任意两颗导航卫星的伪距差测定，通过 MCC 计算处理，即可同时完成用户的位置确定与向 MCC 的位置报告[4]。

CRDSS 不是卫星导航和通信的简单结合，而是实现更高精度、更灵活服务、用户信息共享、导航系统资源共享的一种应用模式，是突出用户应用需求，努力降低用户负担，避免应用系统重复建设，扩大应用规模，实现卫星导航产业化的新思路、新方案。

CRDSS 实际上是一个多参考站距离测量无线电定位系统，由于距离测量精度对定位精度的贡献远大于对角度观测的贡献，于是出现多站距离测量定位系统，几何原理如图 4.5 所示。

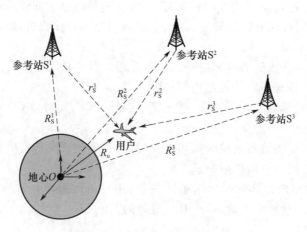

图 4.5　CRDSS 定位报告原理

在测量站(或在用户位置)求得用户 u 与参考站 $S^i$ 间的距离,那么用户的位置便是由 3 个参考站 $S^i$ 为地心,至用户的距离 $r_S^i$ 为半径的 3 个球面的交点。由用户矢量表示的矩阵方程如下:

$$\boldsymbol{R}_u = \boldsymbol{R}_S^i - \boldsymbol{R}_{S_u}^i \quad i = 3 \tag{4.15}$$

式中:$\boldsymbol{R}_S^i$ 为卫星矢量;$\boldsymbol{R}_{S_u}^i$ 为卫星至用户的矢量。

观测方程如下:

$$r_S^i = \sqrt{(x^i - x_u)^2 + (y^i - y_u)^2 + (z^i - z_u)^2} \tag{4.16}$$

式中:$r_S^i$ 为参考站 $S^i$ 至用户的距离;$(x^i, y^i, z^i)$ 为参考站 $S^i$ 的三维坐标;$(x_u, y_u, z_u)$ 为用户的三维坐标。

所谓的 CRDSS 是在 RDSS 卫星上重叠安排 RNSS 载荷,这样就构成了以 RDSS 卫星(具有 RDSS 转发器载荷和 RNSS 自主发射载荷)和 RNSS 卫星(只有卫星钟同步下的自主发射载荷)组成的 CRDSS。系统组成如图 4.6 所示。MCC 完成经 RDSS 载荷至用户的往返距离测量 $D_u$,至少获得一个 $D_u$ 观测量,完成以下功能:获得全系统 RDSS 卫星、RNSS 卫星精密星历、时间同步、电离层、对流层以及差分改正数;接收用户需求及观测量;完成用户观测量的校正、位置解算、位置报告;提供向导服务。

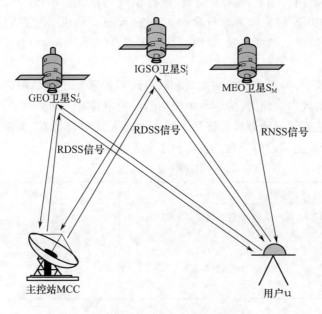

**图 4.6　CRDSS 系统组成图**

$S_G^i$ 为 GEO 卫星,有 RDSS、RNSS 两种载荷。

$S_I^i$ 为 IGSO 卫星,有 RDSS、RNSS 两种载荷。

$S_M^i$ 为 GEO、IGSO、MEO 卫星,只有 RNSS 载荷。

它们之间的关系式如下:

$$\begin{cases} r_u^1 = \dfrac{1}{2}D_u - r_0 \\ r_u^2 = r_u^1 + r^{1,2} \\ r_u^3 = r_u^1 + r^{1,3} \end{cases} \qquad (4.17)$$

式中：$r_u^1$ 为 MCC 测量并进行修正计算的第一颗 GEO 卫星至用户的距离；$r_0$ 为第一颗 GEO 卫星至 MCC 的距离；$r_u^2$ 为修正后的第二颗卫星至用户的距离；$r_u^3$ 为修正后的第三颗卫星至用户的距离；$r^{i,j}$ 为用户完成的各卫星间的 RNSS 信号差分观测量。

将式(4.17)的结果代入式(4.16)左边，即可求解用户位置。距离修正包括卫星钟差修正、电离层修正和差分修正，所以 CRDSS 定位采用了最佳观测量和最佳距离修正，具有高精度的特点。

完成上述计算后，MCC 即获得了用户的精确位置坐标，通过 RDSS 主站链路向所辖用户广播，即可实现用户位置信息共享。

### 4.1.4　RDSS 测试需求

RDSS 系统采用集中式信号处理，定位、通信和双向定时都必须通过主控站进行，由主控站判断用户请求的业务类型，执行相应的操作。RDSS 测试工作模式下，主要对主控站 RDSS 相关的功能和业务处理进行测试，提供多用户同时入站申请仿真，模拟多用户同时入站的场景，对中心站的多用户同时入站并行评估功能进行测试评估等。

该工作模式下，为驱动主控站的 RDSS，地面运控系统主控站测试保障分系统为主控站提供驱动数据。同时，为驱动主控站的多用户并行入站处理及评估功能，地面运控系统主控站测试保障分系统提供多用户同时入站申请仿真，模拟多用户同时入站的场景。RDSS 测试的驱动数据及待测业务见表4.1。

表 4.1　RDSS 测试信息一览表

| 驱动数据 | 测试评估业务 |
| --- | --- |
| (1) 北斗卫星轨道数据、钟差数据、空间环境参数等数据；<br>(2) 用户静态和动态位置信息；<br>(3) 用户高程数据；<br>(4) 传统 RDSS 用户和广义 RDSS 用户观测数据；<br>(5) 系统误差数据 | (1) 定位业务评估；<br>(2) 定时业务评估 |

## ◤ 4.2　RDSS 测试数据仿真方法

### 4.2.1　RDSS 大容量用户数据仿真

RDSS 系统采用集中式信号处理方式，定位、通信和双向定时都必须通过中心站进行,由中心站判断用户请求的业务类型,执行相应的操作。中心站在同一时刻会收到大量用户的入站申请,为完成大容量用户入站条件下中心站数据接收及处理能力的测试与评估,需仿真同一时刻的大容量用户的入站数据。大容量用户的入站数据仿真模块如图 4.7 所示。

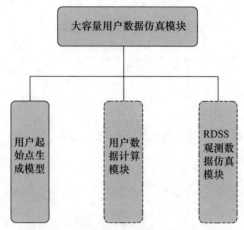

图 4.7　大容量用户数据仿真模块

　　大容量用户数据仿真模块包含用户起始点生成模型以及用户数据计算模块、RDSS 观测数据仿真模块,其中,用户数据计算模块和 RDSS 观测数据仿真模块是两个独立的模块,其他小节分别进行了模块设计和实现。

　　大容量用户数据仿真模块的重点在于用户起始点生成模型,即确定大容量用户的起始位置点,然后根据用户数据计算模块、RDSS 观测数据仿真模块即可生成大容量用户的入站观测数据。用户起始点生成模型需根据设置的用户的经纬度范围、高程范围,用户个数,载体类型等参数,根据泊松分布模型、平均分布模型等统计模型生成大容量的、位置点符合泊松分布或平均分布的用户起始点位置。

　　泊松分布是常见的离散概率分布,泊松分布适合于描述某事件单位时间内随机事件发生的次数。泊松分布模型为

$$P(X=k)=\frac{\mathrm{e}^{-\lambda}\lambda^{k}}{k!} \tag{4.18}$$

式中:$\lambda^{k}\geqslant 0$,$k\in\{0,1,2,\cdots\}$,$\lambda$ 为期望和方差。泊松分布的参数 $\lambda$ 是单位时间(或单位面积)随机事件的平均发生率。

　　平均分布模型的定义为:如果 $P(X=k)=\dfrac{1}{m}$,$k=1,\cdots,m$,则称 $X$ 服从离散的平均分布。设连续型随机变量 $X$ 的概率密度函数为 $f(x)=\dfrac{1}{b-a}$,$a<x<b$,则称随机变量 $X$ 服从 $[a,b]$ 上的均匀分布,记 $X\sim U(a,b)$,如图 4.8 所示。

　　平均分布的分布函数为 $F(x)=\dfrac{x-a}{b-a}$,$a\leqslant x\leqslant b$。当 $F(x)=0$ 时,$x<a$;当 $F(x)=$

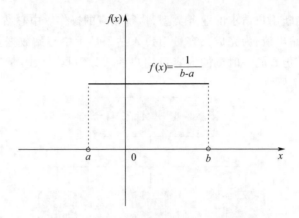

图 4.8　平均分布模型概率密度函数(见彩图)

1 时,$x > b$,如图 4.9 所示。

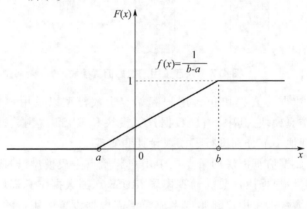

图 4.9　平均分布模型分布函数(见彩图)

## 4.2.2　RDSS 观测数据仿真

RDSS 观测数据仿真模块包含传统双星定位(北斗二号 RDSS 定位)及授时的用户和监测接收机观测数据仿真,以及北斗三号体制下的双星定位、RDSS/RNSS 组合定位、全球 RDSS 定位和授时的用户和监测接收机观测数据仿真。

### 4.2.2.1　传统双星定位观测数据仿真

北斗二号 RDSS 定位中,空间段采用两颗 GEO 卫星作为信号转发卫星,并基于三球交汇原理在主控站测量控制中心解算用户位置信息。传统双星定位入站信号传播过程可见图 4.10。

主控站测量控制中心通过 GEO 卫星 $S_1$ 发射用于询问的标准时间信号,当用户接收到该信号时,发射应答信号,经两颗 GEO 卫星 $S_1$、$S_2$ 分别回到主控站测量控制中心,由主控站测量控制中心分别测量出由卫星 $S_1$、$S_2$ 返回的信号时间延迟量。由于卫

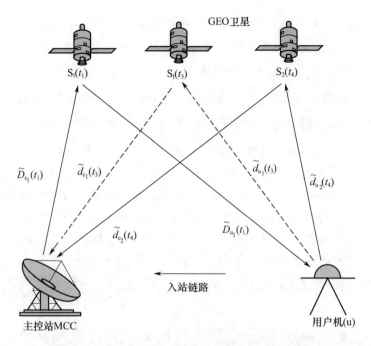

图 4.10　传统双星定位入站信号传播过程示意图

星 $S_1$、$S_2$ 在各时刻的位置已知,在数据处理过程中,考虑上述信号传输过程中卫星 $S_1$、$S_2$ 的相对运动及主控站测量控制中心、卫星 $S_1$、$S_2$ 转发器的传输延迟、用户机的传输延迟和电离层、对流层的影响,从而可获得用户至两颗卫星之间的距离量,并根据用户所在点的大地高程数据,计算出用户坐标位置。

构成的基本观测量可用如下公式表示(为了与真实值相区别,这里在变量上加"～"来表示该变量为仿真值):

$$\tilde{\rho}_1 = \tilde{D}_{c_1}(t_1) + c\delta\tilde{t}_{S_1}(t_1) + \tilde{D}_{u_1}(t_1) + c\delta\tilde{t}_{u}(t_2) + \tilde{d}_{u_1}(t_3) +$$
$$c\delta\tilde{t}_{S_1}(t_3) + \tilde{d}_{c_1}(\tilde{t}_3) + \delta\tilde{t}_{c_{10}} + \delta\tilde{t}_{c_{1I}} + \tilde{\varepsilon} \tag{4.19}$$

$$\tilde{\rho}_2 = \tilde{D}_{c_1}(t_1) + c\delta\tilde{t}_{S_1}(t_1) + \tilde{D}_{u_1}(t_1) + c\delta\tilde{t}_{u}(t_2) + \tilde{d}_{u_2}(t_4) +$$
$$c\delta\tilde{t}_{S_2}(t_4) + \tilde{d}_{c_2}(t_4) + \delta\tilde{t}_{c_{10}} + \delta\tilde{t}_{c_{2I}} + \tilde{\varepsilon} \tag{4.20}$$

式中:$\tilde{\rho}_1$ 为由主控站测量控制中心发出的出站信号经卫星 $S_1$ 转发至用户机,用户机接收到该信号并发射应答信号经卫星 $S_1$ 转发,回到主控站测量控制中心的总距离;

$\tilde{\rho}_2$ 为由主控站测量控制中心发出的出站信号经卫星 $S_1$ 转发至用户机,用户机接收到该信号并发射应答信号经卫星 $S_2$ 转发,回到主控站测量控制中心的总距离;$t_1$ 为卫星 $S_1$ 接收地面主控站测量控制中心询问信号并转发信号的时刻;$t_2$ 为用户机接收卫星 $S_1$ 的询问信号时刻;$t_3$ 为卫星 $S_1$ 转发用户应答信号时刻;$t_4$ 为卫星 $S_2$ 转发用户应答信号时刻;$\delta\tilde{t}_{S_1}(t_1)$ 为卫星出站转发器的设备时延;$\delta\tilde{t}_{S_1}(t_3)$ 为卫星 $S_1$ 的入站转发器的设备时延;$\delta \tilde{t}_{S_2}(t_4)$为卫星 $S_2$ 的入站转发器的设备时延;$\delta \tilde{t}_u(t_2)$为用户机转发信号的时延;$\delta \tilde{t}_{c_0}$为地面主控站测量控制中心至卫星 $S_1$ 出站链路设备时延;$\delta \tilde{t}_{c_1}$为地面主控站测量控制中心至卫星 $S_1$ 入站链路设备时延;$\delta \tilde{t}_{c_2}$为地面主控站测量控制中心至卫星 $S_2$ 入站链路设备时延;$\tilde{D}_{c_1}(t_1)$为第一颗卫星 $S_1$ 至地面主控站测量控制中心的距离;$\tilde{D}_{u_1}(t_1)$为第一颗卫星 $S_1$ 至用户的距离;$\tilde{d}_{u_1}(t_3)$为由用户机返回第一颗卫星 $S_1$ 的距离;$\tilde{d}_{u_2}(t_4)$为用户返回卫星 $S_2$ 的距离;$\tilde{d}_{c_2}(t_4)$为用户返回地面主控站测量控制中心时,卫星 $S_2$ 至地面主控站测量控制中心的距离;$\tilde{\varepsilon}$为各种因素造成的测量误差。

信号在设备中的时延可以精确测定,所以对信号的接收与发射的时差为已知。各类测量误差(如电离层、对流层等)可通过模型进行仿真计算[5],此处不再赘述。信号经卫星出站再经用户入站的转发时刻在几百毫秒级,考虑卫星的运动,在图 4.10 中卫星 $S_1$ 的位置相对拉开了。各级距离用点坐标表示如下:

$$\tilde{d}_{u_1}(t_3) = \sqrt{\left[X^{S_1}(t_3) - X_u(t_2)\right]^2 + \left[Y^{S_1}(t_3) - Y_u(t_2)\right]^2 + \left[Z^{S_1}(t_3) - Z_u(t_2)\right]^2}$$

$$(4.21)$$

$$\tilde{d}_{c_1}(t_3) = \sqrt{\left[X^{S_1}(t_3) - X_c\right]^2 + \left[Y^{S_1}(t_3) - Y_c\right]^2 + \left[Z^{S_1}(t_3) - Z_c\right]^2} \quad (4.22)$$

$$\tilde{d}_{u_2}(t_4) = \sqrt{\left[X^{S_2}(t_4) - X_u(t_2)\right]^2 + \left[Y^{S_2}(t_4) - Y_u(t_2)\right]^2 + \left[Z^{S_2}(t_4) - Z_u(t_2)\right]^2}$$

$$(4.23)$$

$$\tilde{d}_{c_2}(t_4) = \sqrt{\left[X^{S_2}(t_4) - X_c\right]^2 + \left[Y^{S_2}(t_4) - Y_c\right]^2 + \left[Z^{S_2}(t_4) - Z_c\right]^2} \quad (4.24)$$

$$\tilde{D}_{c_1}(t_1) = \sqrt{\left[X^{S_1}(t_1) - X_c\right]^2 + \left[Y^{S_1}(t_1) - Y_c\right]^2 + \left[Z^{S_1}(t_1) - Z_c\right]^2} \quad (4.25)$$

$$\tilde{D}_{u_1}(t_1) = \sqrt{\left[X^{S_1}(t_1) - X_u(t_2)\right]^2 + \left[Y^{S_1}(t_1) - Y_u(t_2)\right]^2 + \left[Z^{S_1}(t_{21}) - Z_u(t_2)\right]^2}$$

$$(4.26)$$

式中:$X$、$Y$、$Z$ 为位置坐标;上标表示卫星号;下标 c 表示主控站测量控制中心;下标 u 表示用户站。

### 4.2.2.2 RDSS/RNSS 组合定位观测数据仿真

RDSS/RNSS 组合定位包括 RDSS/RNSS 组合快速定位和精密定位。系统综合利用 RDSS 测距和 RNSS 伪距观测数据,进行快速定位解算与精密定位解算。因此,在 RDSS/RNSS 组合定位观测数据仿真中,需添加 RNSS 观测数据仿真。

RDSS/RNSS 组合定位入站信号传播过程如图 4.11 所示。RNSS 观测方程的说明及实现参照 RNSS 业务数学仿真单元,此处不再赘述。RDSS 观测方程同"传统双星定位观测数据仿真"或"全球 RDSS 定位观测数据仿真"。

### 4.2.2.3 RDSS 定时观测数据仿真

RDSS 系统为定时终端提供两种定时方式:单向定时和双向定时。地面中心站定时播发授时信息,用户根据接收到的单/双向观测数据信息(传播时延信息)得到

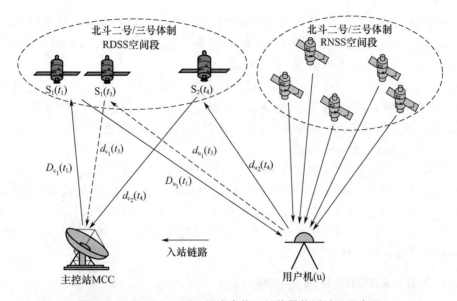

**图 4.11　RDSS/RNSS 组合定位入站信号传播过程示意图**

时延修正值,用户机依据此值对现有的时标信息进行修正,为用户提供北斗标准时间。

### 1）单向授时观测数据仿真

在单向授时模式下,定时终端不需要发射入站信号与地面中心站进行交互,只接收出站电文及相关信息,由定时终端自主解算出钟差 $\Delta t_u$,并修正本地时间,使本地时间和北斗时同步。在终端位置坐标准确已知的情况下,终端只要利用一颗卫星出站信号就可自主解算获得本地时间与北斗标准时间的钟差,完成定时。若位置未知,则需先发送定位请求获得位置信息,信号传播过程如图 4.12 所示。

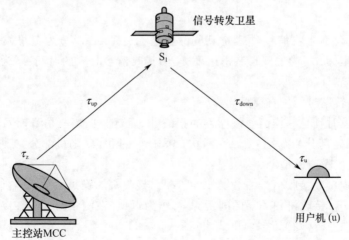

**图 4.12　RDSS 单向授时信号传播过程示意图(见彩图)**

授时过程中,中心站在出站广播电文中把帧时标 A 通过一种特殊的方式调制在出站信号中,经总时延 $\tau_d^-$(包括 $\tau_z$、$\tau_{up}$、$\tau_t$、$\tau_{down}$ 和 $\tau_u$)之后,帧时标 A 到达定时终端。终端接收到的单向时间间隔信息 $\tau_i$ 可以表示为

$$\tau_i = \tau_z + \tau_{up} + \tau_t + \tau_{down} + \tau_u + \Delta t_u + \varepsilon \tag{4.27}$$

式中:$\tau_z$ 为系统设备单向零值;$\tau_u$ 为终端单向零值;$\tau_{up}$ 为上行时延;$\tau_t$ 为卫星信号转发时延;$\tau_{down}$ 为下行时延;$\Delta t_u$ 为终端时钟与系统时的偏差;$\varepsilon$ 为其他误差。

2)双向授时观测数据仿真

双向授时原理为:用户机发送双向定时申请信息,经卫星转发给地面中心站;地面中心站计算出入站信号的双向传播时延,进行误差校正后,把双向传输时延信息经卫星发给用户;用户机以此对恢复的时间序列进行校准,为用户提供北斗标准时间。

由上可知,由用户机至地面中心站的双向观测数据仿真原理及流程同 RDSS 定位双向观测数据仿真,此处不再赘述。

### 4.2.3 RDSS 系统误差仿真

用户接收机对卫星信号的观测量中包含着各种误差,除在基础数据仿真模块中包含的空间环境误差外,还包含其他各种类型的误差数据,如地球自转效应改正、信号转发时延、接收机噪声等。

1)地球自转效应改正

由于地球自转,导航卫星信号到达信号接收机时的卫星在轨位置不同于卫星信号发射时刻的卫星在轨位置,因而,需要进行地球自转效应修正:

$$\alpha = \omega_e(t_R - t_T) \tag{4.28}$$

$$\begin{cases} X = X'\cos\alpha + Y'\sin\alpha \\ Y = -X'\sin\alpha + Y'\cos\alpha \\ Z = Z' \end{cases} \tag{4.29}$$

式中:$(X, Y, Z)$ 为接收信号时刻的卫星位置坐标;$(X', Y', Z')$ 为卫星发射信号时刻的卫星位置坐标;$\omega_e$ 为地球自转角速度;$t_R$ 为接收信号时刻的时间;$t_T$ 为发射信号时刻的时间。

2)信号转发时延仿真模型

信号转发时延是一均值缓慢漂移的正态非平稳随机过程,仿真时可通过用户输入常数值(固定部分)以及一阶马尔科夫(Markov)过程值(随机部分)来模拟。

3)接收机噪声模型

假设天线口处接收信号的载噪比为 $C/N_0$、接收机的噪声系数为 $N_F$、测距信号的持续时间为 $T_{ob}$、接收机相关器的间距为 $d$,作为近似,在测量时间 $T_A$,接收伪码信号的时延测量误差 $\sigma(T_A)$ 近似由下式决定:

$$\sigma(T_A) \approx T_c \sqrt{\frac{d}{2T_{ob}C/N_0/N_F}} \tag{4.30}$$

## 4.3　RDSS 测试数据驱动方法

RDSS 测试"仿真数据"驱动模式下,仿真测试系统生成的 RDSS 静/动态用户接收机观测数据、RDSS 监测接收机观测数据及多用户同时入站数据等各类主控站 RDSS 驱动数据通过数据交互端口输入到地面运控系统主控站,驱动 RDSS 的相关业务处理及信息生成。仿真测试系统接收 RDSS 处理结果,并对该结果进行评估分析。其中,仿真系统仍由数学仿真单元、管理与控制单元和测试评估单元组成。该驱动模式下,系统信息处理流程及实现如图 4.13 所示。

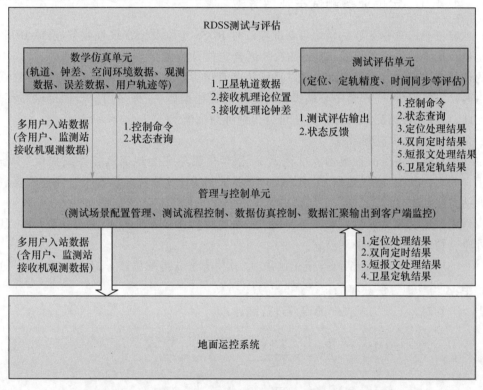

**图 4.13　RDSS 测试"仿真数据"驱动模式信息处理流程图**

（1）数学仿真单元仿真生成卫星轨道数据、用户钟差数据、用户轨迹数据、接收机观测数据,等等。其中,用户接收机观测数据、监测站接收机观测数据、广播信息等输入到管理控制单元。同时,卫星轨道数据、用户钟差数据、用户轨迹数据等输入到 RDSS 测试与评估单元,作为业务测试与评估的理论数据。

（2）管理与控制单元将数学仿真单元发送的用户接收机观测数据、监测站接收机观测数据、广播信息等 RDSS 驱动数据发送到地面运控系统。

（3）主控站接收仿真测试系统发送数据后,进行 RDSS 处理,生成用户定位、双向定时、卫星定轨等结果信息,并发往主控站其他系统。

(4)仿真测试系统管理控制单元从主控站数据交互端口监听 RDSS 处理信息及结果,并将监听信息发至测试评估单元。

(5)测试评估单元根据数据仿真单元提供的理论数据等条件下对监听的 RDSS 处理信息及结果进行测试与评估,并对测试结果进行图、表可视化以及存储。

# ◢ 4.4 RDSS 测试与评估方法

## 4.4.1 定位业务测试与评估方法

定位与位置业务评估模块可对北斗二号 RDSS 定位及位置报告业务、全球 RDSS 定位及位置报告业务以及 RDSS/RNSS 组合定位及位置报告业务进行评估,其采用的评估方法相同。由于 RDSS 用户高程精度直接影响用户的定位精度,而高程数据由两种方式提供,一种是中心站提供的地面高程数据库,一种是用户自己提供高程。因此,对该业务的测试与评估分析可分为两种测试模式。

1)用户提供高程数据

用户自己提供高程数据测试模式下,数学仿真单元为地面运控系统提供 RDSS 用户的观测数据、高程数据、卫星电文等数据。对 RDSS 定位与位置报告业务的测试评估方法如下。

定位精度测试评估主要通过与用户的理论位置比较方法实现,属于外符合法,其外符合精度计算遵循以下公式:

$$\text{外符合精度} = \text{定位结果} - (\text{其他方法获得的位置} \pm \Delta) \tag{4.31}$$

式中:$\Delta$ 为其他方法获得的定位结果误差。

分别对 $x$、$y$、$z$ 三个方向的误差进行统计:

$$\text{RMS}_x = \sqrt{\frac{1}{N-m}\sum_{i=1}^{N}\Delta x_i^2} = \sqrt{\frac{1}{N-m}\sum_{i=1}^{N}(x_{1i}-x_{2i})^2} \tag{4.32}$$

$$\text{RMS}_y = \sqrt{\frac{1}{N-m}\sum_{i=1}^{N}\Delta y_i^2} = \sqrt{\frac{1}{N-m}\sum_{i=1}^{N}(y_{1i}-y_{2i})^2} \tag{4.33}$$

$$\text{RMS}_z = \sqrt{\frac{1}{N-m}\sum_{i=1}^{N}\Delta z_i^2} = \sqrt{\frac{1}{N-m}\sum_{i=1}^{N}(z_{1i}-z_{2i})^2} \tag{4.34}$$

式中:$N$ 为有效观测数据总数;$m$ 为待估参数个数;$\Delta x$、$\Delta y$、$\Delta z$ 为 $x$、$y$、$z$ 方向的误差;下标 1、2 分别表示两次定位结果。

2)中心站提供高程数据

中心站提供地面高程数据库测试模式下,数学仿真单元为地面运控系统提供 RDSS 用户除高程数据外的观测数据、卫星电文数据等。定位与位置报告业务测试与评估方法同上。但该模式和第一种模式结合,可完成对中心站地面高程数据库中的高程数据精度的测试评估。

### 4.4.2  授时业务测试与评估方法

该项业务的测试主要是对中心站解算出的正向传播时延进行测试评估,采用与理论值比对的方法进行测试评估,具体方法如下:

将中心站解算出的双向定时结果与 RDSS 用户接收机的理论钟差进行比对,计算误差序列及其均方根误差:

$$
\begin{cases}
e^{j}_{\text{cl},k} = \delta t^{j}_{k} - \delta t^{j}_{0k} \\[2mm]
\sigma^{j}_{\text{cl},m} = \sqrt{\dfrac{\displaystyle\sum_{i=1}^{m}\left(e^{j}_{\text{cl},i}\right)^{2}}{m}}
\end{cases}
\tag{4.35}
$$

式中:$\delta t^{j}_{0k}$ 为 RDSS 用户接收机的理论钟差;$e^{j}_{\text{cl},k}$ 为授时误差;$\delta t^{j}_{k}$ 为中心站解算出的双向定时结果;$e^{j}_{\text{cl},i}$ 为第 $i$ 个历元的授时误差;$\sigma^{j}_{\text{cl},m}$ 为授时误差序列的均方根;$m$ 为测试历元数。

 **参考文献**

[1] 谭述森 . 卫星导航定位工程[M]. 北京:国防工业出版社,2007.

[2] 谭述森 . 广义卫星无线电定位报告原理及其应用价值[J]. 测绘学报,2009,38(1):1-5.

[3] 谭述森 . 北斗卫星导航系统的发展与思考[J]. 宇航学报,2008(2):391-396.

[4] 谭述森 . 广义 RDSS 全球定位报告系统[M]. 北京:国防工业出版社,2011.

[5] 占建伟,庞晶,张国柱,等 . RDSS 卫星授时误差建模与仿真测试[J]. 中国科学:物理学力学 天文学,2011,41(5):620-628.

[6] 潘峰 . RDSS 导航试验星授时精度测试和评定[C]//2005 年全国时间频率学术交流会文集 . 南京:中国天文学会,2005:9.

[7] 谭述森 . 导航卫星双向伪距时间同步[J]. 中国工程科学,2006(12):70-74.

# 第 5 章　管理与控制业务仿真测试方法

地面运控系统管理与控制业务的功能特点是以指令控制、规划调度和系统监视等功能为主。本章针对管理与控制业务的仿真测试问题,首先根据管理与控制业务的特点,给出管理与控制业务测试数据仿真方法,重点对卫星有效载荷、链路规划、设备故障或异常情况等进行建模与仿真,然后给出管理与控制业务的仿真数据驱动测试方法,最后讨论管理与控制业务各项功能的测试与评估方法。

## 5.1　管理与控制业务及其测试需求概述

管理与控制业务,即卫星导航系统运行管理与控制业务。综合全球主要导航系统的地面段,管理与控制业务主要包括业务规划、卫星指令控制、导航电文生成、系统状态监测等业务。本节以 GPS、Galileo 系统和北斗卫星导航系统为例,简要说明管理与控制业务的工作内容和工作流程。

### 5.1.1　管理与控制业务简介

#### 5.1.1.1　系统业务规划

为了完成地面对卫星的管理与控制,地面操作员需要将大量的时间花费在地面天线与卫星之间的通信链路上。管理与控制活动包括遥测监控、指令配置和导航电文上注。以美国 GPS 为例,负责 GPS 地面操作的美国空间第二空间操作中队(2SOPS)和第 19 中队(19SOPS),需要在 24h 内进行 60～100 次星地连接(星地通信与测量链路),日均值通常为 70 次连接[1]。这些星地链路通常必须建立在对地面资源(主要指地面站和天线设备)与卫星之间的合理调度上。一般需要根据地面资源与卫星的可见性以及任务属性,进行时间上的合理规划和资源上的合理调度。这一业务称为任务规划业务。根据任务的属性,可以分为遥测下传规划、控制指令规划和导航电文上传规划。为了充分利用地面站与卫星之间的链路资源,一般将上述规划合并为链路需求,统一进行规划。

以 Galileo 系统为例,在一周内,需要进行 300 多次卫星连接,完成大约 1 500 个任务。负责 Galileo 星座规划的设备称为卫星星座规划设施(SCPF),是 Galileo 系统地面控制段(GCS)的组成部分。SCPF 具备 4 个主要功能:处理来自多个来源的规划请求、规划与星座中每颗卫星的星地连接、规划要执行的任务以及根据规划执行情况更新规划状态(例如,是否需要重新规划)[2-3],如图 5.1 所示。各功能模块说明如下。

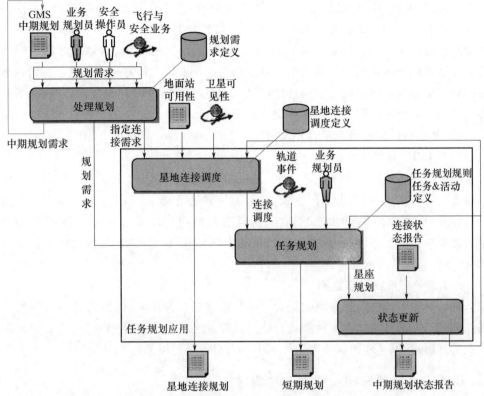

图 5.1　Galileo 系统业务规划流程(见彩图)

1)规划请求处理模块

从一系列来源接收和检查 Galileo 卫星星座的运行规划请求,包括:地面任务段(GMS)发送的中期规划(MTP)、业务规划员或安全操作员提出的请求、从飞行动力学组收到的轨道机动和其他请求等。

2)链路规划模块

规划 5 个 TT&C 站和 30 多个 Galileo 卫星之间的星地链路,并将规划结果转发给地面任务段。

3)任务规划模块

根据链路规划,指定 Galileo 星座的任务时间表,并生成卫星星座操作短期规划(STP)。接收短期规划执行状态的反馈,并将中期规划的反馈信息转发给地面任务段。

随着星间链路在 GPS 和北斗系统中的应用,系统业务规划不再局限于地面与卫星之间的链路规划,而是更多地呈现出通过星地、星间链路一体化应用,实现“单星通、整网通”的管理和控制模式,从而实现降低地面资源负担、提高导航电文更新频率,进而提升导航服务性能的目标。

#### 5.1.1.2 卫星指令控制

以 GPS 为例,GPS 是通过 TT&C 链路对整个星座进行指令控制的。主控站(MCS)人员维护卫星支持要求数据库定义了必须执行的所有活动以确保卫星平台和导航任务正常工作。该数据库包含活动列表、活动执行频率、活动执行所需时间等。该数据库作为主控站自动规划与调度功能的主要输入信息来源。主控站的规划控制软件生成一个动态的卫星支持活动队列。这些活动将按顺序排列,以确保所有卫星支持活动能够按照该数据库中定义的规则成功完成。每项活动将在指定时间自动启动,并向地面运营班组报告异常情况。

#### 5.1.1.3 导航电文生成

地面控制系统的主要业务之一就是在地面运控系统生成卫星星历、钟差、电离层延迟参数等数据之后,根据上注电文格式,编制导航电文,并上注给可见卫星。民用导航(CNAV)消息提供灵活的数据帧,其具有前向纠错(FEC)和 25bit/s 的传输速率。地面控制系统可以利用快速上行和传输 CNAV 消息的能力,快速通知星座运行状况,从而提高系统的完好性。

#### 5.1.1.4 系统状态监测

地面运控系统将通过遥测数据对卫星健康状态进行监测,同时通过对 L 频段数据的分析对导航系统的服务性能进行监测。除此之外,异常检测和解决使 L 频段用户免受其影响,也是地面运控系统及其操作人员的重要任务。

### 5.1.2 管理与控制业务测试需求

管理与控制业务的测试与评估系统应具备如下功能。

(1)具备地面运控系统业务规划测试评估功能:能够对星地时间同步规划、星地 L 上行注入规划、星间链路规划等各类规划进行测试评估。

(2)具备星地管理控制的测试评估功能:能够实现星地控制指令的闭环验证。

(3)具备导航电文管控的测试评估功能:能够对上行注入电文编排的正确性进行验证,并实现电文闭环比对功能。

(4)具备系统状态监测的测试评估功能:能够对系统异常事件告警、对卫星健康状态监测等功能进行评估。

管理与控制业务测试的驱动数据及待测业务见表 5.1。

表 5.1 管理与控制业务测试信息一览表

| 驱动数据 | 测试评估业务 |
| --- | --- |
| (1)系统业务规划数据(业务规划数据回执)。 | (1)系统业务规划测试评估。 |
| (2)卫星遥测数据(控制指令回执)。 | (2)星地管理控制测试评估。 |
| (3)卫星导航电文回传。 | (3)导航电文管控测试评估。 |
| (4)地面网和卫通网两路观测数据。 | (4)系统状态监测测试评估 |
| (5)各类 RNSS 观测异常数据 | |

## 5.2　管理与控制业务测试数据仿真方法

管控业务数据仿真单元中,基础数据仿真单元是为了给观测数据仿真单元提供轨道、钟差等输入数据,电文数据仿真计算导航电文数据作为管控系统的驱动数据,其模型与流程和 RNSS 测试与评估子系统一致,这里不再描述。观测数据仿真模块主要包括交互数据仿真单元、异常数据仿真单元,星间链路规划表由星间链路管控中心产生并发送给管控系统,这里管控业务数据仿真单元需要仿真星间链路规划表作为管控系统的输入,为了仿真对星地控制命令、规划等数据的响应,还需对卫星的有效载荷进行仿真。

### 5.2.1　系统业务规划仿真

#### 5.2.1.1　星地链路规划仿真算法

本小节以 Galileo 系统为例说明星地链路规划的仿真算法。Galileo 系统的星地链路规划问题实质是生成一个星地连接时间表。该时间表用于全球分布的 5 个地面站与 30 多颗卫星的星地连接调度。这些连接包括所有正常规划、备份规划和特殊规划(一般指应急规划)。一般需要考虑地面台站的可用性、卫星的可见性和相关事件(如轨道机动事件等)等约束条件。

Galileo 系统的卫星星座规划设施(SCPF)的目标是生成一个星地连接计划,满足下一个计划周期内的所有常规的、特殊的星地连接要求。通常,计划周期是可配置的,但大约为 7 天。该参数可在每日规划周期中更新。相关研究结果表明,SCPF 的星地连接调度程序应该采用启发式、非最优、非完全的人工智能(AI)算法。启发式是指该程序使用了启发式算法;非最优是指它不能保证找到最佳解决方案;非完全是指它不保证能够提供解决方案,即使问题本身有解决方案。假如找不到解决方案,则说明约束条件过于严格,且所提供的输入存在问题。

为了获得一组有效规划,SCPF 使用一组启发式方法进行搜索。该启发式算法是按照任务执行的先后顺序进行规划的,如图 5.2 所示。

在图 5.2 的步骤 4.2 和 4.3 中,系统首先根据连接需求情况,对搜索空间中存在的解决方案(即可见卫星数量)进行排序,这将导致最迫切的需求最先得到满足。如果由于对需求的约束太强而不能进行规划,则系统就会给出报告。此时,操作员可以手动查找解决方案或降低对连接要求的约束。未规划的特殊或备份连接要求不会中止规划过程,因为这些连接不会对其他正常的连接要求产生影响。然而,对于给定卫星的常规连接要求总是取决于相同卫星的先前常规连接要求,以便保证每颗卫星的常规连接之间的某些周期性。因此,如果无法满足常规连接要求,系统则会停止规划过程并报告问题。未规划的例行连接可以在没有有效解决方案的情况下中止流程的执行。为了解决算法在异常约束场景中的中止问题,调度启发式算法通过放松连接

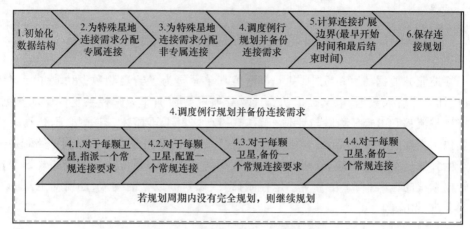

图 5.2　星地链路规划与调度流程

约束进行修复。三种修复策略如下。

（1）放宽规划时间区间。

（2）尝试移除有冲突的链路。

（3）将链路持续时间减少到允许的最小值。

最后，在获得一组有效规划后，可以使用甘特（Gantt）图来形象化地描述该组规划，如图 5.3 所示。

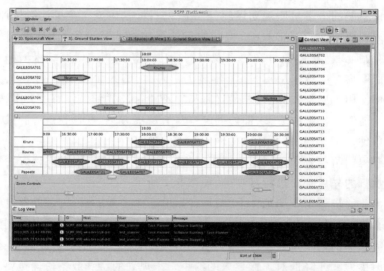

图 5.3　利用甘特图形象化描述星地链路规划结果（见彩图）

图 5.3 中：上半部分表示以卫星视角，描述该卫星分别与各个地面站的连接时间段；下半部分表示以地面站视角，描述该地面站分别与各卫星之间的连接时间段。

### 5.2.1.2　星间链路规划仿真算法

按照测量与数传建链要求，时分体制的时隙单位为 1.5s，每颗 MEO 卫星平均与所有可见星各建链一次时间大约 20 个时隙。每颗连接卫星采用双向时隙,共 20 个双向时隙,即 60s。20 个时隙中采用固定链路加可变链路建链方式,如图 5.4 所示,其中至少 8 个时隙跟 8 颗不同的持续可见星建链[4-5]。

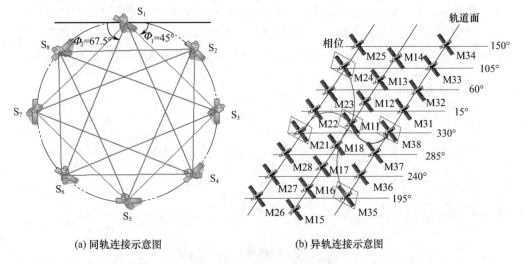

图 5.4　星间连接示意图(见彩图)

星间链路规划仿真模型的主要功能是生成各 Ka 频段节点之间建立链路的关系。Ka 频段星间链路是指向性链路,每个波束仅能建立一对一的连接关系,因此为了完成一次系统测量通信任务,就需要对每个时刻天线波束的指向和收发状态进行预先配置,整个流程称为一次规划。一个合理的规划必须考虑星座时变的拓扑结构、每颗卫星的姿态、天线波束可扫描的范围和作用距离、卫星异常、任务目标等诸多因素。预先针对各种因素对星间链路规划进行优化的调度工作是确保星间链路稳定连续运行的前提。

采用矩阵方式对星间建立链路的规划进行描述,如果用 1 表示两颗卫星之间存在可测链路,0 表示不存在可测链路,则星间链路整网可测性就可以建模成一个 $M$ 行 $\times M$ 列的二值矩阵,称为可测矩阵,用 $\boldsymbol{B}$ 来表示:

$$\boldsymbol{B} = \begin{bmatrix} 0 & 1 & \cdots & 1 \\ 1 & 0 & \cdots & 0 \\ \vdots & \vdots & & \vdots \\ 1 & 0 & \cdots & 0 \end{bmatrix} = \left[ \beta_{ij} \right]_{M \times M} \tag{5.1}$$

式中:$M$ 为系统支持节点数(含 GEO、IGSO、MEO 卫星、地面站以及扩展应用用户终端节点),可测矩阵 $\boldsymbol{B}$ 中元素的行号 $i$ 对应于星间链路的源节点序号,列号 $j$ 则对应于该条链路的目标节点序号。实际运行的 GNSS 往往要求星间链路是双向存在的,所以 $\boldsymbol{B}$ 通常是对称矩阵。同理,在一个规划周期中,星间链路在某个时间片内的工作状态也可以用一个二值矩阵 $\boldsymbol{b}$ 来表示,但与 $\boldsymbol{B}$ 元素表示可测关系不同,$\boldsymbol{b}$ 中的元素取值表示两星之间的链路工作状态。

图 5.5 中给出了星间链路的规划与调度流程:在一个规划周期中,针对特定的优化目标,结合星间链路的工作模式,将可测矩阵 $\boldsymbol{B}$ 分解成为一系列满足约束条件的矩阵时间序列,序列中的每个矩阵代表每个时间片内卫星之间的链路工作状态。其中,可测矩阵 $\boldsymbol{B}$ 由星座拓扑结构、卫星的姿态、天线波束可扫描范围和作用距离、卫星异常以及其他约束条件所决定,并认为在一个规划周期中可测矩阵 $\boldsymbol{B}$ 是固定的。

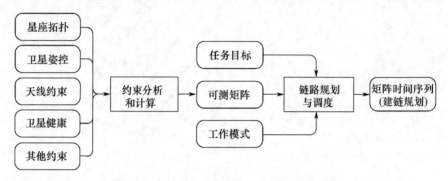

图 5.5　星间链路规划与调度流程

为提高星间链路的工作效率,以便满足星间链路承载的各项业务需求,需要对星间链路进行合理的调度,经过调度生成的星间建链关系本质上就是实现可测矩阵的最优分解过程。通过一种矩阵迭代分解算法解决最优分解问题,其分解算法流程如图 5.6 所示。

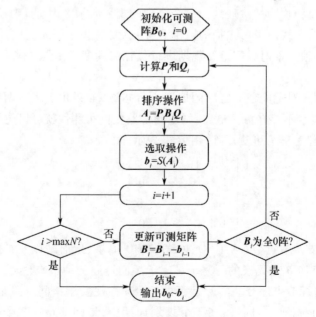

图 5.6　迭代矩阵分解算法

设:可测矩阵分别为 $\boldsymbol{B}_0,\boldsymbol{B}_1,\boldsymbol{B}_2,\cdots,\boldsymbol{B}_n$;矩阵时间序列为 $\boldsymbol{b}_0,\boldsymbol{b}_1,\boldsymbol{b}_2,\cdots,\boldsymbol{b}_n$;排序矩阵为 $\boldsymbol{P}_0,\boldsymbol{P}_1,\boldsymbol{P}_2,\cdots,\boldsymbol{P}_n,\boldsymbol{Q}_0,\boldsymbol{Q}_1,\boldsymbol{Q}_2,\cdots,\boldsymbol{Q}_n$;以及有序矩阵为 $\boldsymbol{A}_0,\boldsymbol{A}_1,\boldsymbol{A}_2,\cdots,\boldsymbol{A}_n$ 和选取函数为 $S(\cdot)$。它们的关系如下列式子所示:

$$\begin{cases} \boldsymbol{B}_0 = \boldsymbol{b}_0 + \boldsymbol{B}_1 \\ \boldsymbol{B}_1 = \boldsymbol{b}_1 + \boldsymbol{B}_2 \\ \quad\vdots \\ \boldsymbol{B}_{n-1} = \boldsymbol{b}_{n-1} + \boldsymbol{B}_n \\ \boldsymbol{B}_n = \boldsymbol{b}_{n1} \end{cases} \tag{5.2}$$

排序操作是对可测矩阵进行初等行列变换,变换所用的排序矩阵由优化目标所决定,变换得到的有序矩阵 $\boldsymbol{A}_i$ 为

$$\begin{cases} \boldsymbol{A}_0 = \boldsymbol{P}_0 \boldsymbol{B}_0 \boldsymbol{Q}_0 \\ \boldsymbol{A}_1 = \boldsymbol{P}_1 \boldsymbol{B}_1 \boldsymbol{Q}_1 \\ \quad\vdots \\ \boldsymbol{A}_{n-1} = \boldsymbol{P}_{n-1} \boldsymbol{B}_{n-1} \boldsymbol{Q}_{n-1} \end{cases} \tag{5.3}$$

选取操作按照选取函数的规则,从有序矩阵中提取出链路工作矩阵:

$$\begin{cases} \boldsymbol{b}_0 = S(\boldsymbol{A}_0) \\ \boldsymbol{b}_1 = S(\boldsymbol{A}_1) \\ \quad\vdots \\ \boldsymbol{b}_{n-1} = S(\boldsymbol{A}_{n-1}) \end{cases} \tag{5.4}$$

选取函数 $S(\cdot)$ 与星间链路的工作模式有关,如果只考虑单工情形,即在每个时刻,每颗星都只允许和另一颗星进行相对测量,那么 $S(\boldsymbol{A})$ 就是从矩阵 $\boldsymbol{A}$ 的左上角开始读取,序号小的优先配对,已配对的不能再被配对或与其他卫星进行配对,配对成功的对应位置元素置1,无法配对的置0。

通过迭代进行的排序和选取操作来获得所需的矩阵时间序列,其中 $\max N$ 是最大迭代次数。需要说明的是,$\boldsymbol{P}_i$ 和 $\boldsymbol{Q}_i$ 的计算是由优化目标和 $\boldsymbol{B}_i$ 所决定的,排序操作的目的是使最先满足优化条件的源节点和目标节点在选取操作时优先被选取。

### 5.2.1.3　星地可见性计算算法

1)地面站可见性模型

监测站与卫星测量和通信的可见性会受到接收机的观测角度的影响,只有当卫星的高度角大于接收机的截止高度时,才能进行星地测距和通信。地面可见性在站心坐标系中描述。

在站心坐标系中卫星与接收机的高度角关系如图 5.7 所示。

计算式为

$$\theta = \arcsin\left( \frac{\Delta u}{\sqrt{(\Delta e)^2 + (\Delta n)^2 + (\Delta u)^2}} \right) \tag{5.5}$$

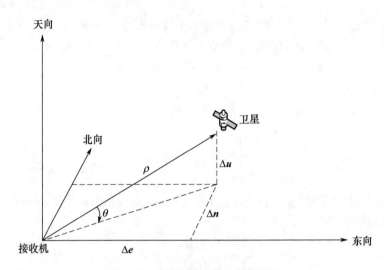

**图 5.7　接收机高度角与卫星关系**

式中:$\Delta e$、$\Delta n$、$\Delta u$ 分别为卫星在测站东北天坐标系中的位置矢量。

当计算的高度角 $\theta$ 大于接收机的截止高度角时,卫星与用户可见。

2)卫星可见性模型

卫星在地心惯性坐标系中的位置、速度分别为 $(X,Y,Z)$、$(v_x,v_y,v_z)$,地球站在地心惯性坐标系中的位置、速度分别为 $(X_1,Y_1,Z_1)$、$(v_{x_1},v_{y_1},v_{z_1})$,卫星在 $t$ 时刻的姿态参数为 $R(t)$、$P(t)$ 和 $Y(t)$,分别代表横滚角,俯仰角和偏航角。

① 偏航角,表示卫星以 $Z$ 轴为中心轴的旋转量。

② 俯仰角,表示卫星以 $Y$ 轴为中心轴的旋转量。

③ 横滚角,表示以 $X$ 轴为中心的旋转量。

(1)将方向矢量从卫星轨道坐标系转化到卫星本体坐标系。

定义从卫星轨道坐标系转化到卫星本体坐标系的转换矩阵为 $\boldsymbol{R}_x(R(t))\cdot\boldsymbol{R}_y(P(t))\cdot\boldsymbol{R}_z(Y(t))$,其中,$R(t)$、$P(t)$ 和 $Y(t)$ 为卫星在 $t$ 时刻的姿态参数,分别代表横滚角,俯仰角和偏航角,则有

$$\boldsymbol{r}_B(t)=\begin{bmatrix}x_B(t)\\y_B(t)\\z_B(t)\end{bmatrix}=R_x(R(t))\cdot R_y(P(t))\cdot R_z(Y(t))\cdot\boldsymbol{C}\cdot[\boldsymbol{r}(t)-\boldsymbol{r}_e(t)]$$

$$(5.6)$$

式中:$r(t)$ 为卫星在 J2000 地心惯性坐标系下的位置矢量;$r_e(t)$ 为地面站点 $t$ 时刻在 J2000 地心惯性坐标系下的坐标矢量;$C$ 为 J2000 地心惯性坐标系到卫星轨道坐标系的转换矩阵,计算方法如下:

$$C(3,i)=-\boldsymbol{r}/|\boldsymbol{r}| \qquad (5.7)$$

$$C(2,i)=-\boldsymbol{r}\times\dot{\boldsymbol{r}}/|\boldsymbol{r}\times\dot{\boldsymbol{r}}| \qquad (5.8)$$

$$\boldsymbol{C}(1,i) = \boldsymbol{C}(2,j) \times \boldsymbol{C}(3,k) \tag{5.9}$$

式中：$\dot{\boldsymbol{r}}$ 为卫星速度矢量；$i$，$j$ 和 $k$ 分别对应于矩阵 $\boldsymbol{C}$ 中每个行矢量的三个分量；$\boldsymbol{C}(2,j)$ 和 $\boldsymbol{C}(3,k)$ 对应于矩阵 $\boldsymbol{C}$ 中的第二行和第三行的矢量。

（2）将方向矢量从卫星本体坐标系转换到天线坐标系。

将 $\boldsymbol{r}_B(t)$ 转换到卫星的天线坐标系中得到 $\boldsymbol{r}_A(t)$，假设天线相位中心在卫星本体坐标系中的坐标为 $[x_0,y_0,z_0]^T$，安装姿态参数为 $[R_0,R_0,R_0]^T$，则

$$\boldsymbol{r}_A(t) = \begin{bmatrix} x_A(t) \\ y_A(t) \\ z_A(t) \end{bmatrix} = R_x(R_0) \cdot R_y(P_0) \cdot R_z(Y_0) \left( \boldsymbol{r}_B(t) - \begin{bmatrix} x_0 \\ y_0 \\ z_0 \end{bmatrix} \right) \tag{5.10}$$

（3）计算天线方位角和离轴角。

离轴角 $E$ 和方位角 $A_z$ 计算公式如下：

$$E = 90° - \arctan \frac{z_A(t)}{\sqrt{x_A(t)^2 + y_A(t)^2}} \tag{5.11}$$

$$A_z = \arctan \frac{y_A(t)}{x_A(t)} \tag{5.12}$$

当被观测对象的离轴角 $E$ 和方位角 $A_z$ 都在卫星天线的波束角范围内时，则被观测对象为可见，否则不可见。

#### 5.2.1.4　星间可见性计算算法

两个网络节点之间能否建立时间同步链路的基本前提是节点之间的可见性。Ka 点波束星间链路体制下，影响节点间可见性的因素主要包括地球遮挡和天线波束扫描范围。两个节点相互可见必须同时满足：两个节点之间的信号传播路径不受地球遮挡，即几何可见性，如图 5.8 所示；两个节点同时位于彼此天线的波束扫面范围内，即天线可见性，如图 5.9 所示。

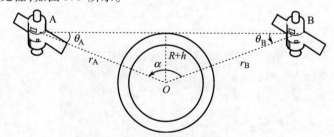

图 5.8　几何可见性

可见性是时间同步网络节点、地球之间的相对位置与节点天线扫描范围约束作用的结果，因此在一定的天线扫描范围约束下，根据节点在地心参考坐标系下的位置可建立节点间可见性实时判定模型，即两节点相互可见，当且仅当：

$$\pi - \theta_{max} - \arcsin \frac{r_{min} \sin\theta_{max}}{r_{max}} \leq \alpha \leq \pi - \arcsin\left(\frac{R+h}{r_A}\right) - \arcsin\left(\frac{R+h}{r_B}\right) \tag{5.13}$$

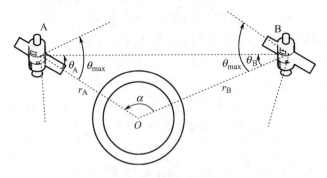

图 5.9　天线可见性

式中：$R$ 为地球半径；$h$ 为地球大气层厚度；$r_A$、$r_B$ 分别为节点 A、B 的地心距；$\theta_{\max}$ 为 Ka 天线最大扫描角度；$r_{\min} = \min(r_A, r_B)$，$r_{\max} = \max(r_A, r_B)$；$\alpha$ 为节点 A、B 的地心夹角，随节点与地球的相对位置而改变，根据节点在地心坐标系中的实时位置计算：

$$\alpha(t) = \arccos\left(\frac{r_A(t) \cdot r_B(t)}{r_A(t) \cdot r_B(t)}\right) \tag{5.14}$$

#### 5.2.1.5　基于两行轨道根数(TLE)的轨道长期预报方法

为了进行长期的业务规划，往往需要对卫星轨道进行长期预报。国际上采用较为广泛的卫星轨道预报为基于 TLE 格式的 SGP4/SDP4 模型(SGP——简化通用摄动；SDP——简化深空摄动)，该模型是由美国北美空防司令部(NORAD)开发的一种轨道预报模型，结合美国全球观测网的观测资料生成了全球最大的空间目标编目数据库，并以 TLE 发布出来。本书采用的卫星轨道计算和预报模型主要包括两个部分：卫星轨道参数计算和卫星星下点经纬度计算，如图 5.10 所示。

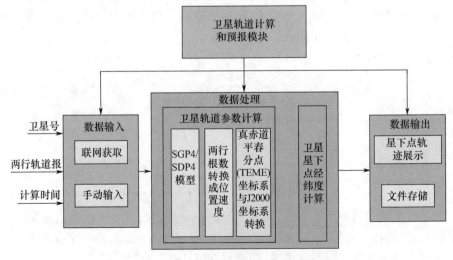

图 5.10　轨道计算与预报模块组成图

卫星轨道参数计算主要根据用户设置的两行报或轨道参数计算卫星任意时刻的

轨道根数、位置、速度等卫星轨道参数信息,然后再根据卫星在地心地固坐标系中位置信息计算卫星的星下点经度和纬度。

1)TLE 参数说明

TLE 格式如下:

| Card# | Satellite Number | Class | International Designator | | | Yr | Day of Year(plus fraction) | | Mean motion derivative (rev/day/2) | | Mean motion second derivative (rev/day2/6) | | Bstar(/ER) | | | Eph | Elem num | Chk Sum |
|---|---|---|---|---|---|---|---|---|---|---|---|---|---|---|---|---|---|---|
| | | | Year | Lch# | Piece | | | S | | S. | | S. | | S | E | | | |
| 1 | 1 6 6 0 9 | U | 8 6 0 | 1 7 | A | 9 3 | 3 5 2 . 5 3 5 0 2 9 3 4 | | . 0 0 0 0 7 8 8 9 | | 0 0 0 0 0 - 0 | | 1 0 5 2 9 - 3 | | 0 | | 3 4 | 2 |

| | | Inclination(deg) | Right Ascension of the Node(deg) | Eccentricity | Arg of Perigee (deg) | Mean Anomaly (deg) | Mean Motion (rev/day) | Epoch Rev | Chk |
|---|---|---|---|---|---|---|---|---|---|
| 2 | 1 6 6 0 9 | 5 1 . 6 1 9 0 | 1 3 . 3 3 4 0 | 0 0 0 5 7 7 0 | 1 0 2 . 5 6 8 0 | 2 5 7 . 5 9 5 0 | 1 5 . 5 9 1 1 4 0 7 0 | 4 4 7 8 6 | 9 |

图 5.11　TLE 格式(国际标准)

从 NORAD 网站(www. celestrak. com/norad/elements)上获取某颗卫星的 TLE 如下所示:

1 32958U 08026A **14282. 17928160** .00000138 00000-0 85749-4 0 4370

2 32958 **98. 5430 337. 1013 0008845 246. 8539 113. 1723 14. 19476857**330015

第一行中排粗体的是 TLE 历时;

第二行中排粗体的分别是轨道倾角、升交点赤经、偏心率、近地点角距、平近点角和每日运行圈数。

需要注意的是两行根数是在瞬时真赤道平春分点(TEME)坐标系里描述的。如果轨道预报动力学模型是在历元平赤道平春分点 J2000 地心惯性坐标系进行,则需要进行如下转化:先把根数转化成位置速度,再把 TEME 坐标系里的位置速度转化成 J2000 里的位置速度。

2)根据 TLE 参数计算卫星位置

TLE 考虑了地球扁率、日月引力的长期和周期摄动影响,以及大气阻力模型产生的引力共振(gravitational resonance effects)和轨道衰退。这里 TLE 是"平均"根数,它用特定的方法去掉了周期扰动项;预测模型必须用同样的方法重构周期扰动项。

本书采用 NORAD 公布的 SGP4 算法。

定义如下符号:

$n_0$ 为历元时刻的"平均"运动角速率;

$e_0$ 为历元时刻的"平均"偏心率;

$i_0$ 为历元时刻的"平均"轨道倾角;

$M_0$ 为历元时刻的"平均"平近点角;

$\omega_0$ 为历元时刻的"平均"近地点幅角;

$\Omega_0$ 为历元时刻的"平均"升交点赤经;

$\dot{n}_0$ 为历元时刻的"平均"平均运动角速率的一阶变率;

$\ddot{n}_0$ 为历元时刻的"平均"平均运动角速率的二阶变率;

$B^*$ 为 SGP4 定义的大气阻力系数;

$k_e$ 为 $\sqrt{GM}$,其中,$G$ 是牛顿万有引力常数,$M$ 是地球质量;

$a_E$ 为地球赤道半径;

$J_2$ 为地球引力场球谐系数二阶带谐项;

$J_3$ 为地球引力场球谐系数三阶带谐项;

$J_4$ 为地球引力场球谐系数四阶带谐项;

$(t-t_0)$ 为从历元时刻起算的时间间隔;

$k_2 = \dfrac{1}{2} J_2 a_E^2$;

$k_4 = \dfrac{3}{8} J_4 a_E^4$;

$A_{3,0} = -J_3 a_E^3$;

$q_0 = $ SGP4 大气密度函数的参数,初始值可取为 120.0;

$s = $ SGP4 大气密度函数的参数,初始值可取为 78.0。

(1) 计算平均运动角速率 $n_0''$ 和轨道长半轴 $a_0''$。

$$n_0'' = \frac{n_0}{1 + \delta_0} \tag{5.15}$$

$$a_0'' = \frac{a_0}{1 - \delta_0} \tag{5.16}$$

式中

$$\delta_0 = \frac{3}{2} \frac{k_2}{a_0^2} \frac{(3\cos^2 i_0 - 1)}{(1 - e_0^2)^{\frac{3}{2}}} \tag{5.17}$$

$$a_0 = a_1 \left( 1 - \frac{1}{3}\delta_1 - \delta_1^2 - \frac{134}{81}\delta_1^3 \right) \tag{5.18}$$

$$\delta_1 = \frac{3}{2} \frac{k_2}{a_1^2} \frac{(3\cos^2 i_0 - 1)}{(1 - e_0^2)^{\frac{3}{2}}} \tag{5.19}$$

$$a_1 = \left( \frac{k_e}{n_0} \right)^{\frac{2}{3}} \tag{5.20}$$

(2) 计算大气密度函数的参数 $s$。

根据近地点高度 $h_p$ 计算大气密度函数的参数 $s$:

$$\begin{cases} s^* = s & h_p \geqslant 156\text{km} \\ s^* = a''(1 - e_0) - s + a_E & 98\text{km} \leqslant h_p < 156\text{km} \\ s^* = 20/\text{XKMPER} + a_E & h_p < 98\text{km} \end{cases} \tag{5.21}$$

式中:XKMPER 为以 km 表示的地球半径,取值为 6378.135km。

若 $s$ 发生改变,即 $s^* \neq s$,则 $(q_0 - s)^4$ 必须重新计算如下:

$$(q_0 - s^*)^4 = \left\{ \left[ (q_0 - s^*)^4 \right] \frac{1}{4} + s - s^* \right\}^4 \quad (5.22)$$

(3)计算考虑大气阻力和地球引力影响的长期项:

$$M_{\mathrm{DF}} = M_0 + \left[ 1 + \frac{3k_2(-1 + 3\theta)}{2a''^2_0\beta^3_0} + \frac{3k_2^2(13 - 78\theta^2 + 137\theta^4)}{16a''^4_0\beta^7_0} \right] n''_0(t - t_0) \quad (5.23)$$

$$\omega_{\mathrm{DF}} = \omega_0 + \left[ -\frac{3k_2(1 - 5\theta)}{2a''^2_0\beta^4_0} + \frac{3k_2^2(7 - 114\theta^2 + 395\theta^4)}{16a''^4_0\beta^8_0} + \right.$$

$$\left. \frac{5k_4(3 - 36\theta^2 + 49\theta^4)}{4a''^4_0\beta^8_0} \right] n''_0(t - t_0) \quad (5.24)$$

$$\Omega_{\mathrm{DF}} = \Omega_0 + \left[ -\frac{3k_2\theta}{a''^2_0\beta^4_0} + \frac{3k_2^2(4\theta - 19\theta^3)}{2a''^4_0\beta^8_0} + \frac{5k_4\theta(3 - 7\theta^2)}{2a''^4_0\beta^8_0} \right] n''_0(t - t_0) \quad (5.25)$$

$$\delta\omega = B^* C_3(\cos\omega_0)(t - t_0) \quad (5.26)$$

$$\delta M = -\frac{2}{3}(q_0 - s)^4 B^* \xi^4 \frac{a_{\mathrm{E}}}{e_0\eta} \left[ (1 + \eta\cos M_{\mathrm{DF}})^3 - (1 + \eta\cos M_0)^3 \right] \quad (5.27)$$

$$M_{\mathrm{p}} = M_{\mathrm{DF}} + \delta\omega + \delta M \quad (5.28)$$

$$\omega = \omega_{\mathrm{DF}} - \delta\omega - \delta M \quad (5.29)$$

$$\Omega = \Omega_{\mathrm{DF}} - \frac{21}{2} \frac{n''_0 k_2\theta}{a''^2_0\beta^2_0} C_1(t - t_0)^2 \quad (5.30)$$

$$e = e_0 - B^* C_4(t - t_0) - B^* C_5(\sin M_{\mathrm{p}} - \sin M_0) \quad (5.31)$$

$$a = a''_0 \left[ 1 - C_1(t - t_0) - D_2(t - t_0)^2 - D_3(t - t_0)^3 - D_4(t - t_0)^4 \right]^2 \quad (5.32)$$

$$\mathrm{IL} = M_{\mathrm{p}} + \omega + \Omega + n''_0 \left[ \frac{3}{2} C_1(t - t_0)^2 + (D_2 + 2C_1^2)(t - t_0)^3 + \right.$$

$$\frac{1}{4}(3D_3 + 12C_1 D_2 + 10C_1^3)(t - t_0)^4 +$$

$$\left. \frac{1}{5}(3D_4 + 12C_1 D_3 + 6D_2^2 + 30C_1^2 D_2 + 15C_1^4)(t - t_0)^5 \right] \quad (5.33)$$

$$\beta = \sqrt{(1 - e^2)} \quad (5.34)$$

$$n = \frac{k_{\mathrm{e}}}{a^{\frac{3}{2}}} \quad (5.35)$$

式中

$$\theta = \cos i_0$$

$$\xi = \frac{1}{a''_0 - s}$$

$$\beta_0 = (1 - e_0^2)^{\frac{1}{2}}$$

$$\eta = a_0'' e_0 \xi$$

$$C_2 = (q_0 - s)^4 \xi^4 n_0'' (1 - \eta^2)^{-\frac{7}{2}} \left[ a_0'' \left( 1 + \frac{3}{2}\eta^2 + 4e_0\eta + e_0\eta^3 \right) + \right.$$

$$\left. \frac{3}{2} \frac{k_2\xi}{(1 - \eta^2)} \left( -\frac{1}{2} + \frac{3}{2}\theta^2 \right)(8 + 24\eta^2 + 3\eta^4) \right]$$

$$C_2 = B^* C_2$$

$$C_3 = \frac{(q_0 - s)^4 \xi^5 A_{3,0} n_0'' a_E \sin i_0}{k_2 e_0}$$

$$C_4 = 2n_0''(q_0 - s)^4 \xi^4 a_0'' \beta_0^2 (1 - \eta^2)^{-\frac{7}{2}} \left( \left[ 2\eta(1 + e_0\eta) + \frac{1}{2}e_0 + \frac{1}{2}\eta^3 \right] - \right.$$

$$\frac{2k_2\xi}{a_0''(1 - \eta^2)} \times \left[ 3(1 - 3\theta^2)\left( 1 + \frac{3}{2}\eta^2 - 2e_0\eta - \frac{1}{2}e_0\eta^3 \right) + \right.$$

$$\left. \left. \frac{3}{4}(1 - \theta^2)(2\eta^2 - e_0\eta - e_0\eta^3)\cos 2\omega_0 \right] \right)$$

$$C_5 = 2(q_0 - s)^4 \xi^4 a_0'' \beta_0^2 (1 - \eta^2)^{-\frac{7}{2}} \left[ 1 + \frac{11}{4}\eta(\eta + e_0) + e_0\eta^3 \right]$$

$$D_2 = 4a_0'' \xi C_1^2$$

$$D_3 = \frac{4}{3}a_0'' \xi^2 (17a_0'' + s)C_1^3$$

$$D_4 = \frac{2}{3}a_0'' \xi^3 (221a_0'' + 31s)C_1^4$$

注意：当历元时刻近地点高度小于 220km 时，$a$ 和 IL 的计算公式只考虑到 $C_1$ 项，而不考虑涉及 $C_5$、$\delta\omega$ 和 $\delta M$ 的项。

（4）计算长周期项：

$$IL_L = \frac{A_{3,0}\sin i_0}{8k_2 a\beta^2}(e\cos\omega)\left( \frac{3 + 5\theta}{1 + \theta} \right) \tag{5.36}$$

$$II_T = IL + IL_L \tag{5.37}$$

解 $(E + \omega)$ 的开普勒方程

$$(E + \omega)_{i+1} = (E + \omega)_i + \Delta(E + \omega)_i \tag{5.38}$$

式中

$$\Delta(E + \omega)_i = \frac{U - a_{yN}\cos(E + \omega)_i + a_{xN}\sin(E + \omega)_i - (E + \omega)_i}{-a_{yN}\sin(E + \omega)_i - a_{xN}\cos(E + \omega)_i + 1} \tag{5.39}$$

而且有

$$(E + \omega)_1 = U$$

$$U = IL_T - \Omega$$

$$a_{xN} = e\cos\omega$$

$$a_{yN} = e\sin\omega + \frac{A_{3,0}\sin i_0}{4k_2\alpha\beta^2}$$

（5）计算短周期项：

$$e\cos E = a_{xN}\cos(E + \omega) + a_{yN}\sin(E + \omega) \tag{5.40}$$

$$e\sin E = a_{xN}\sin(E + \omega) - a_{yN}\cos(E + \omega) \tag{5.41}$$

$$e_L = (a_{xN}^2 + a_{yN}^2)^{\frac{1}{2}} \tag{5.42}$$

$$p_L = a(1 - e_L^2) \tag{5.43}$$

$$r = a(1 - e\cos E) \tag{5.44}$$

$$\dot{r} = k_e \frac{\sqrt{a}}{r} e\sin E \tag{5.45}$$

$$r\dot{f} = k_e \sqrt{\frac{p_L}{r}} \tag{5.46}$$

$$\cos u = \frac{a}{r} \left[ \cos(E + \omega) - a_{xN} + \frac{a_{yN}(e\sin E)}{1 + \sqrt{1 - e_L^2}} \right] \tag{5.47}$$

$$\sin u = \frac{a}{r} \left[ \sin(E + \omega) - a_{yN} - \frac{a_{xN}(e\sin E)}{1 + \sqrt{1 - e_L^2}} \right] \tag{5.48}$$

从而,有

$$u = \arctan\left( \frac{\sin u}{\cos u} \right) \tag{5.49}$$

计算短周期项

$$\Delta r = \frac{k_2}{2p_L}(1 - \theta^2)\cos 2u \tag{5.50}$$

$$\Delta u = \frac{k_2}{4p_L^2}(7\theta^2 - 1)\sin 2u \tag{5.51}$$

$$\Delta\Omega = \frac{3k_2\theta}{2p_L^2}\sin 2u \tag{5.52}$$

$$\Delta i = \frac{3k_2\theta}{2p_L^2}\sin i_0\cos 2u \tag{5.53}$$

$$\Delta\dot{r} = -\frac{k_2 n}{p_L}(1 - \theta^2)\sin 2u \tag{5.54}$$

$$\Delta r\dot{f} = \frac{k_2 n}{p_L}\left[ (1 - \theta^2)\cos 2u - \frac{3}{2}(1 - 3\theta^2) \right] \tag{5.55}$$

（6）计算密切轨道根数。

$$r_k = r\left[1 - \frac{3}{2}k_2\frac{\sqrt{1-e_{\mathrm{L}}^2}}{p_{\mathrm{L}}^2}(3\theta^2 - 1)\right] + \Delta r \tag{5.56}$$

$$\begin{bmatrix} u_k \\ \Omega_k \\ i_k \\ \dot{r}_k \\ r\dot{f}_k \end{bmatrix} = \begin{bmatrix} u \\ \Omega \\ i_0 \\ \dot{r} \\ r\dot{f} \end{bmatrix} + \begin{bmatrix} \Delta u \\ \Delta\Omega \\ \Delta i \\ \Delta\dot{r} \\ \Delta r\dot{f} \end{bmatrix} \tag{5.57}$$

（7）由密切轨道根数计算位置和速度。

首先计算单位方向矢量 $U$ 和 $V$：

$$\begin{cases} U = M\sin u_k + N\cos u_k \\ V = M\cos u_k - N\sin u_k \end{cases} \tag{5.58}$$

式中

$$M = \begin{bmatrix} -\sin\Omega_k\cos i_k \\ \cos\Omega_k\cos i_k \\ \sin i_k \end{bmatrix}, N = \begin{bmatrix} \cos\Omega_k \\ \sin\Omega_k \\ 0 \end{bmatrix}$$

于是，位置和速度矢量可计算如下：

$$r = r_k U \tag{5.59}$$

$$\dot{r} = \dot{r}U + (r\dot{f})_k V \tag{5.60}$$

3）将卫星位置从瞬时真赤道平春分点（TEME）坐标系转换到 J2000 地心惯性坐标系

由 TEME 坐标系到 J2000 地心惯性坐标系转换的矩阵为

$$U = P^{-1}N^{-1}R_z(-\Delta\mu) \tag{5.61}$$

式中：$P$ 为岁差矩阵；$N$ 为章动矩阵。分别计算如下：

$$P = R_z(-z_{\mathrm{A}})R_y(\theta_{\mathrm{A}})R_z(\xi_{\mathrm{A}}) \tag{5.62}$$

$$N = R_x(-\varepsilon - \Delta\varepsilon)R_z(-\Delta\psi)R_x(\varepsilon) \tag{5.63}$$

式中：$z_{\mathrm{A}}$、$\theta_{\mathrm{A}}$、$\xi_{\mathrm{A}}$ 为 3 个赤道岁差参数；$\Delta\varepsilon$ 为交角章动。

$\Delta\mu$ 为赤经章动，且

$$\Delta\mu = \Delta\psi\cos(\varepsilon) \tag{5.64}$$

式中：$\varepsilon$ 为平黄赤交角；$\Delta\psi$ 为黄经章动。比较复杂的是章动模型，推荐使用 IAU2006 理论，至少使用 IAU1980 理论。

### 5.2.2 星地指令控制仿真

系统管理与控制业务很大程度上是地面段对空间段实施控制的主要内容。空间段是对整个卫星星座的概括，但具体的实体却是每一颗具体的导航卫星，也就是说，导航卫星才是卫星导航系统管理与控制的主要对象。因此,有必要先简要介绍导航卫星,在此基础上再讨论星地指令控制的仿真问题。

### 5.2.2.1　导航卫星及其有效载荷仿真

导航卫星的组成结构如图5.12所示。不难看出,卫星主要由两部分组成:有效载荷和卫星平台。每一部分按照功能划分,又可细分为模块。对于导航卫星,我们只关注导航有效载荷。

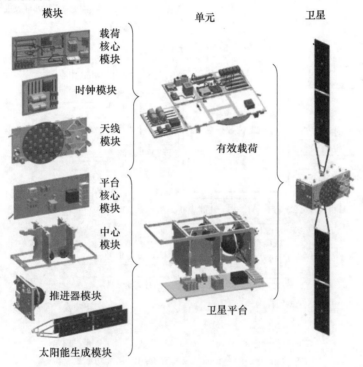

图5.12　导航卫星组成结构分解图

以 GPS Block ⅡF 卫星为例,与卫星导航业务相关的有效载荷包括:导航任务处理单元、原子频标单元、L 频段天线、L 频段子系统、星间链路单元、自主导航单元等,如图5.13所示。因此,有效载荷仿真主要包括星载原子钟仿真、导航任务处理单元仿真、L 频段分系统仿真、星间链路处理单元仿真和天线分系统仿真等模块[6]。

### 5.2.2.2　卫星指令控制仿真

卫星有效载荷仿真模块主要实现对星地控制指令的响应,对上注电文、规划等信息的响应和回执等,其中主要是对指令回执信息的仿真,针对不同卫星有效载荷的上注内容和命令由不同的模块产生响应和回执。按照既定的管控与测通、星地控制等接口格式仿真,一般包括类别号、数据段长度、控制指令类别号、回执内容等。而回执内容则一般包括回执状态、回执状态对应的周计数和周内秒等,其中回执状态的具体内容见表5.2。

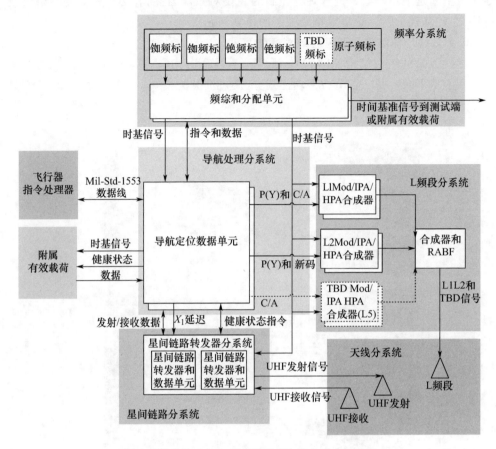

TBD—待确定的;RABF—鲁棒自适应波束;C/A—粗/捕获;

UHF—特高频;IPA—中间功率放大器;HPA—高功率放大器。

图 5.13　GPS Block ⅡF 有效载荷组成框图

表 5.2　回执状态表

| 序号 | 回执状态值 | 含义 |
|---|---|---|
| 1 | 0 | 收到指令 |
| 2 | 1 | 执行开始 |
| 3 | 2 | 执行结束 |
| 4 | 3 | 请求重发 |
| 5 | 4 | 执行失败 |
| 6 | 其他 | 预留 |

　　收到管控系统的控制指令后,向管控发送回执信息,控制指令重发次数最多为 3 次,超过 3 次后指令执行方向指令发送方发送执行失败信息。

#### 5.2.2.3　调整卫星钟仿真

卫星有效载荷仿真还需仿真卫星钟调整的过程,主要是对卫星钟调相、调频、钟切换等指令的响应。在卫星接收到钟调相指令后,在调相指令生效时刻,有

$$t = t_\text{s} + \text{AdjPV} \tag{5.65}$$

式中:AdjPV 为调相值,单位为 ms;$t_\text{s}$ 为调钟前的值。若在指令生效之前又收到同类型指令,则以最新指令为准。

### 5.2.3　导航电文仿真

电文数据仿真包括导航星历、广域差分及完好性信息等数据仿真。

#### 5.2.3.1　导航电文仿真模型

基本导航电文包括星历参数、钟差参数和电离层延迟改正参数。

1) 星历参数仿真模型

在导航星座实时仿真系统中,导航卫星需要实时播发导航电文以满足各类接收机定位测试的需求,因此系统需要实时生成导航电文。实时卫星星历是导航电文的主要内容。而星历误差计算方法与星历拟合算法、星历参数的选取等因素相关。因此,下面先给出星历拟合的一般算法,然后根据系统实时运行需求,提出实时仿真系统中误差实现方法[7]。

在导航电文所包含的诸多内容中,卫星星历由一组参数表示,通常为 16 个参数,包括参考时间 $t_\text{oe}$、6 个开普勒根数 $(A, e, i_0, \omega, \Omega_0, M_0)$ 和 9 个摄动参数 $(\Delta n, \text{idot}, \dot{\Omega}, C_\text{us}, C_\text{uc}, C_\text{rs}, C_\text{rc}, C_\text{is}, C_\text{ic})$。将这一组参数作为待估参数,记为 $\boldsymbol{X} = (x_1, x_2, \cdots, x_m)^\text{T}$,其中,$m$ 为待估参数的个数。若已知一系列观测量 $Y_j, j = 1, 2, \cdots, n$,其中,$n$ 为观测量总数,建立如下观测方程:

$$\boldsymbol{Y} = \boldsymbol{Y}(\boldsymbol{X}, t) \tag{5.66}$$

式中:$\boldsymbol{X}$ 为参考历元 $t_\text{oe}$ 时刻的星历参数;$\boldsymbol{Y}$ 为含 $m(m \geqslant 15)$ 个观测量的观测列矢量。设 $X_i$ 为估值 $\boldsymbol{X}$ 在第 $i$ 次迭代的初值,将观测方程在所给初值处展开,并舍去二阶和二阶以上的小量后可得

$$\boldsymbol{Y} = \boldsymbol{Y}(\boldsymbol{X}_i, t) + \frac{\partial \boldsymbol{Y}}{\partial x_1}\delta x_1 + \frac{\partial \boldsymbol{Y}}{\partial x_2}\delta x_2 + \cdots + \frac{\partial \boldsymbol{Y}}{\partial x_m}\delta x_m \tag{5.67}$$

式中:$\boldsymbol{Y}(X_i, t)$ 为用参考历元 $t_\text{oe}$ 时刻星历参数初值计算的观测值;$\delta x_1, \delta x_2, \cdots, \delta x_m$ 分别为相应星历参数的改正值;$\partial \boldsymbol{Y}/\partial x_1, \partial \boldsymbol{Y}/\partial x_2, \cdots, \partial \boldsymbol{Y}/\partial x_m$ 分别为观测量对星历参数的偏导数。以卫星位置为观测量,根据上式建立观测方程组,再通过最小二乘法即可估计出一组星历参数。

(1) 星历误差特性分析。

实际上,星历拟合过程是在主控站利用监测站观测数据进行轨道确定之后。主控站将定轨得到的轨道及其动力学模型参数进行长期轨道预报,然后再将轨道预报

结果作为观测值,利用式(5.66)、式(5.67)以及最小二乘法拟合得到星历参数。

为了分析广播星历误差的周期特性,采用误差频谱分析方法[8],对广播星历误差进行频谱分析。这里取最大周期为 7 天,最小周期为 0.01 天,即 $[f_1, f_2] = [(1/7)$ D,100/D],其中,D 为 1 天,进行频谱分析。分析结果发现,星历误差以 1 天周期或其倍频周期为主。限于篇幅,这里任意给出 PRN14 卫星和 PRN27 卫星周期序列为 T = {D, D/2, D/3, D/4, D/5, D/6, D/7, D/8} 的频谱分析结果。T 对应周期项的振幅序列为 $\{A_p\}$,其中,P 为 1 ~ 8 的整数。PRN14 卫星和 PRN27 卫星 1 天和 1 周的频谱特性如图 5.14 和图 5.15 所示。

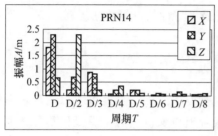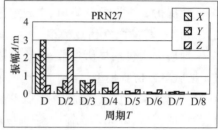

图 5.14　1 天星历误差频谱特性

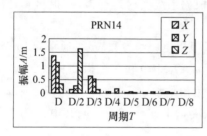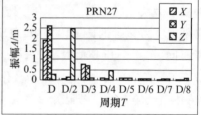

图 5.15　7 天星历误差频谱特性

由图 5.14 和图 5.15 可知,广播星历误差以 24h、12h、8h 和 6h 周期为主。其中:X、Y 方向以 24h 周期为主,12h 和 8h 周期影响也较为显著;Z 方向以 12h 周期为主,24h 和 6h 周期影响也较为显著。分别以上述主要影响周期对 X、Y、Z 方向的星历误差进行拟合,拟合效果如图 5.16 所示。其中,$dx_0$、$dy_0$ 和 $dz_0$ 分别表示实际星历误差,dx、dy 和 dz 分别表示对 $dx_0$、$dy_0$ 和 $dz_0$ 的拟合结果。在一个 GPS 周内的拟合中误差约为 0.6m,进一步说明了星历误差的周期特性。

由星历参数计算所得的轨道与实际轨道相比之所以存在误差,主要原因如下。

① 星历参数是轨道预报结果的另一种表现形式,存在轨道预报误差;

② 星历参数是轨道预报结果的简化表达式,存在简化误差(拟合误差)。

(2)星历误差仿真。

作为仿真测试系统,这里不打算采用与主控站一致的方法,即通过轨道确定和预报自然地引入星历误差,而是采用近似等效的方法。这种近似的方法就是在真实轨

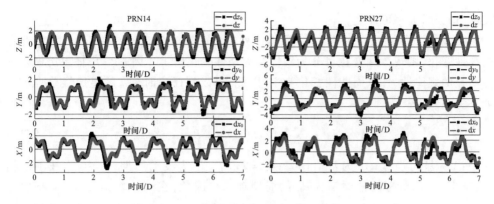

图 5.16　一周星历误差拟合效果(见彩图)

道(仿真理论轨道)的基础上叠加轨道误差,然后再利用带有误差的轨道拟合星历。在真实轨道(仿真理论轨道)的基础上叠加轨道误差,即

$$\sigma_{\mathrm{E}} = \sigma_0 + \Delta\sigma \tag{5.68}$$

式中:$\sigma_{\mathrm{E}}$ 为带有误差的轨道;$\sigma_0$ 为仿真理论轨道;$\Delta\sigma$ 为轨道误差。

　　为了满足实时甚至超实时要求,轨道误差计算应选择计算量小、易于实现的仿真算法;为了满足连续性和可控性要求,并结合轨道误差特性,轨道误差应选择幅值大小和周期可控的周期波动误差。为此,这里提出三种星历误差仿真方法,分别称为类卫星编队误差法、多项式误差法和调和项误差法。

　　① 类卫星编队误差法。从本质上看,星历误差之所以存在的一个重要原因是精密定轨得到的轨道与实际轨道存在误差,从而,用定轨结果外推预报并拟合得到的卫星星历与实际轨道存在误差。这种误差与轨道周期具有密切相关性。如式(5.69)所示:

$$\sigma_0 = \hat{\sigma}_0 + \varepsilon_{\hat{\sigma}_0} \tag{5.69}$$

式中:$\sigma_0$ 为实际初始轨道;$\hat{\sigma}_0$ 为精密定轨得到的初始轨道;$\varepsilon_{\hat{\sigma}_0}$ 为初始定轨误差。并令 $\sigma(t)$、$\hat{\sigma}(t)$ 和 $\varepsilon_{\hat{\sigma}}(t)$ 分别表示 $t$ 时刻的实际轨道、定轨结果外推预报得到的轨道和两者之差。由于初始定轨误差的存在,$\varepsilon_{\hat{\sigma}}(t)$ 具有以轨道周期为周期的正弦波动。如果将实际轨道和定轨得到的轨道认为是两颗卫星 A 和 B,由于 $\varepsilon_{\hat{\sigma}}(t)$ 较小,则可以认为 A、B 卫星处于伴飞状态。进一步,寻找一个 $\varepsilon_{\hat{\sigma}_0}$,使得 A、B 卫星构成编队,则这两颗卫星之间的位置误差由编队构型确定。组成编队的卫星轨道长半轴相等,其他轨道参数有微差[9]。本书正是基于这一思想得到星历误差,因此,可形象地称之为类卫星编队误差法。

　　类卫星编队误差法要求在拟合卫星星历之前,先得到卫星的初始理论轨道,再根据设定的星历误差大小,设计与理论轨道构成编队的轨道,然后将所得编队轨道外推预报并拟合卫星星历,得到的星历误差即满足周期性和幅值大小。由于误差轨道与理论轨道在受力方面是一致的,因此编队构型保持不变,从而星历误差大小不随时间发散,即误差大小可控。

② 多项式误差法。通常,一组数据序列 $y(t_i)(i=1,2,\cdots)$ 在时间轴上如果存在规律性变化,则规律性变化可分为线性和周期性变化两类。因 GPS 广播星历误差具有明显的规律性,且以周期性变化为主,因此,可以将任意时刻 $t$ 的星历误差表示为如下关系式:

$$\Delta = A_0 + \sum_{i=1}^{n} \left[ A_i \cos(\omega_i t) + B_i \sin(\omega_i t) \right] \tag{5.70}$$

式中: $\Delta$ 为星历误差; $A_0$ 为常值偏差; $\omega_i = 2\pi/T_i$ , $T_i$ 为波动周期; $A_i$ 、 $B_i$ 为波动的幅值, $i=1,\cdots,n$ , $n$ 为包含周期为 $T_i$ 的周期项数。因此,在理论轨道 $\sigma(t)$ 上叠加由式(5.70)确定的位置误差得到误差轨道 $\hat{\sigma}(t)$ ,由 $\hat{\sigma}(t)$ 拟合得到的卫星星历则满足周期性和误差大小要求,且误差大小和周期可控。基于这一思想得到的星历误差,称为多项式误差法。

此法的关键是式(5.70)中参数的确定,即 $A_0$ 、 $A_i$ 、 $B_i$ 等参数的确定。一种方法是直接用 GPS 广播星历的星历误差拟合结果,则计算得到星历误差必将与 GPS 广播星历吻合。另一种方法是仿真开始时,按照预设误差幅值的大小,生成一组随机数作为 $A_0$ 、 $A_i$ 、 $B_i$ 等参数的取值。后一种方法不必先拟合 GPS 星历误差,且每次仿真可以有不同的取值,体现了灵活性。

③ 调和项误差法。类卫星编队误差法和多项式误差法都是在星历拟合之前在理论轨道上叠加轨道或位置误差得到,其目的都是使拟合得到的星历满足一定的误差特性。因此,可以从卫星星历出发,研究一种直接在拟合结果上叠加星历误差的方法。下面以广播星历由 6 个轨道参数 $(\sqrt{a},e,i,\Omega,\omega,M_0)$ 和 9 个摄动项 $(\Delta n,\dot{\Omega},\dot{i},C_{rs},C_{rc},C_{us},C_{uc},C_{is},C_{ic})$ 组成的星历参数为例,讨论在拟合结果上直接叠加星历误差的方法。

由卫星星历计算卫星位置的算法可得

$$\begin{bmatrix} x_k \\ y_k \\ z_k \end{bmatrix} = \boldsymbol{R}_3(-\Omega_k) \boldsymbol{R}_1(-i_k) \begin{bmatrix} r_k \cos(u_k) \\ r_k \sin(u_k) \\ 0 \end{bmatrix} \tag{5.71}$$

式中: $(x_k,y_k,z_k)^{\mathrm{T}}$ 为 $t_k$ 时刻卫星在地固坐标系下的位置矢量; $r_k$ 为 $t_k$ 时刻卫星的地心距; $\Omega_k$ 为升交点经度; $i_k$ 为轨道倾角; $u_k$ 为升交点角距; $\boldsymbol{R}_1$ 、 $\boldsymbol{R}_3$ 分别为绕 $X$ 轴和绕 $Y$ 轴旋转的旋转矩阵。将式(5.71)展开,写成 $r_k$ 、 $u_k$ 和 $i_k$ 的增量形式,有

$$\begin{cases} x_k = (r_{k0}+\Delta r)\cos(u_{k0}+\Delta u)\cos(\Omega_k) - (r_{k0}+\Delta r)\sin(u_{k0}+\Delta u)\cos(i_{k0}+\Delta i)\sin(\Omega_k) \\ y_k = (r_{k0}+\Delta r)\cos(u_{k0}+\Delta u)\sin(\Omega_k) + (r_{k0}+\Delta r)\sin(u_{k0}+\Delta u)\cos(i_{k0}+\Delta i)\cos(\Omega_k) \\ z_k = (r_{k0}+\Delta r)\sin(u_{k0}+\Delta u)\sin(i_{k0}+\Delta i) \end{cases}$$
$$\tag{5.72}$$

将式(5.72)展开,并考虑 $\Delta r$ 、 $\Delta u$ 和 $\Delta i$ 为小量,化简得到

$$\begin{cases} x_k = x_{k0} + \big[r_{k0}\sin(u_{k0})\cos(\Omega_k) - r_{k0}\cos(u_{k0})\cos(i_{k0})\sin(\Omega_k)\big]\Delta u + \\ \qquad \cos(u_{k0})\cos(\Omega_{k0})\cdot\Delta r + r_{k0}\sin(u_{k0})\sin(i_{k0})\sin(\Omega_{k0})\cdot\Delta i \\ y_k = y_{k0} - \big[r_{k0}\sin(u_{k0})\sin(\Omega_k) - r_{k0}\cos(u_{k0})\cos(i_{k0})\cos(\Omega_k)\big]\Delta u + \\ \qquad \cos(u_{k0})\sin(\Omega_{k0})\cdot\Delta r - r_{k0}\sin(u_{k0})\sin(i_{k0})\cos(\Omega_{k0})\cdot\Delta i \\ z_k = z_{k0} + r_{k0}\cos(u_{k0})\sin(i_{k0})\cdot\Delta u + \sin(u_{k0})\sin(i_{k0})\cdot\Delta r + r_{k0}\sin(u_{k0})\cos(i_{k0})\cdot\Delta i \end{cases}$$
$$(5.73)$$

由式(5.73)可知,由于 $u_k$ 在一个轨道周期内变化范围为 $(0,2\pi)$,因此,只要给定 $\Delta r$、$\Delta u$ 或者 $\Delta i$ 就可以使得卫星位置具有周期性误差。由星历解算方法可知,$r_k$、$u_k$ 和 $i_k$ 的计算方法为

$$\begin{cases} u_k = \phi_k + \delta u_k \\ r_k = A\big[1 - e\cos(E_k)\big] + \delta r_k \\ i_k = i_0 + \dot{i}\cdot t_k + \delta i_k \end{cases}$$
$$(5.74)$$

式中:$A$ 为轨道长半轴;$e$ 为偏心率;$i_0$ 为轨道倾角;$E_k$ 为偏近点角。这些参数均可以由卫星星历得到,$\delta u_k$、$\delta r_k$ 和 $\delta i_k$ 可以由下式计算得到:

$$\begin{cases} \delta u_k = C_{us}\sin(2\phi_k) + C_{uc}\cos(2\phi_k) \\ \delta r_k = C_{rs}\sin(2\phi_k) + C_{rc}\cos(2\phi_k) \\ \delta i_k = C_{is}\sin(2\phi_k) + C_{ic}\cos(2\phi_k) \end{cases}$$
$$(5.75)$$

式中:$\phi_k = f_k + \omega$,$f_k$ 和 $\omega$ 为真近点角和近地点纬度幅角,均可以由卫星星历得到。由式(5.75)可知,只要对 6 个调和项($C_{us}$,$C_{uc}$,$C_{rs}$,$C_{rc}$,$C_{is}$,$C_{ic}$)进行微调,就可以得到 $r_k$、$u_k$ 和 $i_k$ 的增量 $\Delta r$、$\Delta u$ 和 $\Delta i$,从而得到具有周期性波动的星历误差。基于这一思想得到的星历误差,称为调和项误差法。

调和项误差法的关键是确定微调的量级。由式(5.73)可知,$\Delta u$ 和 $\Delta i$ 包含 $r_{k0}$ 项,因此 $\Delta u$ 和 $\Delta i$ 的量级取为星历误差量级的 $1/r_{k0}$,$\Delta r$ 可以与星历误差量级取值一致。

2)钟差参数仿真模型

导航电文中的钟差参数包括 $a_o$、$a_1$、$a_2$ 以及参考时刻 $t_{oc}$。利用多项式拟合,可求得不同采样时段的卫星钟差参数。得到的卫星钟差参数可根据需要附加一定误差作为导航电文中的卫星钟差参数使用。卫星钟差 $\delta t^j$ 由下式表示:

$$\delta t^j = a_0 + a_1(t - t_{oc}) + a_2(t - t_{oc})^2 \tag{5.76}$$

式中:$a_0$ 为卫星时钟偏差(钟偏);$a_1$ 为卫星时钟漂移(钟漂);$a_2$ 为时钟老化率(钟速);$t$ 为当前时刻;$t_{oc}$ 为参考时刻。

IGS 提供的钟差(CLK)文件中含有每颗 GPS 卫星的钟差值,可以通过拟合的方法求得卫星钟差参数 $a_o$、$a_1$、$a_2$。拟合公式如下:

$$\begin{bmatrix} \Delta t_{s1} \\ \Delta t_{s2} \\ \vdots \\ \Delta t_{sn} \end{bmatrix} = \begin{bmatrix} 1 & (t_1 - t_{oc}) & (t_1 - t_{oc})^2 \\ 1 & (t_2 - t_{oc}) & (t_2 - t_{oc})^2 \\ \vdots & \vdots & \vdots \\ 1 & (t_n - t_{oc}) & (t_n - t_{oc})^2 \end{bmatrix} \begin{bmatrix} a_0 \\ a_1 \\ a_2 \end{bmatrix} \tag{5.77}$$

式中：$\Delta t_{si}(i = 1, 2, \cdots, n)$ 为每个历元的钟差值，$n$ 为历元个数。采用最小而乘拟合法进行求解，可得

$$X = (A^T A)^{-1} A^T L \tag{5.78}$$

式中

$$L = \begin{bmatrix} \Delta t_{s1} \\ \Delta t_{s2} \\ \vdots \\ \Delta t_{sn} \end{bmatrix}, \quad A = \begin{bmatrix} 1 & (t_1 - t_{oc}) & (t_1 - t_{oc})^2 \\ 1 & (t_2 - t_{oc}) & (t_2 - t_{oc})^2 \\ \vdots & \vdots & \vdots \\ 1 & (t_n - t_{oc}) & (t_n - t_{oc})^2 \end{bmatrix}, \quad X = \begin{bmatrix} a_0 \\ a_1 \\ a_2 \end{bmatrix} \tag{5.79}$$

拟合过程中，可根据实际情况，取适当历元数进行拟合求解，并采用滑动窗口的方式，向下递推，以保证求得的 $a_0, a_1, a_2$ 具有的良好的连续性。

3）电离层延迟改正模型参数仿真方法

导航电文中的电离层参数用于给地面单频接收机用户修正电离层延迟，电离层延迟改正参数（8 个、9 个或更多）可以用空间环境仿真中产生的电离层数据作观测数据，通过参数求解算法得到。

电离层延迟改正模型包括 8 参数 Klobuchar 模型、改进的 Klobuchar 模型和 9 参数低阶球谐模型，算法分别如下。

（1）8 参数 Klobuchar 模型。

Klobuchar 模型是由美国 Klobuchar 于 1976 年提出，并成为 GPS 广播星历的电离层延迟改正模型。该模型是由 Bent 电离层经验模型简化而来的，假设所有电子都集中在高度为 350km 的薄层；模型主要采用余弦函数形式反映了电离层的周日变化特征，参数的设置考虑了电离层周日变化的振幅和相位变化，代表电离层时间延迟的周日平均特性。

该模型主要由两个部分组成，基本形式如下：

$$I_z(t) = \begin{cases} A_1 + A_2 \cos\left(\dfrac{2\pi(t - A_3)}{A_4}\right) & |t - A_3| < A_4/4 \\ A_1 & t \in \text{其他值} \end{cases} \tag{5.80}$$

式中：$I_z(t)$ 为以秒为单位的电离层的天顶延迟；$t$ 是以秒为单位的穿刺点处的地方时；夜间延迟常数为 $A_1 = 5\text{ns}$，相当于 9 电子总含量单位（TECU）（1 TECU $= 10^{16}$ e/m²）；$A_2$ 为余弦函数的幅度；$A_3$ 为余弦函数的初始相位；$A_4$ 为余弦函数的周期。$A_2$ 和 $A_4$ 均由以穿刺点的地磁纬度为变量的三阶线性多项式表示，多项式中的系数由 GPS

的广播星历文件提供。

（2）改进的 Klobuchar 模型。

在 8 参数 Klobuchar 模型的基础上，新增 6 个参数如下。

① 与相位有关的 4 个参数：$\gamma_0$、$\gamma_1$、$\gamma_2$、$\gamma_3$。

② 与夜间平场有关的 2 个参数：$A_1$、$B$。

当 $A_1$ 为 15 时，表示电离层延迟改正模型不可用。当 $A_1$ 小于 15 时，电离层垂直延迟改正 $I_z$ 为

$$I_z(t,M) = \begin{cases} (A_1 - B\Phi_M) \times 10^{-9} + A_2 \times \cos[2\pi(t-A_3)/A_4] & |t-A_3| < A_4/4（白天） \\ (A_1 - B\Phi_M) \times 10^{-9} & |t-A_3| \geq A_4（夜晚） \end{cases}$$

(5.81)

式中：$t$ 为接收机至卫星连线与电离层交点处的地方时（s）；$A_2$ 为白天电离层延迟余弦曲线的幅度，且

$$A_2 = \begin{cases} \sum_{n=0}^{3} \alpha_n \Phi_M^n & A_2 \geq 0 \\ 0 & A_2 < 0 \end{cases}$$

(5.82)

$\Phi_M$ 为第 $M$ 号电离层格网穿刺点的大地纬度，以 $\pi(180°)$ 为量化单位；$A_3$ 是余弦函数的初始相位，对应于曲线极点的地方时，用 $\gamma_n$ 系数求得：

$$A_3 = \begin{cases} 50400 + \sum_{n=0}^{3} \gamma_n \Phi_M^n & 43200 \leq A_3 \leq 55800 \\ 43200 & A_3 < 43200 \\ 55800 & A_3 > 55800 \end{cases}$$

(5.83)

$A_4$ 为余弦曲线的周期，用 $\beta_n$ 系数求得：

$$A_4 = \begin{cases} 172800 & A_4 \geq 172800 \\ \sum_{n=0}^{3} \beta_n \Phi_M^n & 172800 > A_4 > 72000 \\ 72000 & A_4 < 72000 \end{cases}$$

(5.84)

（3）9 参数低阶球谐模型。

低阶球谐模型的表达式为

$$\text{VTEC} = \sum_{n=0}^{N} \sum_{m=0}^{n} (A_{nm}\cos(m\lambda) + B_{nm}\sin(m\lambda)) P_{nm}(\cos\varphi)$$

(5.85)

式中：$N$ 为球谐函数的阶数；$P_{nm}(\cos\varphi)$ 为完全规则化的勒让德函数；$A_{nm}$、$B_{nm}$ 为球谐函数系数。$N$ 阶球谐函数有 $N^2+1$ 个参数，取 $N=2$，共 9 个参数，用线性方程的最小二乘法拟合求得。

单频接收机用户可利用 9 参数电离层延迟改正模型来计算电离层垂直延迟改正,算法如下:

$$T_{\text{vtec}} = A_0 \sum_{i=1}^{9} \alpha_i A_i \tag{5.86}$$

式中

$$
\begin{cases}
A_1 = 1, A_2 = \tilde{P}_{1,0}(\sin\varphi'), A_3 = \tilde{P}_{1,1}(\sin\varphi') \cdot \cos(\lambda') \\
A_4 = \tilde{P}_{1,1}(\sin\varphi') \cdot \sin(\lambda'), A_5 = \tilde{P}_{2,0}(\sin\varphi') \\
A_6 = \tilde{P}_{2,1}(\sin\varphi') \cdot \cos(\lambda'), A_7 = \tilde{P}_{2,1}(\sin\varphi') \cdot \sin(\lambda') \\
A_8 = \tilde{P}_{2,2}(\sin\varphi') \cdot \cos(2\lambda'), A_9 = \tilde{P}_{2,2}(\sin\varphi') \cdot \sin(2\lambda')
\end{cases} \tag{5.87}
$$

式中:$T_{\text{vtec}}$ 为天顶方向上的电离层 VTEC 值,可直接用于计算信号传播路径上的电离层延迟改正值;$\alpha_i(i=1,9)$ 为电离层延迟修正广播模型的电文发播参数;$A_i(i=1,9)$ 为根据用户与卫星位置及观测时刻计算得到的函数值,如式(5.87)所示;$\tilde{P}_{n,m}$ 为 $n$ 阶 $m$ 次的归一化勒让德函数;$\varphi'$ 与 $\lambda'$ 为日固地磁坐标系下交叉点处的纬度和经度;$A_0$ 为利用固化于用户端接收机硬件内的已知量,并结合用户位置及观测时刻计算得到已知函数值。

(4) 电离层延迟修正模型参数计算方法。

为了获得上述电离层延迟修正模型的参数,需要借助一些数学方法。下面以电离层改进的 Klobuchar 模型为例,说明电离层延迟修正模型参数的计算方法。

① 基于最小二乘法的电离层参数拟合方法。对于改进模型的参数 $X = (A, B, \alpha_0, \alpha_1, \alpha_2, \alpha_3, \beta_0, \beta_1, \beta_2, \beta_3, \gamma_0, \gamma_1, \gamma_2, \gamma_3)^{\text{T}}$,有相应的观测方程:

$$Y = Y(X) \tag{5.88}$$

在本书的电离层模型参数求解中,$Y$ 为含有 $n$ 个电离层延迟观测值的列矢量。由于求解的是非线性问题,需要将模型线性化以进行迭代求解。下面以改进的 Klobuchar 模型为例。

设 $X_i$ 为模型参数 $X$ 在第 $i$ 代的迭代值,将方程式(5.88)在 $X_i$ 处展开,得到

$$Y = Y(X_i) + \left(\frac{\partial Y}{\partial X}\right)_{X=X_i}(X - X_i) + o[(X - X_i)^2] \tag{5.89}$$

令

$$x = X - X_i \tag{5.90}$$

$$y = Y - Y(X_i) \tag{5.91}$$

$$H = \left(\frac{\partial Y}{\partial X}\right)_{X=X_i} \tag{5.92}$$

略去方程式(5.89)中的 $o[(X-X_i)^2]$ 高阶项,得到

$$y = Hx \tag{5.93}$$

根据最小二乘估值原理,得到 $X$ 的最优估值为

$$\hat{x} = (H^{\mathrm{T}}H)^{-1}H^{\mathrm{T}}y \tag{5.94}$$

迭代方程为

$$X_{i+1} = X_i + \hat{x} \tag{5.95}$$

当迭代结果满足条件 $\dfrac{|\sigma_{i+1}-\sigma_i|}{\sigma_i} < \varepsilon$, $\sigma = \sqrt{\dfrac{y^{\mathrm{T}}y}{m}}$ 时,停止计算。

设 $Y_i$ 为观测方程的第 $i$ 个观测值,表示 $t_i$ 时刻,纬度为 $\varphi_i$ 的观测点的电离层延迟值,如此得到 $H$ 矩阵的计算方法为

$$H = \begin{pmatrix} \dfrac{\partial Y_1}{\partial A} & \cdots & \dfrac{\partial Y_1}{\partial \gamma_3} \\ \vdots & & \vdots \\ \dfrac{\partial Y_i}{\partial A} & \cdots & \dfrac{\partial Y_i}{\partial \gamma_3} \\ \vdots & & \vdots \\ \dfrac{\partial Y_n}{\partial A} & \cdots & \dfrac{\partial Y_n}{\partial \gamma_3} \end{pmatrix} \tag{5.96}$$

式中

$$\frac{\partial Y_i}{\partial A} = 1 \qquad t_i \text{ 为任意值}$$

$$\frac{\partial Y_i}{\partial B} = \varphi_i \qquad t_i \text{ 为任意值}$$

$$\frac{\partial Y_i}{\partial \alpha_k} = \begin{cases} \varphi_i^k \cos[2\pi(t_i - A_3)/A_4] & |t_i - A_3| < A_4/4\,(\text{白天}) \\ 0 & |t_i - A_3| \geq A_4/4\,(\text{夜晚}) \end{cases}$$

$$\frac{\partial Y_i}{\partial \beta_k} = \begin{cases} 2\pi(t_i - A_3)A_2 \sin[2\pi(t_i - A_3)/A_4]\varphi_i^k/A_4^2 & |t_i - A_3| < A_4/4\,(\text{白天}) \\ 0 & |t_i - A_3| \geq A_4/4\,(\text{夜晚}) \end{cases}$$

$$\frac{\partial Y_i}{\partial \gamma_k} = \begin{cases} 2\pi A_2 \sin[2\pi(t_i - A_3)/A_4]\varphi_i^k/A_4 & |t_i - A_3| < A_4/4\,(\text{白天}) \\ 0 & |t_i - A_3| \geq A_4/4\,(\text{夜晚}) \end{cases}$$

② 基于松弛搜索法的电离层参数辨识法。松弛搜索法的特点是,只要所求模型存在二阶导数,即可进行逐次的一维搜索求解,得到所需参数[9]。算法原理如下。

设计目标函数:

$$\psi(X) = \sum_{i=1}^n [L_i - f_i(X)]^2 \tag{5.97}$$

式中:$X$ 为电离层延迟模型拟合参数;$L_i$ 为电离层延迟实际值;$f_i(X)$ 为电离层延迟拟

合值。用于拟合电离层延迟模型时，$X$ 可以是传统模型的 8 参数，也可以是改进模型的参数。

在 $\psi(X)$ 的极小值点 $X^*$ 处，满足

$$\partial\psi(X)/\partial x_j^* = 2\sum_{i=1}^{n}\left[L_i - f_i(X^*)\right] \tag{5.98}$$

$$\partial f_i(X)/\partial x_j^* = 0 \qquad j = 1,2,\cdots,t \tag{5.99}$$

假设 $\Phi_j(X) = \sum_{i=1}^{n}\left[L_i - f_i(X)\right]\dfrac{\partial f_i(X)}{\partial x_j}$，存在

$$\Phi_j(X)/\partial x_j = \sum_{i=1}^{n}\left\{\left(L_i - f_i(X)\right)\left[\partial^2 f_i(X)/\partial x_j^2\right] - \left[\partial f_i(X)/\partial x_j\right]^2\right\} \tag{5.100}$$

若已知初始值 $X^0$，即可求解

$$X^k = X^{k-1} + \lambda_k P_j^k \tag{5.101}$$

$$P_j^k = -\Phi_j(X^{k-1})e_j \left/ \frac{\partial\Phi}{\partial x_j}\right|X^{k-1} \tag{5.102}$$

式中：$e_j = (0,\cdots,0,1,0,\cdots,0)^{\mathrm{T}}$；$\lambda_k$ 为松弛因子。而在改进 Klobuchar 模型中，对各参数求得一阶偏导数，有

$$\begin{cases}\partial f/\partial A = 1 \\[2pt] \partial f/\partial B = \phi_m \\[2pt] \partial f/\partial \alpha_k = \begin{cases}0 & |C| > 1.57 \\ \phi_m^k \cos(C) & |C| \leqslant 1.57\end{cases} \\[10pt] \partial f/\partial \beta_k = \begin{cases}0 & |C| > 1.57 \\ A_2 C\phi_m^k \sin(C)/A_4 & |C| \leqslant 1.57\end{cases} \\[10pt] \partial f/\partial \gamma_k = \begin{cases}0 & |C| > 1.57 \\ 2\pi A_2 \sin(C)\phi_m^k/A_4 & |C| \leqslant 1.57\end{cases}\end{cases} \tag{5.103}$$

二阶偏导，有

$$\begin{cases}\partial^2 f/\partial A^2 = 0 \\[2pt] \partial^2 f/\partial B^2 = 0 \\[2pt] \partial^2 f/\partial \alpha_k^2 = 0 \\[2pt] \partial^2 f/\partial \beta_k^2 = \begin{cases}0 & |C| > 1.57 \\ -A_2 C\phi_m^{2k}\left[2\sin(C) + C\cdot\cos(C)\right]/A_4^2 & |C| \leqslant 1.57\end{cases} \\[10pt] \partial^2 f/\partial \gamma_k^2 = \begin{cases}0 & |C| > 1.57 \\ -4\pi^2 A_2 \phi_m^{2k}\cos(C)/A_4^2 & |C| \leqslant 1.57\end{cases}\end{cases} \tag{5.104}$$

式中：$C = 2\pi(t_i - A_3)/A_4$，$|C| > 1.57$ 表示夜晚，否则为白天。

综合上述理论，可以得到松弛算法的实现步骤如下。

步骤 1:给定初值 $\boldsymbol{X}^0 = (A, B, \alpha_0, \alpha_1, \alpha_2, \alpha_3, \beta_0, \beta_1, \beta_2, \beta_3, \gamma_0, \gamma_1, \gamma_2, \gamma_3)^{\mathrm{T}}$,不能全为 0,否则会造成死循环。

步骤 2:使用 $\boldsymbol{X}^k = \boldsymbol{X}^{k-1} + \lambda_k \boldsymbol{P}_j^k$ 进行搜索求解,搜索方向为 $\boldsymbol{P}_j^k$,松弛因子 $\lambda_k > 0$ 的选取,要保证 $\psi(\boldsymbol{X}^k) < \psi(\boldsymbol{X}^{k-1})$。每次搜索从单个参数开始,改变 $\lambda_k$ 的大小,直到找到合适的松弛因子,再进行下一参数的搜索。

步骤 3:给定精度 $\varepsilon > 0$,若 $\left| \psi(\boldsymbol{X}^k) - \psi(\boldsymbol{X}^{k-1}) \right| < \varepsilon$ 成立,则计算结束,否则 $\boldsymbol{X}^k = \boldsymbol{X}^{k-1}$,$k = 1, 2, 3, \cdots$,再转到步骤 2。

松弛搜索法的优点是搜索速度快,而且只要选取的迭代初值不全为 0,结果就不会发散;缺点是搜索结果受初值影响,一旦初值选取得不当,就可能出现局部最优的情况。

③ 随机搜索法。随机搜索法的适用范围很广,它以一种近乎随机的方式搜索目标函数的参数空间,以便找到使目标函数最小(或最大)的最优点。其实现方法是:

同样以式(5.97)为目标函数,电离层延迟模型参数 $\boldsymbol{X}$ 为待估参数,通过以下迭代运算,试图找到最优解 $\boldsymbol{X}^*$。

步骤 1:选取初始点 $\boldsymbol{X}$ 作为当前点。

步骤 2:在参数空间中,给当前的 $\boldsymbol{X}$ 加上一个随机量 $\mathrm{d}\boldsymbol{X}$。

步骤 3:如果 $\psi(\boldsymbol{X} + \mathrm{d}\boldsymbol{X}) < \psi(\boldsymbol{X})$,则令当前 $\boldsymbol{X}$ 等于 $\boldsymbol{X} + \mathrm{d}\boldsymbol{X}$,转到步骤 5,否则 $\boldsymbol{X}$ 保持不变,继续下一步骤。

步骤 4:如果 $\psi(\boldsymbol{X} - \mathrm{d}\boldsymbol{X}) < \psi(\boldsymbol{X})$,则令当前 $\boldsymbol{X}$ 等于 $\boldsymbol{X} - \mathrm{d}\boldsymbol{X}$,否则 $\boldsymbol{X}$ 保持不变,继续下一步骤。

步骤 5:如果已经达到最大迭代计算次数,或者前后两次相邻搜索的目标函数值的相对误差小于给定的数值,则停止运算,输出计算结果,否则,返回步骤 2,寻找新的状态点。

这种完全的随机搜索,其搜索过程会比较缓慢。为了提高搜索速度,对步骤 2 中的随机量 $\mathrm{d}\boldsymbol{X}$ 进行改进:

$$\mathrm{d}\boldsymbol{X} = R_n(\boldsymbol{X}_{\max} - \boldsymbol{X}_{\min})R_a \tag{5.105}$$

$$R_n = \left[ R_{\max}(N - n) + R_{\min}n \right]/N \tag{5.106}$$

式中:$R_a$ 为 $(0,1)$ 间的随机数;$R_n$ 为迭代 $n$ 次时的迭代半径;$n$ 为当前迭代次数;$N$ 为最大迭代次数;$R_{\max}$ 为最大迭代半径;$R_{\min}$ 为最小迭代半径;$\boldsymbol{X}_{\max}$ 为待估参数的最大值;$\boldsymbol{X}_{\min}$ 为最小值。改进的随机搜索,明确了搜索范围,提高了搜索速度。

随机搜索法不要求目标函数的导数存在,仅要求能够计算目标函数值。其优点在于算法简单,易于理解和实现,且搜索结果不受初值的影响,不易出现局部最优的情况。其缺点是,算法收敛缓慢,为了保证搜索结果的精度,需要进行大量运算。

④ 搜索算法改进。为了避免算法因受迭代初值的影响陷入局部最优,同时又保证算法有较快的搜索速度,这里将松弛搜索法与随机搜索法相结合,即先进行松弛搜

索法,得出结果后,再使用随机搜索法,避免结果出现局部最优的情况,称为混合算法。混合算法的实现步骤如下。

步骤1:算法初始化,读取迭代初值 $X$ 和目标函数数据库。

步骤2:针对初始点 $X$,使用松弛机搜索法进行快速搜索,得到结果 $X_1$。

步骤3:针对步骤2的结果 $X_1$,使用随机搜索法进行检验搜索,直到满足结束条件,得到结果 $X^*$。

步骤4:算法结束,输出电离层延迟模型参数 $X^*$。

#### 5.2.3.2　完好性仿真模型

完好性是指当系统不能用于导航时,系统及时向用户提供告警的能力。导航卫星完好性信息包括导航卫星的伪距误差、卫星"不能用"和卫星"未被监测"状况。系统可用伪距 URE 指针表示对应的导航卫星伪距误差。URE 指针的每一种状态代表卫星实际 URE 不大于该状态对应的 URE(99.9%)。系统向用户提供多种卫星误差/状态,具体数量和状态值待定。当伪距 URE 超出一限值时,系统发出报警,表示用此卫星定位时,用户的实际定位误差大于卫星导航系统标准定位服务水平。当伪距 URE 超出另一限值时,系统向用户提供"不能用"信息。卫星"未被监测"状态在报警信息中表示。表 5.3 给出了供参考的伪距 URE 状态表。

表 5.3　伪距 URE 状态表

| URE 值 | URE(99.9%)/m |
|---|---|
| 0 | 0.75 |
| 1 | 1.0 |
| 2 | 1.25 |
| 3 | 1.75 |
| 4 | 2.25 |
| 5 | 3.0 |
| 6 | 3.75 |
| 7 | 4.5 |
| 8 | 5.25 |
| 9 | 6.0 |
| 10 | 7.5 |
| 11 | 15.0 |
| 12 | 50.0 |
| 13 | 150.0 |
| 14 | 300.0 |
| 15 | 大于 300 或"不能用" |

仿真的完好性模型如下。

（1）判断当前时刻是否到达完好性仿真时刻，根据伪距 URE 状态表，将某一颗或几颗卫星的伪距模拟值附加一定初始误差。

（2）计算随时间的变化附加伪距误差。实际伪距附加误差按照以下 3 种模型描述的规律计算。

① 线性模型。

$$\text{DeltAccr} = k_0 + k_1 \times (t_{\text{Obs}} - t_{\text{Accr}}) \tag{5.107}$$

式中：$k_0$ 为线性模型常值；$k_1$ 为线性模型的比例系数；$t_{\text{Accr}}$ 为完好性开始时刻；$t_{\text{Obs}}$ 为观测历元。

② 正弦模型。

$$\text{DeltAccr} = A \cdot \sin\left(\frac{2\pi}{T}(t_{\text{Obs}} - t_{\text{Accr}})\right) \tag{5.108}$$

式中：$A$ 为正弦模型幅度；$T$ 为正弦模型周期。

③ 联合线性模型和正弦模型

$$\text{DeltAccr} = k_0 + k_1 \times (t_{\text{Obs}} - t_{\text{Accr}}) + A \cdot \sin\left(\frac{2\pi}{T}(t_{\text{Obs}} - t_{\text{Accr}})\right) \tag{5.109}$$

仿真时，通过计算出的伪距附加误差，查询表 5.3，从而将伪距 URE 值编入广域差分及完好性信息播发给用户。

### 5.2.3.3　广域差分仿真模型

广域差分信息包括星历、钟差、电离层信息，北斗系统中的差分信息以等效钟差改正数表征对卫星钟差和星历的参与误差的进一步修正，用户利用等效钟差改正数获得更高精度的伪距测量。电离层差分改正用格网电离层信息表示，把差分信号覆盖范围按一定经纬度分辨力进行划分，形成格网点，对格网点进行编号，播发每个格网点的电离层延迟修正信息。

1）卫星等效钟差改正数

卫星的等效钟差改正数是对卫星钟差和星历的残余误差的进一步修正，用户将等效钟差加到对该卫星的观测伪距上，以改正上述残余误差对伪距测量的影响。在北斗卫星导航系统中，每个信号所播发的卫星信号等效钟差改正数只代表各自载波频率的等效钟差改正数，数值不完全相同。

2）电离层差分改正数

电离层差分改正数则是把电离层格网覆盖范围按经纬度 5° × 2.5° 划分成多个格网点，把每个格网点进行编号，按格网点号播发格网点电离层修正信息，电离层修正信息的仿真可由高精度电离层模型得到，比如 15 阶球谐函数模型：

$$E(\beta, s) = \sum_{n=0}^{N} \sum_{k=0}^{n} \tilde{P}_n^k(\sin\beta)(A_n^k \cos ks + B_n^k \sin ks) \tag{5.110}$$

式中：$N$ 为球谐函数的最大阶数；$\tilde{P}_n^k = \Lambda(n, k) P_n^k$ 表示完全规则化的 $n$ 阶 $m$ 次的缔

合勒让德函数,$P_n^k$ 为经典的未规则化的勒让德函数,$\Lambda(n,k)$ 为规化函数;$A_n^k$、$B_n^k$ 为待估系数;$\beta$ 为穿刺点的地磁纬度或地理纬度;$s = \lambda - \lambda_0$ 是穿刺点的日固经度,$\lambda$、$\lambda_0$ 分别表示穿刺点、太阳在地理坐标系的经度。值得提出的是,该模型的零阶项 $A_0^0$ 代表当前时刻全球电离层电子总含量的平均值。

一个 $n$ 阶 $m$ 次的球谐函数模型,共有 $(n+1)^2 - (n-m)(n-m+1)$ 个系数,模型的阶数和次数表征了该模型的空间分辨力。如 15 阶满次的球谐函数模型共有 256 个系数,经纬度的分辨力分别为:$\Delta\beta = \pi/n = \pi/15$,$\Delta s = 2\pi/m = 2\pi/15$。

根据高精度电离层模型计算出每个格网点的电离层修改信息,用户通过将格网点电离层改正数内插得到观测卫星穿刺点处的电离层改正数,以修正观测伪距,得到更高的定位精度。

### 5.2.4 异常情况仿真

#### 5.2.4.1 异常事件仿真

主要考虑卫星平台异常事件仿真、导航任务处理子系统异常事件仿真、L 频段子系统异常事件仿真和星载计算机异常事件仿真,具体异常事件举例如下。

1) 卫星平台异常事件仿真

(1) 原子频率标准漂移。

(2) 原子频率相位跳变。

(3) 推进器故障。

(4) 太阳传感器未对准和故障。

2) 导航任务处理子系统异常事件仿真

(1) 缺少导航数据。

(2) 导航数据误码。

(3) 处理器故障和失效。

3) L 频段子系统异常事件仿真

包括 L1、L2 和 L3 失效。通过设置 L1 高功率放大器(HPA)失效实现 L1 失效仿真,并且不再响应遥控指令。

4) 星载计算机异常事件仿真

(1) 星载计算机执行延迟。

(2) 虚假切换到备份组件。

(3) 冗余管理失效。

(4) 冗余管理虚假遥测。

#### 5.2.4.2 异常数据仿真

对于 RNSS 观测异常数据的仿真,用于系统运行管理控制容错功能的测试,主要包括观测数据失锁、假锁、边界值、数据越界、数据不足、数据跳变等数据的仿真,具体内容如表 5.4 所列。

在管控业务数据仿真的过程中,异常数据不需要持久不间断地仿真,通常是在仿真正常数据时,设置异常数据的持续时间、出现的频率等,从而在正常数据中添加异常数据,以测试系统的容错性。

表 5.4　RNSS 观测异常数据

| 序号 | 观测数据 | 异常数据类型 |
|---|---|---|
| 1 | 监测接收机观测数据 | 多频伪距数据跳变 |
| 2 | | 噪声过大 |
| 3 | | 多频伪距数据不足(只出 B1 频点、只出 B2B3 频点、只出 I 支路、只出 Q 支路、只出宽相关、只出窄相关) |
| 4 | | 多频伪距数据失锁 |
| 5 | | 多频伪距数据假锁 |
| 6 | | 边界值 |
| 7 | | 野值 |
| 8 | | 多频伪距数据越界 |
| 9 | 星地时间同步观测数据 | 噪声过大 |
| 10 | | 星地时间同步数据跳变 |
| 11 | | 星地时间同步数据失锁 |
| 12 | | 星地时间同步数据假锁 |
| 13 | | 边界值 |
| 14 | | 野值 |
| 15 | | 星地时间同步数据越界 |
| 16 | | 只出 L 频段星地时间同步上行数据 |
| 17 | | 只出 L 频段星地时间同步下行数据 |
| 18 | 站间时间同步观测数据 | 站间时间同步数据跳变 |
| 19 | | 站间时间同步数据不足 |
| 20 | | 站间时间同步数据失锁 |
| 21 | | 站间时间同步数据假锁 |
| 22 | | 边界值 |
| 23 | | 野值 |
| 24 | | 站间时间同步数据越界 |
| 25 | | 噪声过大 |
| 26 | 星间观测数据 | 星间观测数据跳变 |
| 27 | | 星间观测数据不足 |
| 28 | | 星间观测数据失锁 |
| 29 | | 星间观测数据假锁 |

(续)

| 序号 | 观测数据 | 异常数据类型 |
|---|---|---|
| 30 | | 边界值 |
| 31 | 星间观测数据 | 野值 |
| 32 | | 星间观测数据越界 |
| 33 | | 噪声过大 |

对于 RNSS 观测异常数据的仿真,考虑参数可设置的方式,可更方便灵活地根据需求仿真不同类型的异常数据。图 5.17 展示了监测接收机观测数据的异常数据设置界面示意图。

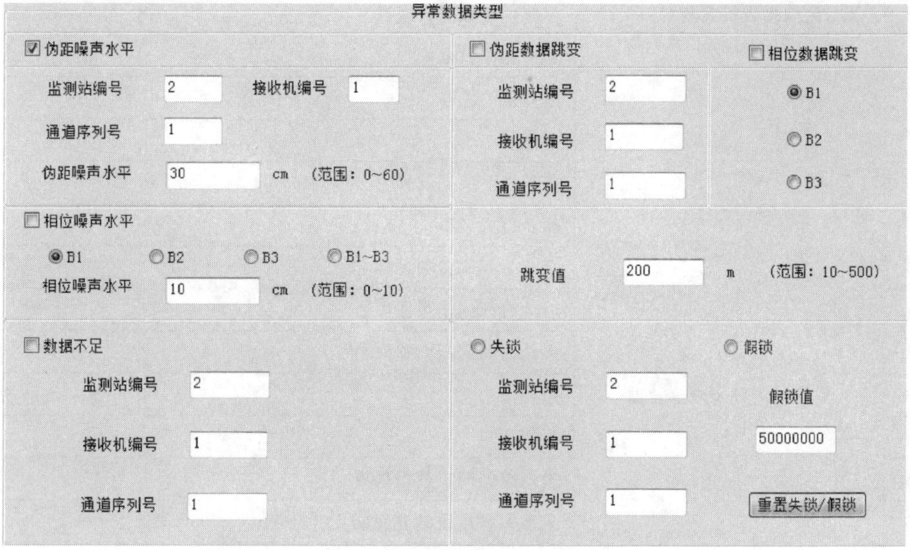

图 5.17　监测接收机观测数据异常数据设置

# △ 5.3　管理与控制业务测试数据驱动方法

管理与控制业务在"仿真数据"驱动测试模式下,仿真系统仍由数学仿真单元、管理与控制单元和测试评估单元组成。该驱动模式下,系统信息处理流程及实现如图 5.18 所示。

（1）数学仿真单元根据客户端配置,生成观测数据、导航电文等信息作为地面运控系统管理与控制业务测试的驱动数据,包括星间链路规划数据、导航电文数据、地面网数据、卫通网数据、RNSS 异常数据、各项命令及回执信息等。

（2）管理与控制单元将数据发送给地面运控系统,同时仿真测试系统监听地面运控系统输入输出的相关业务数据,包括导航电文、业务规划信息和星地控制命令等数据。

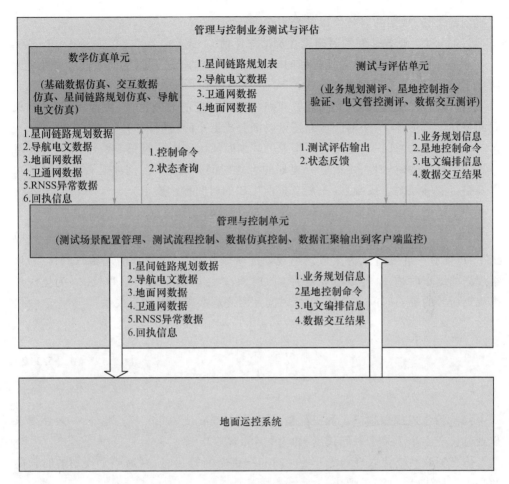

图 5.18　管控业务测试综合信息流程图

（3）测试与评估单元从地面运控系统数据交互端口监听管控业务信息及处理结果，并对监听的管控业务信息及处理结果进行评估，这里的测试与评估主要涉及电文监测方面。

## 5.4　管理与控制业务测试与评估方法

### 5.4.1　业务规划测试与评估方法

业务规划测试评估主要是对星地时间同步规划、星地 L 上行注入规划、星间链路规划等各类规划进行测试评估。卫星导航系统规划调度就是根据导航卫星当前的资源状况、外部环境及其他约束条件，安排执行各种动作并分配星地资源，完成各类任务，以维持全球卫星导航系统正常运行和较高的导航精度。业务规划测试主要测试规划的时长、规划的时效性以及合理性等。

### 5.4.1.1　业务规划的时间属性测试与评估

业务规划的时间属性包括规划的时间区间、规划时长、规划的时效性等属性。说明如下：

（1）规划的时间区间，是指业务规划内容所对应的时间范围，由起始时间、结束时间描述。一般地，一个时间区间还可以细分成更小的时间区间。

（2）规划的总时长，这里主要指总的规划时间区间内的时长。

（3）规划的时效性，是指业务规划的生效时间是否有效（例如是否已经过时），以及是否能够及时生成规划（一般有提前生成的时间指标要求）。

为了描述一组规划的时间属性，建立如下模型：

$$P = \{t_0, [t_s, t_e], t_A, T, \Delta t\} \tag{5.111}$$

式中：$P$ 表示一组规划；$t_0$ 为生成该组规划的时刻；$t_s$ 为该组规划的起始时刻；$t_e$ 为该组规划的结束时刻；$t_A$ 为该组规划的生效时间；$T$ 为该组规划的总时长；$\Delta t$ 为生成该组规划所需的提前时间。显然，这些时间元素之间必须满足以下关系

$$\begin{cases} \Delta t \geq \Delta_{\min} \\ t_s - t_0 \geq \Delta t \\ t_s \leq t_A < t_e \\ T = t_e - t_s \end{cases} \tag{5.112}$$

式中：$\Delta_{\min}$ 为生成规划须满足的提前量，如提前 10min 或 20min 等。此外，一般还要求规划时长 $T$ 不小于某个时间长度，如 36h、48h 或 72h 等。

仿真测试系统获取规划的开始时间和结束时间等信息，判断整个规划的时长属性是否满足式（5.112）的要求。

### 5.4.1.2　业务规划内容的合理性测试与评估

规划的合理性测试评估，结合轨道数据、地面站数据、天线数据等对业务规划的具体内容进行分析，主要包括可见性判断和冲突性测试。下面以星间链路规划为例，说明规划合理性测试问题。

1）星间可见性模型

星间链路采用天线波束较窄，扫描区域是一个圆锥空间，每副天线只能跟踪一颗卫星，因此，星间可见性从两个方面进行考虑：一方面是几何可见性，即由于地球的遮挡、大气折射/吸收造成的星间是否几何可见；另一方面是天线可见性，即卫星是否在彼此天线的扫描范围内。

（1）几何可见性。

星间链路和地球之间的关系如图 5.19 所示。

为保证采用星间观测数据进行自主定轨和星间时间同步时具有较高精度，星间链路不通过大气层，即不受到电离层、对流层的影响。从地球遮挡和大气影响考虑，

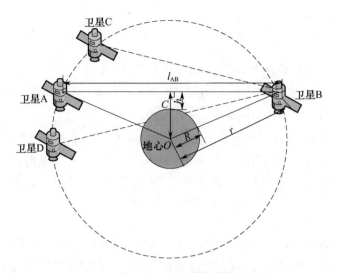

**图 5.19　星间链路与地球的位置关系图**

星-星几何可见性条件如下：

$$l_{AB} < 2 \times \sqrt{r^2 - (R+h)^2} \tag{5.113}$$

式中：$r$ 为卫星轨道半径；$R$ 为地球半径；$h$ 为大气层高度。

（2）天线可见性。

采用各频段天线扫描范围如图 5.20 所示，在几何可见的条件下，只有当卫星位于彼此天线的扫描范围内时，才能进行星-星测距和通信。

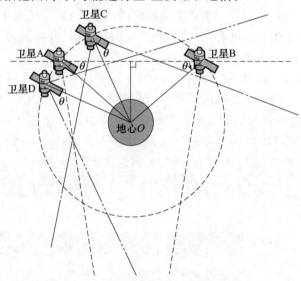

**图 5.20　星-星天线扫描范围示意图**

卫星上天线安装面的法线指向地心，扫描范围为半顶角为 $\theta$ 的圆锥状空间，由图 5.20可知，当卫星处于彼此扫描范围边界时为临界状态，卫星处于彼此天线扫描范围内的条件如下式所示：

$$l_{AB} > 2r\cos\theta \qquad (5.114)$$

式中：$r$ 为卫星轨道半径；$\theta$ 为天线波束的半顶角。

由星-星几何可见性和天线可见性分析可得星-星可见性条件如下式所示：

$$2r\cos\theta < l_{AB} < 2 \times \sqrt{r^2 - (R+h)^2} \qquad (5.115)$$

除了计算星地、星间可见性外，考虑到规划注入效果和实际设备的操作，同一设备对不同卫星的规划时间间隔要大于等于 10min。如果卫星入境时间小于 30min，不制定对该卫星进行跟踪的规划。当卫星下 1h 可见弧段不足 1h，计划时段为整个可视时段；若该时段小于 5min，则不再对该卫星进行规划。

2）冲突性判断模型

针对同一时刻的规划，对其进行冲突性判断，冲突包括源节点重复（同一时刻一个节点作为源节点出现 2 次及以上）、目标节点重复（同一时刻一个节点作为目标节点出现 2 次及以上）、源节点和目标节点重复（同一时刻一个节点既作为源节点又作为目标节点）等情况。

判断冲突的一般方法是，遍历同一时刻的所有源节点和目标节点，检验其是否存在重复的情况，若相同节点号出现 2 次及以上，则判定为冲突。对于星间链路规划，一方面对规划进行可见性测试、冲突性测试等测试，一方面根据规划产生星间观测数据，测试星间规划的合理性，同时可评估该规划的资源利用率等。

对单个规划表进行可见性、冲突性测试后，还需进行综合性测试，判断多个表之间是否存在冲突、时段重叠等问题。把星地时间同步规划、星地 L 上行注入规划、星间链路规划合并测试，检验其在同一规划时间内的合理性和可实施性。若两个规划之间存在时间重叠部分，则为冲突。

但需要注意的是，接收到新规划时，以新规划覆盖旧规划，即在新规划起始时间以前执行旧规划，新规划起始时间开始执行新规划；当新、旧规划存在重叠情况时，从新规划起始时间起执行新规划，这种情况不判断为冲突。比如：旧规划起止时间为 8：00—14：00，新规划起止时间为 9：00—15：00。合并后的规划执行情况为 8：00—9：00 执行旧规划，9：00—15：00 执行新规划，具体如图 5.21 所示。

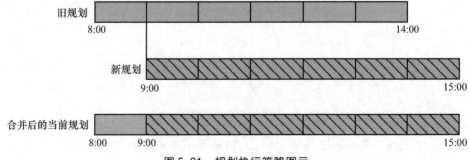

图 5.21　规划执行策略图示

此外,在业务规划测试中,还可对规划的资源利用率、任务完成度等指标进行测试。资源利用率可以评价资源设备提供的服务能力能否满足导航卫星系统的服务要求以及资源是否利用均匀;任务完成度可以评价导航卫星星地/星间上注、测量、数传等任务的完成情况。

### 5.4.2　控制指令测试与评估方法

控制指令测试与评估主要评估地面发送给卫星的控制指令是否合理、正确,指令发送后,卫星是否正确接收及其是否按要求正确执行等。因此控制指令测试与评估分两个方面进行测试与评估。首先是指令本身的正确性,然后根据遥测数据,判断卫星是否正确执行,形成指令的闭环测试。

#### 5.4.2.1　控制指令内容正确性测试与评估

控制指令正确性测试与评估的内容分为两点:一是检验控制指令的内容是否正确,二是检验指令生效时间是否正确。以时钟调整控制指令为例,对于内容的正确性,首先要判断时钟调整的方式是否正确,即调整相位还是调整频率,其次判断调整的幅值是否正确,最后判断指令生效时刻是否已经过时或临近过时。

#### 5.4.2.2　控制指令信息闭环测试与评估

地面运控主控站发送星地管理控制指令给卫星,卫星通过遥测通道将指令接收情况、出错重发情况和执行情况等信息发送给地面运控系统。这里,卫星的遥测数据由数学仿真单元完成。当控制指令回执信息收集完成后,就可以对控制指令信息进行闭环测试与评估,如图 5.22 所示。

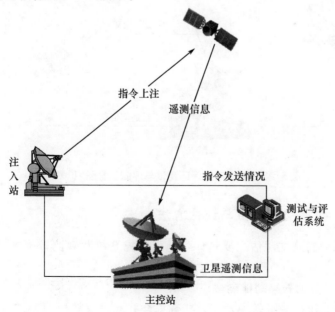

图 5.22　控制指令闭环测试与评估示意图(见彩图)

### 5.4.3　导航电文测试与评估方法

导航电文管控测试评估包括两个内容:上注电文编排正确性测试及导航电文闭环比对测试。

#### 5.4.3.1　上注电文编排正确性测试

对于地面运控系统电文编排的正确性验证,采取电文数据比对的方法。测试与评估单元在接收到地面运控系统编排后的导航电文,采用接口控制文件规定的格式进行解码,并把仿真的导航电文数据与解码后的电文进行比对,验证电文编排的正确性。

#### 5.4.3.2　导航电文闭环比对测试

导航电文闭环测试与评估如图 5.23 所示。测试与评估系统收集注入站上注电文、主控站收到的卫星遥测信息以及监测站接收并回传的导航电文,对电文的正确性进行评估。同样地,此处涉及的卫星功能由仿真系统模拟。

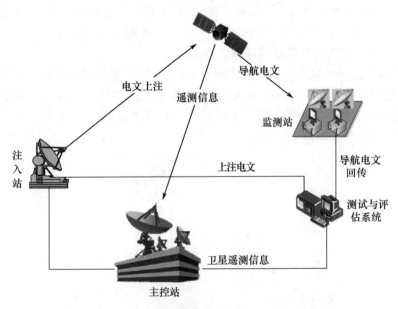

图 5.23　导航电文闭环测试与评估示意图(见彩图)

### 5.4.4　数据交互测试与评估方法

数据交互控制测试评估主要是评估地面运控系统对观测数据的转换和过滤等功能。

#### 5.4.4.1　数据转换功能测试

地面运控系统的数据转换功能包括数据合并和协议转换两种,对这两种功能的测试方法如下。

1）数据合并功能测试

数据仿真单元仿真相同的地面网观测数据和卫通网观测数据,打上不同数据网的标识,分别发送给地面运控系统,然后监听地面运控系统处理完成后的观测数据,检验其是否正确合并数据。

2）协议转换功能测试

数据仿真单元仿真地面网观测数据,通过数据打包与发送单元使用主控站内部不兼容的网络报文协议(如传输控制协议(TCP))发送给主控站相关处理子系统,监听主控站相关子系统转换后的观测数据,检验其是否成功转换为主控站内部兼容的网络报文协议。

### 5.4.4.2　数据过滤功能测试

地面运控系统的数据过滤功能包括数据种类选择功能和数据链路选择功能两种,对这两种功能的测试方法如下。

1）数据种类选择功能测试

数据仿真单元仿真地面网和卫通网的观测数据,打包后发送给地面运控系统;在主控站相关子系统设置数据过滤条件,如选择转发或不转发指定站、设备、卫星的数据,然后监听主控站相关子系统处理完后的观测数据,检验其是否正确地根据所设置的条件进行数据过滤。

2）数据链路选择功能测试

地面运控系统选择主控站数据发送链路,包括卫通网发送、地面网发送、同时发送等模式,向其他地面站发送数据,测试与评估系统监听主控站发送的数据,判断是否通过选定的链路发送。

# 参考文献

[1] OLLIE L, LARRY B, ART G, et al. GPS Ⅲ system operations concepts [J]. IEEE Aerospace and Electronic Systems Magazine,2005,20(1):10-18.

[2] HALL S, MOREIRA F, FRANCO T G. Operations planning for the Galileo constellation[C]// Space Ops 2008 Conference, Hosted and organized by ESA and EUMETSAT in association with AIAA, 2008.

[3] TORIBIO S, MERRI M, Birtwhistle A, et al. Galileo: mission planning [EB/OL]. (2004-01-01) [2019-03-31],https://arc. aiaa. org/doi/pdf/10. 2514/6. 2004-282-130.

[4] SUN Leyuan, WANG Yueke,HUANG Wende, et al. Intersatellite communication and ranging link assignment for navigation satellite systems[J]. GPS Solutions, 2018,22(2):38.

[5] 高贺, 王玲, 黄文德, 等. 北斗全球卫星导航系统境外星数据快速回传的路由优化方法[J]. 中国空间科学技术, 2018, 38(2): 9-15.

[6] 郑晋军,林益明,陈忠贵,等. 导航卫星有效载荷的仿真技术研究[J]. 航天器工程,2007(5):

74-79.

[7] 黄文德，等．卫星导航广播星历误差实时仿真方法研究［C］//2009 年中国宇航学会学术年会，北京：中国宇航学会，2009.

[8] 黄文德，等．导航卫星广播星历误差特性频域分析及预报模型［J］．中国空间科学技术，2010，30(3)：12-18.

[9] 杨健，王威，黄文德．基于搜索算法的电离层模型参数计算方法［J］．计算机仿真，2013，30(5)：104-107，116.

# 第6章 系统接口协议及信息连通性测试方法

地面运控系统各组成部分按照既定接口协议进行通信和数据交互是确保整个系统正常运转的前提条件。本章首先介绍地面运控系统的接口关系,分析系统信息流接口的特点。然后针对系统信息流接口多、编辑工作量大等难题,提出面向信息流测试的通用接口设计方法。最后,给出基于可扩展标示语言(XML)的信息流测试方法。

## ◣ 6.1 卫星导航信息接口及信息流概述

信息接口连通性测试主要完成运控系统各分系统间、各站间接口以及运控系统与其他系统间的接口测试评估功能,为了保障这些接口的测评,需要由信息接口与连通性测试系统同时提供各信息接口数据仿真的功能[1],同时提供对测试评估的管理功能,可对整个测试过程进行控制,并将测试结果数据进行存储。卫星信号/信息流转如图6.1所示。

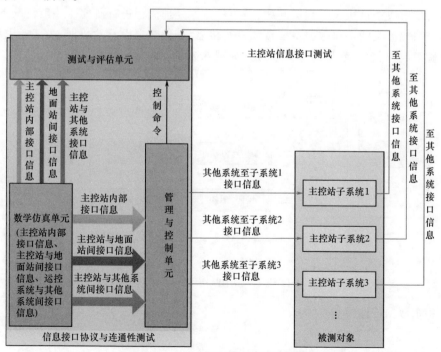

图6.1 卫星信号/信息流转示意图

信息接口测试模式主要是完成对主控站内部各系统间、地面站间以及运控系统与外部其他系统间信息接口的仿真，以及上述信息接口的正确性、连续性和容错性测试。信息接口测试的驱动数据及测试评估业务见表6.1。

表6.1　信息接口测试信息一览表

| 驱动数据 | 测试评估业务 |
|---|---|
| 主控站内部各系统间接口数据；<br>地面站间信息接口数据；<br>运控系统与外部其他系统间信息接口数据 | 主控站内部各系统间接口测试；<br>地面站间信息接口测试；<br>运控系统与外部其他系统间信息接口测试 |

## 6.2　面向协议测试的通用接口仿真方法

一般来说，系统信息流包含信息生成、信息组帧（加格式）、信息传递（信息发送、信息传输、信息接收）、信息解帧（解格式）、信息二次分发（星间星地网络中继）、信息处理或响应（控制信息的响应）与信息使用（如利用测量信息进行定轨时间同步、用户根据导航电文进行定位）等过程。信息流验证主要验证信息组帧、信息传递、信息解帧、信息二次分发、信息处理或响应。

### 6.2.1　接口协议的建模方法

为了解决接口协议的测试问题，需要从数据处理流程进行研究。一般情况下，地面运控系统涉及的接口数据主要按帧进行传播，每帧数据由有效数据、头部标识和尾部校验组成[2]；整个数据传输需要经过如图6.2所示的几个过程。

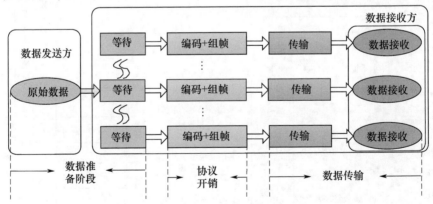

图6.2　接口数据传输过程

每帧数据传输模型 $T_s$ 为

$$T_s = (T_w + T_p + T_r) + (T_{Rw} + T_{Rp} + T_{Rr}) + T_{error} \tag{6.1}$$

式中：$T_w$、$T_p$、$T_r$ 分别为等待时间、协议开销、传输时间；$T_{Rw}$、$T_{Rp}$、$T_{Rr}$ 分别为应答帧的传输时间,与前面对应,对于无应答传输,该三项值都为 0; $T_{\text{error}}$ 为误码引起的额外时间,对于不可靠传输,该项值也为零,而对于可靠传输,如果发生误码需要重传,则 $T_{\text{error}}$ 与前面六项的传输时延相当。除协议开销外,其他传输时延都与路由与规划有关,其中, $T_{\text{r}}$ 或 $T_{\text{Rr}}$ 应满足

$$T_{\text{r}}(\text{或 } T_{\text{Rr}}) = R_{i,j}(t_0, t + t_0) + T_J \qquad (6.2)$$

式中: $R_{i,j}$ 为数据从节点 $i$ 到达节点 $j$ 的通信时延; $T_J$ 为拥塞时延。因此,对任意时刻大小为 $L_D$ 的待传数据量 $D_{\text{set}}$,按照接口控制文件(ICD)中定义的协议数据单元(PDU)有效数据长度,则可以组成 $F_I$ 帧数据:

$$F_I = \frac{L_D}{L_{\text{PDU}}} \qquad (6.3)$$

在传输速率 $F_v$ 下,需要得到的传输次数 $n$ 为

$$n = f(F_I) = \left\langle \frac{F_I}{F_v} \right\rangle \qquad (6.4)$$

## 6.2.2　接口信息的自动化编辑方法

卫星导航系统中的协议接口交互是严格按照 ICD 的方式实现的。基于 ICD 的卫星导航系统接口设计,减少了由于接口不一致引起的一系列问题,已经在国内外导航领域中普遍被应用。

但同时,卫星导航系统的 ICD 类型是复杂多样的,如下。

(1)按照不同的版本分,ICD 可被划分为 ICD1.0 版、ICD2.0 版、ICD3.0 版等。

(2)按照导航系统类别分,ICD 可被划分为北斗卫星导航系统 ICD、GPS ICD、GLONASS ICD 和 Galileo 系统 ICD 等。

(3)按照单个导航系统中的不同分系统分,ICD 可被划分为空间段与地面控制段间 ICD、空间段与应用段间 ICD 和地面控制段与应用段间 ICD 等。

(4)按照分系统中的不同子系统,ICD 可被划分为卫星与卫星间 ICD、主控站与监测站间 ICD 等。

(5)按照独立子系统的内部结构,ICD 又可被划分为相应的接口协议,如主控站内部各子系统间 ICD 等。

卫星导航系统接口协议类型复杂多样,但目前接口协议仍采用传统的 Word 纸质或电子文档形式进行记录和保存,在一定程度上造成了开发与应用的不便,主要表现在以下几方面。

(1)接口格式设计人员需要花费大量精力去重复定义已有接口格式。

(2)接口中的结构改变或者参数有所变动,就需重新设计,灵活性差。

(3)用户在查找所需接口格式的具体信息节点时,费时又费心。

(4)目前卫星导航系统接口测试自动化程度低,接口格式代码采用人工编辑形式,造成工作量大、误敲率高,致使设计与测试不一致等诸多问题。

### 6.2.2.1 层次化的 ICD 模板结构设计法

首先,采用层次化的设计方法构建接口协议结构模版,并借鉴面向对象思想对各层模板进行通用化设计;其次,提出碎片化的帧(包)结构编辑与组装方法,同时设计了基于可扩展标示语言(XML)文件系统的接口协议模板管理方法;最后,提出接口协议模板可编程信息接口组件模型,用以实现卫星导航系统协议接口的自动化测试技术[3]。具体步骤如下。

步骤 1:层次化构建 ICD 结构模板,将 ICD 结构模板分为系统层、业务层、网络层、帧(包)结构层、数据片层和参数层,每层定义与之相适应的 ICD 格式内容。

步骤 2:基于面向对象思想构建通用化的 ICD 录入模板,即针对每层 ICD 结构模板,首先,提取该层接口协议信息的共性,将其抽象成属性和方法,其次,新建模板类,将抽象信息封装在该模板类中,再次,设计与其属性相关的人机交互界面,实现模板类的属性赋值功能。

步骤 3:采用碎片化编辑与组装方法对帧(包)结构格式进行定义。该方法又可细分为 ICD 数据片(又称 ICD 碎片)编辑、ICD 数据片保存、ICD 数据片复用、ICD 数据片组装和 ICD 完整模板保存几个步骤。

步骤 4:基于 XML 文件系统对 ICD 模板进行分类管理,实现仅通过接口设计界面即可完成对各类 ICD 模板的分类管理功能。

步骤 5:设计 ICD 模板可编程信息接口组件模型,实现卫星导航系统协议接口的自动化测试。

图 6.3 给出了 ICD 模板结构分层设计的具体方法。将整个 ICD 格式信息分为 6 层进行描述,包括系统层、业务层、网络层、帧(包)结构层、数据片层和参数层。

系统层主要描述接口信息的发送端和接收端,如发送端卫星系统、接收端运控系统;业务层主要描述该类接口信息所属的业务类别,如上行注入业务、下行导航业务等;网络层描述了协议接口的传输协议、传播形式、帧(包)的发送频度、发送速率等;帧(包)结构层为 ICD 格式的主要部分,该层规定了数据片和参数的顺序以及信息类别,具体信息内容由数据片层和参数层实现;数据片层可以对 ICD 格式中的参数集进行描述,便于格式编辑,增强可读性和复用性,如星历 16 参、时间信息等;参数层是 ICD 格式中的最小单位,描述每一参数中的具体信息,如参数名称、单位、数据类型等。

图 6.4 为通用化的 ICD 模板设计实现方法,具体步骤如下。

步骤 1:针对每一层 ICD 结构模板进行抽象,提出该层信息中的共有属性和方法。

以参数层为例进行说明。通过抽象,将参数层的属性罗列为参数名称、数据类型、量化单位、单位、范围、比特数、是否补码形式、信息说明、转换公式等;将参数层的方法罗列为编码、解码、量化等。

步骤 2:新建 ICD 模板类,对抽象出的层级属性和方法封装成类。如系统信息

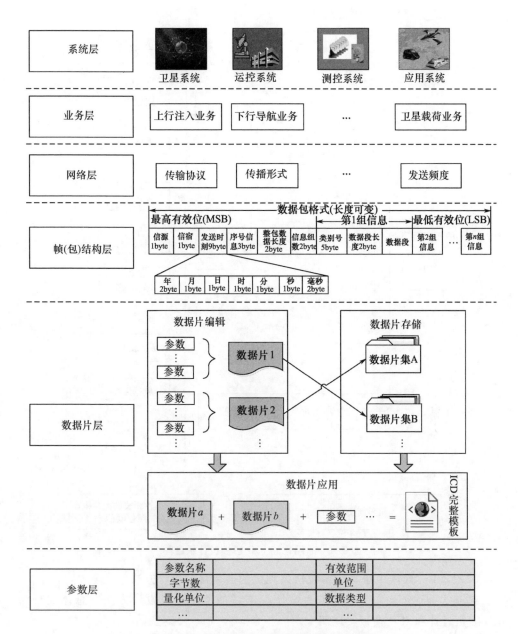

图 6.3　层次化的 ICD 模板结构设计示意图

类、业务信息类、帧结构信息类、数据片类、参数类。

步骤3:基于新建模板类进行人机界面交互设计。主要设计与该模板类属性相关的配置框,便于实例化模板信息。

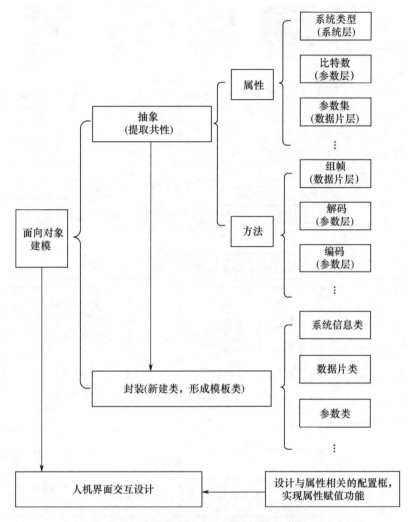

图6.4 通用化的 ICD 模板设计示意图

### 6.2.2.2 面向卫星导航系统协议测试的通用接口设计方法

图6.5描述了面向卫星导航系统协议测试的通用接口设计方法。总体上分为 ICD 模板设计和 ICD 模板实现两大块。

(1) 在 ICD 模板设计方面,主要进行了以下几方面的设计与创新,具体步骤如下。

步骤1:采用层次化结构设计,将 ICD 格式信息分为系统层信息、业务层信息、网络层信息和帧(包)结构层信息,并在帧(包)结构层中具体定义数据片层信息和参数层信息。

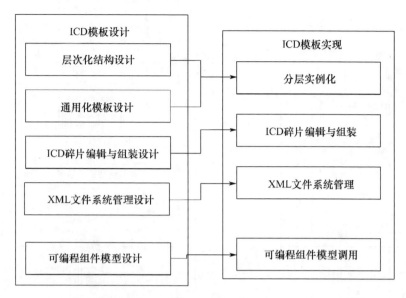

图 6.5　面向卫星导航系统协议测试的通用接口设计方法示意图

步骤 2：采用面向对象思想构建各层模板参数，使 ICD 模板具备更强的通用性。

步骤 3：在卫星导航系统中，由于同一收发系统间的 ICD 格式具有很大的相似性，因此设计了 ICD 碎片化编辑与组装思想，用以提高 ICD 数据片的复用率。

步骤 4：进行 XML 文件系统管理设计，方便文件的分类检索与存储，提高程序对文件的可读率和扩展率。

步骤 5：设计可编程信息接口组件模型，实现外部程序对 ICD 格式的自动调用，从而实现对卫星导航系统协议接口的自动化测试。

（2）在 ICD 模板实现方面，具体步骤如下。

步骤 1：分层实例化系统层、业务层、网络层和帧（包）结构层模板。

步骤 2：对 ICD 碎片进行编辑与组装。

步骤 3：基于 XML 文件系统对 ICD 模板文件进行存储和检索。

步骤 4：对可编程信息接口组件模型进行调用。

动态帧（包）结构编辑与组装实现方法如图 6.6 所示，主要包括 ICD 数据片（又称 ICD 碎片模板）编辑与组装方法和基于碎片化思想的 ICD 模板更新方法。

①ICD 数据片编辑与组装方法具体步骤如下。

步骤 1：ICD 数据片编辑，即通过人机交互界面，对 ICD 参数和数据片进行编辑。注意，若 ICD 碎片模板管理模块中已存储某类数据片，则该类数据片无需重复编辑，使用时可直接获取并应用到新的 ICD 模板中。

步骤 2：ICD 数据片保存，即将编辑好的数据片存储到 ICD 碎片模板管理模块中。

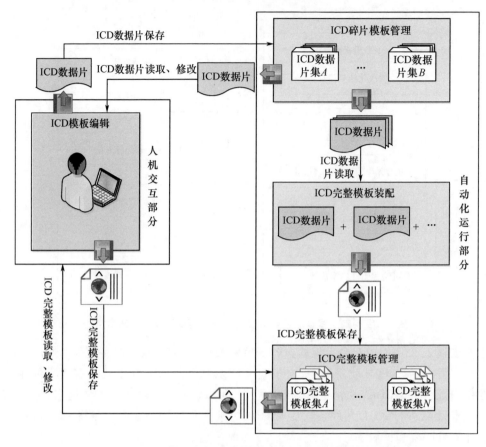

图 6.6　动态帧(包)结构编辑与组装实现方法示意图(见彩图)

步骤 3:ICD 数据片复用与 ICD 数据片组装。从 ICD 碎片模板管理模块中提取所需的数据片,并按照规划顺序与其他 ICD 数据片和参数进行组装。

步骤 4:ICD 完整模板保存。

② 基于碎片化思想的 ICD 模板更新具体实施步骤如下。

步骤 1:从 ICD 碎片模板管理模块中读取所需修改的数据片。

步骤 2:将修改后的数据片存储到 ICD 碎片模板管理模块中。

步骤 3:ICD 碎片模板组装。同"ICD 数据片编辑与组装方法"。

步骤 4:ICD 完整模板保存。

步骤 5:随着 ICD 碎片库逐渐增加,完成一个 ICD 模板的编辑就可以利用更多已有的 ICD 碎片,工作量逐步递减。

③ 基于碎片化思想的 ICD 模板更新也可以按以下步骤进行。

步骤 1:从 ICD 完整存储管理模块中提取待更新的 ICD 完整模板。

步骤 2:通过人机交互界面对 ICD 帧结构等信息进行修改,形成新版本 ICD 完整模板。

步骤 3:将新版本 ICD 完整模板进行数据片截取。

步骤 4:将截取的新版本的 ICD 数据片更新至 ICD 碎片模板管理模块。

步骤 5:将新版本 ICD 完整模板更新至 ICD 完整模板管理模块。

### 6.2.2.3　基于 XML 文件系统的 ICD 模板管理实现方法

基于 XML 文件系统的 ICD 模板管理实现方法如图 6.7 所示,具体步骤如下。

步骤 1:XML 格式 ICD 模板数据库文档读取。ICD 管理模块在系统启动时读取 XML 格式 ICD 模板数据库文档,包括完整的 ICD 模板与 ICD 碎片模板,形成树形结构的可视化管理系统。

步骤 2:新 ICD 模板编辑存储。通过 ICD 编辑模块进行新类型 ICD 模板设计,根据需求可以从 ICD 碎片管理部分获取有用碎片用于编辑 ICD 模板,编辑完成的 ICD 模板存放到 Windows 资源管理器某路径下,并同时在 ICD 模板管理系统中记录该 ICD 模板的分类存储情况信息。

步骤 3:已有 ICD 模板的获取与编辑。当需要对已有 ICD 模板进行查看、修改、更新操作时,可直接在 ICD 管理模块中通过直接查找或检索方式获取到需要的 ICD 模板存储情况信息,系统内部会在计算机本地根据 ICD 模板存储信息找到并在 ICD 编辑模块中打开对应 ICD 模板文件,完成后更新本地 ICD 模板文件和 ICD 管理模块存储信息。

步骤 4:XML 格式 ICD 模板数据库文档保存。当系统退出时,ICD 管理模块自动把 ICD 管理模块的信息保存到计算机本地的 XML 格式 ICD 模板数据库文档中,实

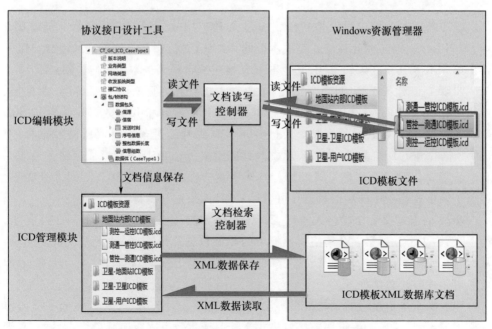

图 6.7　基于 XML 文件系统的 ICD 模板管理示意图

现数据库的更新。到此即实现了基于 XML 格式文档的 ICD 模板管理方法。

ICD 模板可编程信息接口组件模型(PICM)功能如图 6.8 所示,主要应用于卫星导航系统接口协议测试中。ICD 模板可编程信息组件模型集成至接口测试系统中,为接口编码、解码及测试评估子系统提供 ICD 模型,实现协议接口的自动化测试。

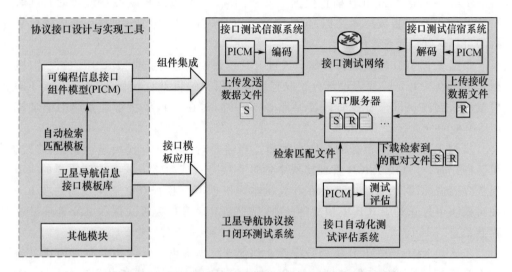

图 6.8　ICD 模板可编程信息接口组件模型功能示意图

基于新方法的接口协议格式编辑方法及其应用效果如图 6.9 所示。随着第 1 本,第 2 本,…,第 n 本 ICD 格式完成本数的累加,人工编辑率呈逐级递减趋势。以下给出第一本 ICD 格式编辑方法,其他本 ICD 格式编辑同第 1 本。具体步骤如下。

步骤 1:新建第 1 个帧格式模板。①通过人机交互界面对 ICD 系统层、业务层、网络层进行信息录入;②ICD 帧结构编辑,包括 ICD 参数和 ICD 数据片编辑;③ICD 数据片存储;④ICD 数据片组装。通过调用 ICD 碎片管理模板提取所需数据片,对 ICD 数据片和 ICD 参数进行组装,形成 ICD 完整模板;⑤ICD 完整模板存储。

步骤 2:新建第 2 个帧格式模板。具体实现方法与步骤 1 类似,不同之处在于,第 1 个帧格式模板中的相似数据片可直接复用,无须重复编辑。

步骤 n:新建第 n 个帧格式模板。具体实现方法与步骤 1 类似,不同之处在于,第 1 个,第 2 个,…,第 n 个帧格式模板中的相似数据片可直接复用,无须重复编辑,从而真正提高数据片的复用率,大大降低编辑人员的工作量。

对上述方法总结如下。

(1)实现了卫星导航系统接口协议格式的灵活设计与管理,大大降低了接口协议格式编辑量,使人工编辑率随接口格式文档完成本数呈逐级递减趋势。另外,基于本书提出的方法,在 ICD 格式版本更新、文件检索等方面也提供了极大便利。本书

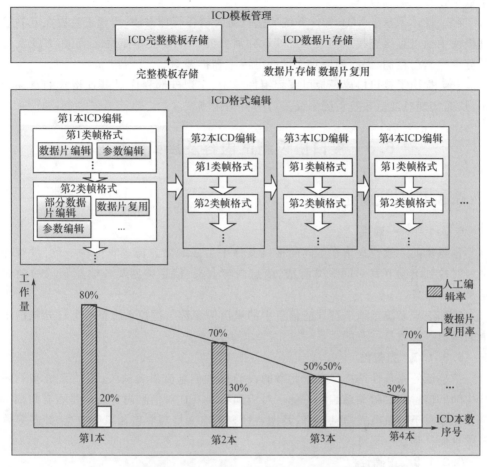

图 6.9　基于新方法的接口协议格式编辑方法及其应用效果示意图

提出了面向卫星导航系统接口协议测试的可调用组件模型,提高了协议接口的自动化测试效率。

（2）采用层次化的设计方法构建了接口协议结构模版,将 ICD 结构模板分为系统层、业务层、网络层、帧（包）结构层、数据片层和参数层,每层定义与之相适应的 ICD 格式内容。

（3）借鉴面向对象思想对各层模板进行通用化设计,即针对每层 ICD 结构模板:首先,提取该层接口协议信息的共性,将其抽象成属性和方法;其次,新建模板类,将抽象信息封装在该模板类中;再次,设计与其属性相关的人机交互界面,实现模板类的属性赋值功能。

（4）提出了碎片化的帧（包）结构编辑与组装方法,主要包括 ICD 数据片（又称 ICD 碎片模板）编辑与组装方法和基于碎片化思想的 ICD 模板更新方法,用以提高 ICD 数据片的复用率,降低接口协议格式编辑量,使人工编辑率随接口格式文档完成本数呈逐级递减趋势。

（5）设计了基于 XML 文件系统的接口协议模板管理方法，实现可直接在 ICD 管理模块中通过直接查找或检索方式获取到需要的 ICD 模板存储情况信息，方便文件的分类检索与存储，提高程序对文件的可读率和扩展率。

（6）提出了接口协议模板可编程组件模型，实现外部程序对 ICD 格式的自动调用，从而实现对卫星导航系统协议接口的自动化测试。

# 6.3　接口协议测试内容及接口解析方法

## 6.3.1　协议测试内容

### 6.3.1.1　一致性

信息流的一致性是指在不同的接口文件中生成的信息流逻辑结构一致，没有冲突。对应到不同 ICD 对同一类信息（信息内容含义、信息类型及各信息 bit 数）的约定是否一致。

比如卫星系统星地下行导航信息中的星历等参数与运控系统星地上行导航信息中的星历等参数是一致的。

### 6.3.1.2　完备性

信息流的完备性是指信息流元素的设计属性信息流没有缺失，不同系统和不同结构间的信息流映射关系匹配正确。对应到不同 ICD 对信息内容约定是否有缺漏。

比如对于导航电文信息而言，其完备性要求电文里需要包含星历信息、钟差等数据信息而且是缺一不可。

### 6.3.1.3　正确性

信息流的正确性是指各节点对 ICD 组帧、解析的信息处理逻辑结构没有错误，能够按照预定的方式完成信息的传输。信息流的正确性反映了系统流程的正确性，比如说传输的误码率能否满足系统要求。

### 6.3.1.4　时效性

时效性是指信息的传输能够满足用户的时间约束。对于北斗系统而言，时效性意味着信息在各个系统的生成、传输和接收等都能满足系统的要求。通过对信息流时效性的评估，检查所设计的系统能否满足用于对于信息传输的时间约束，保证设计的系统能够满足用户的需求。

### 6.3.1.5　复杂性

复杂性是指信息流的复杂程度。信息流可以反映系统的逻辑结构，因此信息流的复杂性也可反映系统的复杂性。而复杂的系统建设难度大、成本高、风险大。通过对信息流复杂性的评估，反映系统的复杂性，为在体系结构设计阶段控制系统的复杂性提供支持。

ICD 中信息接口种类、逻辑状态跳转的复杂性,可作为后续系统稳健性设计、问题排查思路制定的依据。具体评估指标待定。

#### 6.3.1.6 扩展性

扩展性是指信息流能够适应环境的变化,满足用户的需求。信息流的扩展性是信息流设计是否科学合理的重要体现。扩展性好的信息流在环境改变时,依然能够满足用户的需求。对信息流扩展性的评估,为信息格式设计方案的选择提供了参考,同时也是 ICD 优化的重要依据。

上述"六性"是对信息接口协议测试的抽象描述,在实际测试中,必须通过具体的测试项和测试内容来完成。表 6.2 给出了常用的测试项及其对应的测试内容。

表 6.2 信息接口协议测试内容

| 序号 | 测试项 | 测试内容 |
|------|--------|----------|
| 1 | 正确性测试 | 帧格式 |
| 2 | | 包序号 |
| 3 | | 包内容 |
| 4 | | 值精度 |
| 5 | 连续性测试 | 丢包率 |
| 6 | | 包乱序 |
| 7 | | 时效性 |
| 8 | | 周期性 |
| 9 | | 发送速率 |
| 10 | 容错性测试 | 丢包率 |
| 11 | | 包乱序 |
| 12 | | 时效性 |
| 13 | | CRC 一致性校验 |

### 6.3.2 协议解析方法

接口信息解析子模块的主要功能是接收各类数据包,并将数据包分解,转化成可以阅读的文本文件。接收的数据包类型有由运控系统对象模型发送来的待测系统网络端口数据、从待测系统监听的系统存储数据(收发类型均有)和信息接口数学仿真单元发送来的理论仿真接口数据。

接口信息解析子模块主要由两部分组成:网络端口消息解包子模块和被测系统存储信息解析子模块,如图 6.10 所示。

(1)网络端口消息解包

网络端口消息解包主要接收两类信息:一类是从信息接口数学仿真单元获得测试驱动数据,另一类是从被测系统接口输出的待评估数据。它们均以数据流的形式

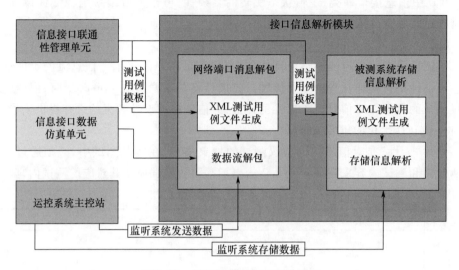

图 6.10　接口信息解析子模块组成

传送至网络端口消息解包子模块。该子模块首先将信息接口连通性管理单元发送的测试用例模板转换成与接收信息对应的 XML Schema 测试用例文件；然后根据测试用例 Schema 将接收到的数据流解析成 XML 文件，方便后续结果比对。

（2）被测系统存储信息解析

被测系统存储信息解析的处理过程与网络端口信息解包子模块类似，不同的是该部分信息是以文件形式传输的。该子模块同样参考信息接口连通性管理单元发送的测试用例模板，将其转换成与接收信息对应的 XML Schema 测试用例文件，再根据该测试用例文件格式将接收文件解析成 XML 文件，方便后续结果比对。

# 6.4　接口协议的评估方法

测试结果分析主要从主控站各系统信息接口的正确性、一致性、连续性和容错性4 方面进行测试。正确性、一致性、连续性测试数据为正常值类测试用例产生的测试数据，容错性测试数据为异常、边界值类测试用例产生的测试数据。下面重点阐述各类测试的侧重项。

## 6.4.1　正确性评估方法

信息接口正确性测试即要求接口包经过发送/接收端传输不发生任何变化。接口传输过程中，一般传输接口包数量多，接口包在物理链路中传输速率虽大体一致，但也有可能发生传输故障而导致接口错误等现象。因此，为了测试出接收到的接口数据是否正确，我们从以下几个方面进行测试。

（1）包长度。

通过包头的长度参数和包实际长度信息的比较来判断传输数据包长度信息是否正确。

（2）值精度。

验证接收到的接口各位置上参数符号是否与发送时一致,并验证对应参数的值是否一致。

### 6.4.1.1　信息格式正确性评估

信息格式正确性是指在链路无误码试验场景下,对于某一链路(图6.11),确认链路传输电文中调制的各类信息参数内容与信源节点的被播发参数、接收节点的解析参数内容是相同的,确认节点的组帧、解析模型是正确的。

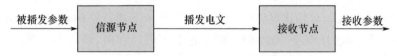

被播发参数　信源节点　播发电文　接收节点　接收参数

**图 6.11　信息流组帧解析示意图**

（1）组帧正确性评估。

在仿真过程中,将信源节点被播发参数及链路播发电文按照时序存储,仿真结束后,对播发电文按照 ICD 进行解析,得到解析参数,对比同一时刻的解析参数与被播发参数,确认数值是否相同。解析参数与被播发参数差值绝对值小于量化单位 $\times 10^{-6}$ 认为节点的组帧过程是正确的。

（2）解析正确性。

在仿真过程中,将链路播发电文及接收节点解析得到的电文参数按照时序存储,仿真结束后,对接收参数按照 ICD 格式组帧形成电文。对比由接收参数组帧形成的电文与播发电文的二进制流是完全相同的,从而可认为节点的解析过程是正确的。

需要说明的是,一致性评估包含正确性评估,试验评估只针对不进行一致性评估的信息项做专门的正确性评估。

### 6.4.1.2　信息传输正确性评估

在仿真过程中,将播发电文按照时序进行存储。仿真结束后,确认电文播发频度、各类信息播发时序等播发策略与 ICD 一致,保证电文传输模型的正确性。

## 6.4.2　一致性评估方法

### 6.4.2.1　信息约束一致性评估

信息约束一致性主要通过静态核查实现。对于同一类信息在多个链路传输的情况(不包括电文转发),确认每个链路的 ICD 对于同一类信息的约定是否一致,包括信息内容、信息类型、有效范围、量化单位、比特数、编码方式等。

### 6.4.2.2　信息传递一致性评估

在链路无误码试验场景下,对于同一类信息在多个链路传输的情况,确认各条链路上传递的同一类信息的各个参数内容是相同的。比对方式包括具体参数一致性评估和二进制流一致性评估。

（1）具体参数一致性评估。

具体参数一致性比对将参数在不同 ICD 中解析出来，将各个解析值与仿真原始值进行对比。对于整型数据，数据直接比对。对于浮点型数据，数据比对又分为原始值比对和量化数据比对两种方式，原始值比对就是浮点数进行比较，差值绝对值小于量化单位 $\times 10^{-6}$（存在同一参数在不同 ICD 中量化单位不同的现象，取接近 1 的量化单位）；量化数据比对是将浮点数值按照同一量化单位（取接近 1 的量化单位）量化，对量化后的整型数据进行比对，确认是否相同。

（2）二进制流一致性评估。

二进制数据流一致性比对将同一类信息参数从不同链路的电文中取出，然后按照一种 ICD 格式进行编排，对编码后的二进制流进行比对，确认多组电文二进制流是否相同。

### 6.4.2.3　指令响应一致性评估

系统对业务指令参数的部分响应结果，可能会以电文形式进行播发，这种情况下，将电文中的相关参数解析出来，与相关业务指令参数进行比对。大部分指令响应结果是通过电文体现不出的，这时需要仿真节点将相关工况信息、信号控制状态、任务处理状态输出，然后与相关业务指令进行比对。如果是调钟类指令，则仿真系统应在指令生效时刻将指令响应反应在测量信息上。

业务响应正确性核查是实时比对，在指令执行时刻，评估系统对业务响应的正确性进行判断。

### 6.4.2.4　异常处理策略一致性评估

在仿真过程中，对于某一传输链路，考察异常情况（信息缺失、重复传输、时序错误、关键信息误码等）下目标节点的响应是否满足系统要求。

## 6.4.3　连续性评估方法

接口数据连续性测试可从时间和空间两个维度进行。

1）时间维度

基于时间维度的信息接口连续性测试为检测各类接口信息包传输的时间频度是否与接口协议一致。测试对象为一系列接口数据包时，测试其传输时间频度是否连续，如某信息包是否按协议规定的秒数发送该系列接口数据包；测试对象是某一接口数据包时，根据其所属接口信息类型，测试该包传输时间频度与接口协议中对应约定是否一致。

2）空间维度

接口传输过程中，一般传输接口包数量多，接口包在物理链路中传输速率虽大体一致,但也有可能发生传输故障而导致发送/接收时发生接口包丢失、包乱序等现象,因此可从包序列(多包传输是否乱序、是否出现包丢失)的角度检测接口信息的连续性。

验证该接口数据包在所传输的若干接口中的序列位置,找到发送端的本接口包,验证前后若干接口包是否按发送时的顺序排列。只有保证正确的传输顺序且找到本接口包在发送端的位置才能进行后续测试工作。

### 6.4.3.1　信息更新频度及时评估

仿真过程中,按照时序存储各种电文。仿真结束后,查看存储电文,确认各 ICD 对于某一类信息更新频度、注入策略对时间的约束设计是否满足业务需求。

### 6.4.3.2　节点信息处理与传播时延合理评估

仿真过程中,按照时序存储各种电文及节点的信号控制状态、工况信息等数据,确认信息在各节点间处理与传播时延是否满足各 ICD 设计要求,各 ICD 设计对于同一类信息在不同节点间处理是否存在时序冲突。

### 6.4.3.3　信息传播的系统整体时延合理评估

仿真过程中,按照时序存储各种电文及节点的信号控制状态、工况信息等数据。在一个完整的业务处理周期内,确认同一类信息从播发起点到最终接收终点的传播时延是否满足业务处理需求。

## 6.4.4　容错性评估方法

容错性评估方法分为异常接口信息反馈及处理机制测试和"CRC 信息"一致性校验。

### 6.4.4.1　异常接口信息反馈及处理机制测试

正如前面提到,接口数据包在传输过程中可能出现数据包丢失、包错误等异常现象,而这些较常出现的异常由于出现时间、出现位置呈随机分布且接口包传输速率快,并不能以人工的方式去解决。此时接收端应当在接收时自动分辨出并及时进行处理和反馈,发送端接收到反馈能继续完成正确的传输。测试数据包含包头的异常、数据体的异常,及传输过程的异常。

### 6.4.4.2　"CRC 信息"一致性校验

测试步骤为:①测试系统对接口信息进行校验,检测错误信息;②测试"测试系统检测错误信息"与"CRC 信息"是否一致。

测试数据亦涵盖包头异常、数据体异常,且考虑传输过程的异常。参数的取值主要从无效类中选取,检验数据体参数取无效等价类的容错性(CRC 信息)。例如,当接口传输过程中,接收端接收到接口信息进行验证发现接口中"包计数"不正确时,CRC 信息是否含此项错误信息提示。

# ▲ 6.5　基于 XML 的信息连通性测试方法

采用 XML 对全球卫星导航系统所涉及的接口进行定义描述,并据此解析需要评估的接口数据包,解析后与原始数据进行比对。

全球卫星导航系统接口协议数量多、格式复杂,我们采用数据接口动态组装技术来实现对协议的测试。首先,根据接口协议生成其形式化的描述,建立接口协议描述模型,可采用 XML 进行描述。模型内容可包括数据名称、数据长度、数据类型、量纲、有效范围、层级关系等;然后,依据模型描述动态加载数据,将测试样本数据与模型描述相关联后动态组成完整数据包。按照某一频度、预设的开始时间发送接口协议数据,如图 6.12 所示。

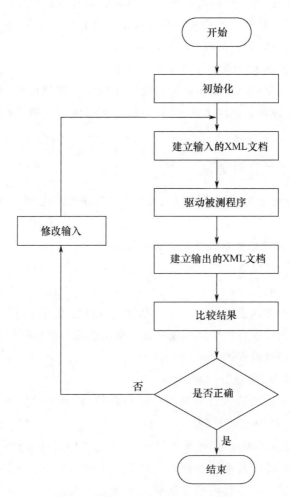

图 6.12　基于 XML 的软件测试流程

### 6.5.1　XML 概述

XML 是由 World Wide Web 定义的一种用来传输和存储数据的语言。XML 是一套定义语义标记的规则,这些标记将文档分成许多部分并对这些部件加以标识。它也是元标记语言,即定义了用于定义其他与特定领域有关的、语义的、结构化的标记语言的句法语言。XML 文档内容的基本单元是元素,它的语法格式如下:

< 标签 > 文本内容 </标签 >

元素由起始标签、文本内容和结束标签组成。用户把要描述的数据对象放在起始标签和结束标签之间。

XML 有一些突出的优点:良好的扩展性;内容与形式分离;遵循严格的语法要求;便于不同系统之间的信息传输;具有较好的保值性。这些优点使得 XML 成为软件接口测试的首选脚本语言[4-5]。

### 6.5.2　基于 XML 的信息流模型描述方法

根据需求和相关 ICD 定义的规范,对信息流模型传输数据进行描述。假设所传数据每组 3 个参数,共 16 组。单个参数包含 data(数据)、digit(数据位数)以及 units(量化单位),对其进行 XML 描述,格式如下:

```
< data digit = "" units = "" > data </data >
```

每组参数的描述中,其各个属性和单个参数的 XML 描述相同。16 组参数没有上下级关系,所以在描述的过程中将所有组放在同一个跟节点下,格式如下:

```
< ? xml version = ""1.0"" encoding = ""utf - 8""? >
< data >
< data0 >1 </data0 >
< data1 digit = "" units = "" > data </data >
< data2 digit = "" units = "" > data </data >
…
< data15 digit = "" units = "" > data </data15 >
</data >
```

Data 具有 name(名称)、type(类型)、comment(注释)、flow(流向)、encoding(编码)、load(载入)和 save(保存)等属性。

### 6.5.3　基于 XML 的信息流模型文件创建与解析

#### 6.5.3.1　创建 XML 文件

流程如下。

（1）用 xmlNewDoc 函数创建一个文档指针 doc。

（2）用 xmlNewNode 函数创建一个节点指针 root_node。

（3）用 xmlDocSetRootElement 将 root_node 设置为 doc 的根节点。

（4）给 root_node 添加一系列的子节点，并设置节点的内容和属性。

（5）用 xmlSaveFile 将 xml 文档存入文件。

（6）用 xmlFreeDoc 函数关闭文档指针，并清除文档中用到的所有节点动态申请的内存。

### 6.5.3.2 解析 XML 文件

解析一个 XML 文档，从中取出想要的信息，例如节点中包含的文字或者某个节点的属性，其流程如下。

（1）用 xmlReadFile 函数读取文档指针 doc。

（2）用 xmlDocGetRootElement 函数得到根节点 curNode。

（3）curNode->xmlChildrenNode 就是根节点的子节点集合。

（4）轮询子节点集合，找到所需的节点，用 xmlNodeGetContent 取出其内容。

（5）用 xmlHasProp 查找含有某个属性的节点。

（6）取出该节点的属性集合，用 xmlGetProp 取出其属性值。

（7）用 xmlFreeDoc 函数关闭文档指针，并清除文档中所有节点动态申请的内存。

## 6.5.4 基于 XML 文件的信息流模型测试步骤与方法

（1）针对给定软件接口，分析其类型并对其进行初步的 XML 描述，形成模型的 XML 描述文档。

（2）根据接口的 XML 描述文档，输入预输入数据（全球系统仿真软件模型中特定模块产生的数据），建立 XML 描述的测试用例文档。

（3）用预输入数据驱动被测模型信息流接口（全球系统仿真模型中特定模块），得到测试数据，并根据《试验卫星与地面试验支持系统接口控制文件（1.1 版）》解析测试数据。

（4）记录软件输出结果，形成 XML 描述的输出结果文档。

（5）解析 XML 描述的测试用例和输出结果，以差值检验输入数据与输出结果是否一致。

（6）记录对比结果，建立 XML 描述的测试日志，并得到测试报告。

基于 XML 的信息流模型测试流程如图 6.13 所示。

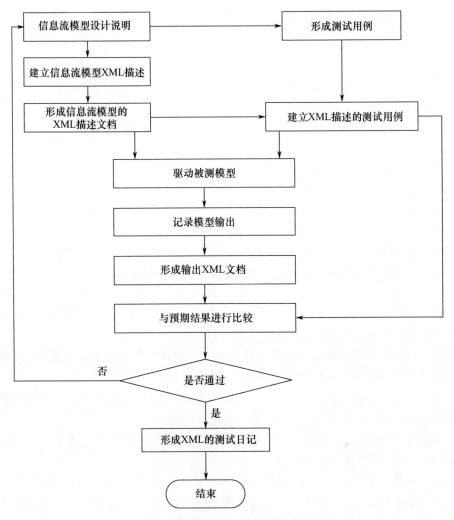

图 6.13　基于 XML 的信息流模型测试流程

# 6.6　信息流网络连通性的评估方法

信息流网络连通性评估模型建立在网络通信模式、工作体制、路由规划和通信协议等关键技术基础上。本节主要讨论网络连通性评估内容和网络连通性指标及其评估方法[6-8]。

## 6.6.1　网络连通性评估内容

从信息流网络传输功能实现层次划分,网络连通性评估模型包含 3 方面内容:通信协议功能、传输控制功能、网络管理功能。

对于每一项子功能项,都可表示为

$$p = \begin{cases} 0 & \text{通过} \\ 1 & \text{不通过} \end{cases} \tag{6.5}$$

对于所有的功能模型,可以采用串联模型进行综合,因此,网络连通性功能评估 $E$ 可表示为

$$E = \prod_{i=1}^{n} p_i \tag{6.6}$$

式中: $p_i$ 为各功能子项实现结果。

### 6.6.1.1　通信协议功能

通信协议贯穿了信息通信网络的整个层次结构,是保证卫星与卫星、卫星与地面通信的一套完整规则。卫星导航系统协议的实现通常包含以下两个过程。

(1)根据卫星导航系统网络通信的具体需求,形成自然文本描述的协议。

(2)各参研单位根据自然语言描述的文本协议转换成软件,最后集成到卫星导航系统中。

然而,在系统研制过程中,由于通信协议的复杂性以及外部条件影响,生成协议的两个过程都可能存在偏差,主要体现在如下方面。

(1)信息流设计时考虑的运行环境与实际运行环境可能存在较大差异,致使自然文本描述的协议仍存在缺陷或不足。

(2)由于卫星通信协议的复杂性,各部门在将自然语言描述的文本协议的理解过程存在偏差,致使网络通信功能的不完善或者缺失。

因此,网络通信协议功能模型主要包括实现的一致性、互操作性等方面。

### 6.6.1.2　传输控制功能

卫星导航系统中的卫星、地面控制段以及用户段都可能在通信网络设定的通信模式和工作体制下完成数据的通信;因此,传输控制功能模型主要包括数据传输内容和数据传输方式两个方面。

1)数据传输内容

卫星导航通信网络承担了空间段、地面段和用户段的数据传输,因此,卫星导航通信网络具备对传输数据的判断和响应能力。

2)数据传输方式

卫星导航通信网络在传输过程中涉及传输速率、传输模式,点到点、组播、广播等方面的业务选择过程,因此,卫星导航通信网络具备数据的传输管理和控制能力。

### 6.6.1.3　网络管理功能

卫星导航通信网络的正常运行依赖一系列的网络管理策略,因此,网络管理功能模型主要包括网络监测管理策略、时隙规划策略、路由策略等。

1)时隙规划策略

时隙规划策略建立在卫星导航通信网络需求之上,规定了网络中每个节点的工

作时序以及网络的连接关系。时隙规划策略是灵活可配置的,通常是集中生成,然后分发至网络所有节点。

2）路由规划策略

路由规划策略与时隙策略紧密相关,规定了网络中每个节点通向其他节点的路径选择。路由规划策略也是灵活可配置的,通常也是集中生成,然后分发至网络所有节点。

3）网络监测管理策略

卫星导航通信网络监测管理策略更侧重于对网络节点的管控能力,包括网络状态监视、网络故障探测、网络故障修复等策略。网络监测管理策略为星间链路网络正常运行提供保障。

## 6.6.2　网络连通性指标及其评估方法

卫星导航通信网络的指标是组成卫星导航系统的所有节点综合通信能力的体现,用于检验网络通信体制、网络传输时隙与路由算法等关键技术的综合实现指标。卫星导航通信网络指标项需求见表 6.3。

表 6.3　卫星导航通信网络指标项

| 指标项 | 说明 |
| --- | --- |
| 网络连通率 | 在设计需求下,所有节点间的互联互通能力 |
| 传输路由跳数 | 从网络的源节点传送到目标节点所需经历的节点数,通常以平均路由跳数表示 |
| 网络利用率 | 单位时间内网络被有效利用的概率 |
| 网络传输时延 | 网络各业务数据从源节点产生到达完成该数据的传输所花费的传输时间以及传输时效性 |
| 网络吞吐量 | 单位时间内在网络能够承载的有效数据量 |
| 误帧率 | 单位时间内进行数据传输时,产生的错误数据帧数与总数据帧数的比值 |
| 丢包率 | 单位时间内进行数据传输时,发生的数据包丢失概率 |

下面给出上述几个关键指标的计算方法。

### 6.6.2.1　网络连通率

网络连通率是指在设计需求下,所有节点间的互联互通能力。网络连通率 $R_L$ 定义为

$$R_L = \frac{\sum_{i \in T} \sum_{j \in R} l(i,j)}{L} \qquad i \neq j \qquad (6.7)$$

式中:$L$ 为在数据传输需求下能够达到的总链路数;$T$ 为可作为发射节点的集合;$R$ 为可作为接收节点的集合;$l(i,j)$ 为可达性函数,定义如下:

$$l(i,j) = \begin{cases} 0 & \text{不可达} \\ 1 & \text{可达} \end{cases} \qquad (6.8)$$

#### 6.6.2.2 传输路由跳数

传输路由跳数是指从网络的源节点传送到目标节点所需经历的节点数,通常以平均路由跳数表示为

$$H_m = \frac{\sum_{i \in T} \sum_{j \in R} H(i,j)}{L_s} \qquad (6.9)$$

式中:$H(i,j)$ 为从 $i$ 到 $j$ 需要经历的节点数;$L_s$ 为总的有效链路数。

#### 6.6.2.3 网络利用率

网络利用率表示单位时间内网络被有效利用的概率,即为有效时隙数 $L_v$ 与总时隙数的比值:

$$R_u = \frac{L_v}{L_v + L_N} \qquad (6.10)$$

式中:$L_N$ 为无效或者是空时隙数。

#### 6.6.2.4 网络传输时延

网络的传输时延指数据从网络的源节点传送到目标节点所需要的时间。定义为

$$t_m = \frac{1}{m} \sum_{i=1}^{m} t_i \qquad (6.11)$$

式中:$t_i$ 为第 $i$ 次网络传输时延;$m$ 为传输总次数。

#### 6.6.2.5 网络吞吐量

网络吞吐量指单位时间内在网络中给定点目标成功传送的数据量,定义为

$$\Phi = \sum_{i}^{n} \phi_i \qquad (6.12)$$

式中:$\phi_i$ 为单位时间内第 $i$ 类信息成功传送的数据量。

#### 6.6.2.6 误帧率

误帧率是指单位时间内发送和接收通信数据时,产生的错误帧数与总帧数的比值,定义为

$$R_{Err} = \frac{F_{Err}}{F_{total}} \qquad (6.13)$$

式中:$F_{Err}$ 为单位时间内接收端接收到的错误帧数;$F_{total}$ 为单位时间内发送端发送的总数据帧数。

#### 6.6.2.7 丢包率

丢包率是指单位时间内进行数据传输时,发生的数据包丢失概率,定义为

$$R_{Lost} = \frac{P_{Lost}}{P_{total}} \qquad (6.14)$$

式中:$P_{Lost}$ 为单位时间内接收端数据包丢失的个数;$P_{total}$ 为单位时间内发送端发送的总数据包数。

## 参考文献

［1］杨俊，黄文德，陈建云，等．卫星导航系统建模与仿真［M］．北京：科学出版社，2016．

［2］彭海军．GNSS 星间链路组网通信的地面试验验证方法研究［D］．长沙：湖南大学，2016．

［3］ 杨俊，黄文德，吕慧珠，等． 面向卫星导航系统协议测试的通用接口实现方法：201710609082.3［P］．2017-07-24．

［4］高湘飞，赵星汉，张倩倩，等．基于 XML 的可配置接口测试工具设计与实现［J］．指挥信息系统与技术，2015，6(6)：28-32．

［5］李华，叶新铭，曾敏，等．基于 XML 的协议一致性测试系统的设计与实现［J］．计算机科学，2006(10)：275-278．

［6］冯旭哲，杨俊，周永彬，等．一种基于时分多址接入空间动态网络的数据传输测试方法：201510227971.4［P］．2015-05-07．

［7］彭海军，王玲，黄文德，等．一种虚实结合的星间链路组网地面试验验证框架［J］．航天控制，2016，34(2)：31-37，43．

［8］刘骐铭，冯旭哲，岳宇航．面向导航星座的星间传输协议测试系统设计［J］．计算机测量与控制，2016，24(1)：54-56，60．

# 第7章　GPS 模拟训练系统及其在人员培训中的应用

美国空军是管理与运行 GPS 的主体。训练有素的操作人员使用可靠的控制系统管理强大的卫星星座,是 GPS 准确性、完整性和可用性得到所有用户认可的主要原因之一。本章首先简要介绍 GPS 地面操作人员组成及其培训情况,然后详细探讨 GPS 模拟训练系统组成、功能、运行机制及其对人员培训的支撑作用,最后分析 GPS 模拟训练系统的优势。

## ◢ 7.1　GPS 地面操作人员培训概述

### 7.1.1　美国空军第二空间操作中队(2SOPS)简介

GPS 的主控站(MCS)由隶属于美国空军第 50 空间联队的第二空间操作中队负责管理与运行控制,第十九空间操作中队(19SOPS)为预备队。2SOPS 的任务是控制导航信号的特性、提供精确的定时标准,并提供核爆炸检测信息。2SOPS 是通过操作 GPS 卫星星座和相关的地面系统来完成星座管理和提供这些服务的[1]。

卫星导航信号部分需要 2SOPS 来操作信号,以确保美国及其盟友的国家安全利益。导航有效载荷提供导航信号,该导航信号实际上提供标准定位服务(SPS)和精确定位服务(PPS)两种服务。SPS 是一种定位和定时服务,可提供给全球范围内所有 GPS 用户。SPS 在 GPS LI 频率 1575.42MHz 上提供其 C/A 码和导航电文数据。GPS LI 频率还调制了精码(P 码),该测距码可授权给配备 PPS 接收机的用户使用。2SOPS 还维护 1227.6MHz 的 L2 频率,该频率上调制 P 码或 C/A 码以及导航电文数据。此外,2SOPS 还管理发送到 GPS 卫星和从 GPS 卫星发送回来的数据。这些数据包括:卫星发射时间、卫星位置、卫星健康状况、卫星时钟校正、传播延迟效应、转换到 UTC 的时间参数以及星座状态。

时间传递部分需要 2SOPS 密切监视和调整 GPS 时间,以便将 GPS 时的精度维持在十亿分之一秒。GPS 时是由 OCS 建立的,并作为所有 GPS 操作的主要时间参考。GPS 时向美国海军天文台维护的协调世界时(UTC)溯源。基于位置解得到的时间传递精度,是 SPS 定时结果相对于 GPS 时间之差的函数。

核爆(NUDET)检测部分需要 2SOPS 操作核爆检测系统(NDS)有效载荷。NDS

有效载荷使用光、X 射线、辐射和/或电磁脉冲（EMP）传感器来检测核爆并验证是否符合"有限核禁试条约"。2SOPS 还监测卫星上原子钟的性能，这些原子钟用于提供精确的定时信号，因此可以使用到达时间（TOA）对事件进行时间标记。NUDET 用户包括综合相关和显示系统（ICADS）及地面 NDS 终端。这些终端从卫星接收传感器数据，将数据处理成 NUDET 事件报告，并为用户提供各种消息和事件显示。

## 7.1.2 2SOPS 人员组成及分工情况

主控站（MCS）中的 GPS 日常操作，由 2SOPS 的 5 个卫星运营班组负责。这 5 个班组全年每周 7 天、每天 24h 连续运营[1]。MCS 负责星座指令和控制的所有方面，包括以下内容：卫星平台和有效载荷的常规状态监测、卫星维护和异常解决、支持所有性能标准的 GPS 性能监测和管理、导航数据上传以满足精度性能指标要求、及时检测和响应服务故障。这些班组直接向运营官（值班领导）报告。每个班组由 7 个人组成，包括 1 名飞行指挥官、1 名组长、1 名地面系统操作员（GSO）、1 名卫星平台管理员（SVO）、1 名载荷系统操作员（PSO）（早期文献称为卫星任务分析业务员（SAO））和 2 名卫星系统操作员（SSO）[2-3]。如图 7.1 所示。

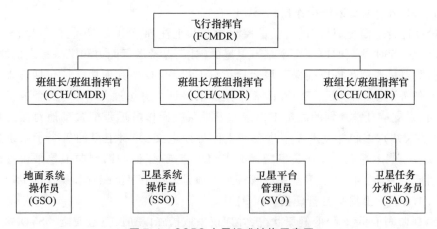

图 7.1 SOPS 人员组成结构示意图

卫星平台操作员负责监测卫星遥测数据，以评估卫星平台各子系统的健康状态和安全情况；载荷系统操作员负责监测 L 频段信号，并通过分析各个监测站提供的距离观测量评估当前导航性能；地面系统操作员（GSO）负责监测地面所有通信回路，包括主控站（MCS）与地面天线（GA）以及主控站与监测站（MS）之间的通信回路。2 名卫星系统操作员（SSO）负责建立地面天线与卫星之间的 S 频段链路，并发送必要的控制指令和上注信息。下面具体说明飞行班组成员的主要工作。

### 7.1.2.1 飞行指挥官（FCMDR）

飞行指挥官负责所有与卫星相关的操作活动，协调维护以及与外部机构的联系。在地面与卫星连接期间，FCMDR 扮演管理者的角色，批准所有传输给卫星的指令，并监视每个地面支持任务是否成功完成。FCMDR 还可以根据卫星到监控站、地面天线的通信链路状态,更改实时规划调度。FCMDR 的其他功能包括文档审查,工作人员培训以及撰写星地连接活动的总结报告。最后,FCMDR 协调计算机操作和硬件维护人员的活动,以支持全天 24h 的 GPS 操作。

### 7.1.2.2　班组长/班组指挥官(CCH/CMDR)

班组长主要任务是协助 FCMDR,在 FCMDR 缺席时,负责协调所有卫星操作活动。此人一般也是卫星系统操作员(SSO)的头(组长),可以像 SSO 一样提供星地连接的能力。CCH 向上级报告 GPS 地面段和空间段的运行能力,并确保按时正确地进行维护。CCH 还为导航用户准备日常运行报告和通知建议。

### 7.1.2.3　地面系统操作员(GSO)

GSO 维护 GPS 地面部分的硬件、软件和通信链路,确保远程监测站(外场站)和地面天线(注入站)的性能可靠性。为了确保地面系统各个设备得到正确配置,GSO 分析并隔离所有与通信相关的故障。GSO 协助远程站点(外场站)技术人员对硬件和软件异常进行故障排除,使地面部分能够保持高度准确和可靠的信息流。最后,GSO 监督所有地面资源的新软件安装和测试程序的实施。

### 7.1.2.4　卫星系统操作员(SSO)

SSO 进行地面与卫星对接,发送控制指令和上注导航电文,并监控卫星(SV)的健康状况。SSO 发送的控制指令维护卫星的健康、保持运行能力和维持指定的轨道。SSO 监测卫星遥测数据以确保卫星运行状态正常。SSO 的其他功能还包括管理和调整运行任务调度,以满足 GPS 的日常任务要求。每个班组通常有 2～3 个卫星系统操作员,以支持日常规划的大量工作量。卫星系统操作员远程配置星地对接的地面天线(注入站),编制并发送控制指令和上注导航电文,并对卫星的每个子系统进行健康检查。当卫星系统操作员发现遥测点超出范围时,他们即刻向卫星平台管理员报告可能会发生的问题。卫星系统管理员一般是班组中卫星配置和操作的专家。

### 7.1.2.5　卫星平台管理员(SVO)

SVO 监测卫星(SV)的健康状况,并建议采取措施以确保卫星安全。SVO 参与广泛的业务操作,包括验证任务支持计划、执行健康状况(SOH)程序、通过各种命令支持 NDS 任务以及监控卫星上所有星载子系统的性能。作为每个卫星子系统的运营专家,SVO 收集和分析数据以预测未来的卫星性能,制定和实施卫星操作的指令计划。SVO 还负责卫星系统其他主要的检查,包括分析当前运行的星载频率标准、动量轮和电子子系统。通过 L 频段信号看到的伪距异常测量,通常是由温度、电压或时钟的变化引起的。给卫星发送控制指令可以消除由这些变化引起的问题并恢复 L 频段信号的质量。例如,在卫星处于地影期间,使用机载电池是因为太阳能电池阵列不向卫星的其他子系统供电。SSO 和 SVO 监视遥测点以确保每个子系统在整个地影期间都获得足够的电力。如果出现电源问题,SVO 将通过配置卫星的方法来降低电量消耗。

#### 7.1.2.6 卫星任务分析业务员(SAO)

SAO监测和维护导航产品,以确保其具有尽可能高的精度。SAO通过Kalman滤波器处理导航信号时评估该导航信号的可靠性。SAO检测、分析和修正导航处理器、卫星时钟和轨道问题。其主要活动包括确定卫星健康设置、建立每日卫星历书(星历)集、更新USNO计算的GPS-UTC偏差以及更新太阳流量以计算卫星历书(星历)中单频电离层改正系数。其他任务包括导入Kalman滤波器的参考轨道文件以估计卫星轨道和星历,以及调整精确原子钟算法的运行参数以进行全局的时间传递。最后,SAO编制发送给卫星的各类上注电文。

SAO岗位通常与GPS用户段有关,因为SAO的主要职责是监控监测站的L频段性能统计数据。每隔15min,主控站处理软件和SAO都对测量伪距进行容差和有效性检验,即对观测伪距和根据导航电文计算得到(预测)的伪距进行容差和有效性检验。这个15min的间隔,称为K点,是主控站Kalman滤波器更新的时间周期。如果发现伪距和导航数据之间的差异超出标准容差范围,SAO就会进行分析,并通过应急导航电文上注的方式来进行补救。有的时候还需要对Kalman滤波器进行维护。

任何首先检测到卫星或导航信号出现问题的地方就是班组所在的地方。大多数活动都是日常操作的,可由班组成员处理,但有时候出现严重状况时需要系统专家。这些专家通常是符合班组资格的空军成员,他们已在该部队工作多年,并具有解决异常问题的经验和专门培训。这些专家只需打个电话就能过来,他们通常会工作很长时间。其中有硬件/软件专家和卫星平台专家。

### 7.1.3 2SOPS人员培训需求

如前文所述,2SOPS通过主控站控制GPS卫星星座。由于任务的复杂性及其对操作人员能力素质的高标准要求,需要定期为执行该任务的操作人员安排培训课程。这些培训课程的对象可以是新学员,也可以是老学员(提高技能的定期培训)。只有获得地面操作资格的学员才能够上岗工作。

以往大多数的培训课程以"纸质培训"为主,即培训学员通过学习培训教材及相关的文档资料,获得相关的知识和技能。在这种情况下,由于缺乏必要的模拟环境,他们无法模拟发给卫星的指令,从而对指令会给卫星造成的影响也就无从认知。此外,也没有方法可以将异常引入培训体系中,因此,缺乏解决异常情况的培训条件。总之,在"纸质培训"中,学员所获得的知识和技能是不充分的。

GPS高保真模拟器的研发将极大地提高他们正确培训操作人员的能力,包括日常操作培训和处理异常的培训。它还将有助于解决没有既定处理程序的问题。例如,如果卫星上出现问题,就会有各种用于修复它的建议解决方案,但给定提议的有效性和次要效果可能是未知的。高保真模拟将产生数据以帮助选择最佳提议。此外,模拟器可用于测试新的MCS软件版本和维护修复。

# ▨ 7.2 GPS 模拟训练系统简介

## 7.2.1 高保真系统模拟器(HFSS)概述

GPS 模拟器的目的是尽可能逼真地模拟从 MCS 的视角所看到的 GPS。这包括卫星星座,环境条件,GA 和 MS 网络以及外部用户。在模拟器设计中,高级组件表示为"域",每个"域"都涉及一个共同感兴趣的知识领域。

HFSS 的"域"包括 MCS 之外的所有内容;GA、MS 和卫星。然而,要成为一个完整的模拟器,不仅必须模拟空间和地面部分,而且必须存在链路到 HFSS 的 MCS 环境的训练副本。该操作软件和硬件环境的训练副本在下面称为主控站副本(RMCS),并假设 RMCS 与 MCS 完全相同。

HFSS 主要由仿真引擎控制、空间段仿真、地面段仿真、环境段仿真、人机接口和公共服务等功能模块组成[4-6],如图 7.2 所示。模拟器边界内的 5 个实线椭圆表示应用程序域。第 6 项"共同服务"为应用程序域提供与操作系统、数据库、消息传递和日志记录相关的属性,并负责与外部系统进行通信。外部系统包括模拟主控站和卫星数据模块。模拟主控站与可看作是真实主控站的等比例复制,卫星数据主要提供真实卫星的遥测数据。这两个外部模块均与实际系统高度一致,从而提高了模拟训练的逼真度。

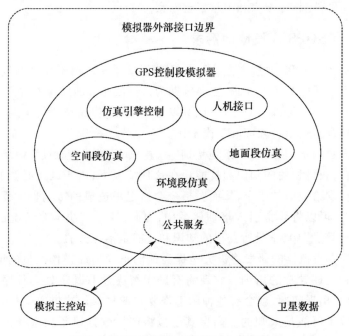

图 7.2 HFSS 主要功能模块组成示意图

仿真引擎控制域包含允许模拟器工程师控制和查看仿真的功能。这包括创建和使用脚本,用于定义标称和异常条件,还包括控制模拟速度(暂停或实时整数倍数)和模拟开始日期/时间的功能。空间模拟域模拟航天器上物理驻留的子系统以及航天器在空间中的位置,还生成模拟遥测。地面模拟域模拟上注天线、监测站、外部用户代理接口以及这些实体之间的通信链路,还处理模拟器和 MCS 之间的实际通信。环境模拟域模拟 GPS 星座运行的物理环境,包括地球极移运动、章动,以及对传输信号的大气影响。人机界面(HCI)域提供模拟器工程师使用的 HCI,以及 GPS 受训人员操作的可见性。公共服务域是多个其他域共同使用的函数的集合。其中一些是基础功能,如日志记录和进程间通信,但其他则是更高级别功能,例如子系统和测量物理量的通用类。所有域都作用于公共服务域。

HFSS 模拟了 4 个地面天线(GA)和 20 个监测站(MS),以及由 Block Ⅱ、Block ⅡA 和 Block ⅡR 等 30 颗卫星(SV)组成的空间星座。HFSS 由 4 个主要部分组成:空间段仿真,环境段仿真,地面段仿真和仿真引擎控制(图 7.3)。有关 HFSS 的高层设计结构的详细图形描述见图 1.19。每个部分又分为子系统,每个子系统可以模拟特定的功能或效果。

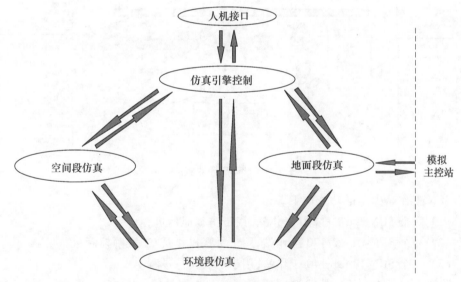

图 7.3 HFSS 体系结构设计

根据设计,模拟器将空间段中的每个组件都建模为一个可移植操作系统接口(POSIX)进程。因此,30 颗卫星就有 30 个单独的进程,即每颗卫星一个进程。所有环境段的影响只有一个 POSIX 进程,服务于空间段的所有卫星进程和地面段的进程。每个注入天线和监测站也都有一个单独的地面站进程。数据通过主控站的 OS/COMET(STI 公司的商标)传递到地面段。在典型的仿真器与模拟主控站的联调场景中,仿真器的地面段接收来自模拟主控站与某颗卫星建立链路的指令,仿真器将该链路指令通知环境段,如果环境段判断该卫星可见,则接收该数据。然后,环境段将该数据传递给属于该卫星的特定 POSIX 进程。然后,空间段中该卫星的 TT&C 子系统获取数据并进行相应的处理。信息流的反向场景,即从空间段通过环境段到地面天线或监测站并返回到 MCS 的数据传输过程,与上述过程类似。

## 7.2.2 模拟训练系统组成

### 7.2.2.1 硬件组成

该模拟器的硬件平台由 SiliconGraphicsR10000 多处理器组成,作为主仿真引擎。它包含 12 个处理器、768MB 内存和 11GB 的磁盘空间。如图 7.4 高保真度系统模拟器硬件平台所示。仿真引擎包含所有空间段和环境段进程以及大约一半的地面段进程。地面段的其余进程驻留在仿真通信处理器上。

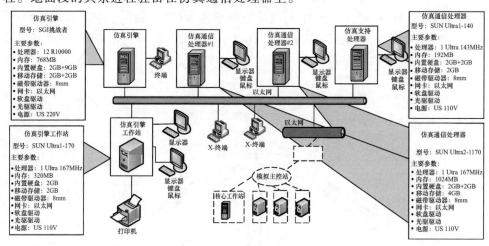

图 7.4　HFSS 硬件组成

SUN 工作站提供的功能如下。

(1) 两个 SUN Ultra2-1170 工作站,用于仿真通信进程。

(2) 一个 SUN Ultra2-170 工作站,用于仿真操作员/工程师控制台。

(3) 一个 SUN Ultra1-140 工作站,用于仿真支持进程。

除了人机界面(HCI)是用 C 语言编写,HFSS 都是用 ADA95 编写的。为了实现并确保实时性能,使用速率单调调度算法。Oracle 数据库用于存储所有初始条件集和已保存的状态。

### 7.2.2.2 软件组成

将高保真度系统模拟器域映射到硬件体系结构的元素如图 7.5 所示。这些配置背后的主要考虑因素包括应用程序的数值处理和输入/输出特性、减少网络流量和操作员对响应时间的愿望,以及维护足够中央处理器(CPU)余量的需要。

空间和环境仿真域配置于仿真引擎,一个包含 10 个单独处理器的 SGI(公司)对

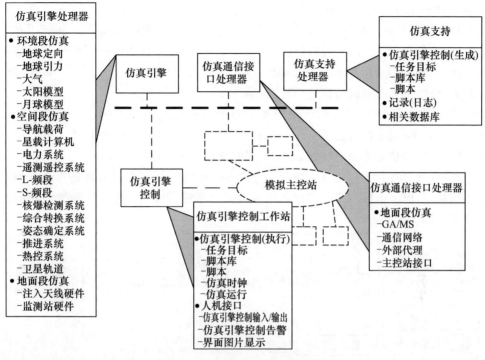

图 7.5　HFSS 硬件中的软件配置

称多处理器(SMP)。空间仿真包括对 30 颗卫星的子系统进行仿真,以及环境模拟,其中包括对这 3 颗卫星进行大气和空间效应的模拟,这两个域都是处理明显的数字密集型区域。对输入/输出(I/O)的需求相对较少。考虑到 25x 实时的快进能力要求,这种表征尤其真实。

　　使空间仿真成为 SMP 架构理想选择的另一个考虑因素是应用程序非常适合独立运行。特别是,模拟器模拟航天器之间通信的需求很少,因此每个航天器可以静态地分配给单个处理器,而不会引入一个处理器必须等待另一个处理器的情况。

　　另一个主要模拟功能,地面段仿真,分布在仿真引擎和仿真通信处理器上。理解这种分布,有助于理解操作地面天线(GA)和监测站(MS)的体系结构。GA 和 MS 的设备包括工作站,这些工作站通过 TCP 直接与 MCS 通信。GA/MS 工作站还通过 TCP/IP(互联网协议)套接字与远程站点的本地联网 VERSA(公司)模块化欧罗卡(VME)处理器进行通信,以控制和获取与 VME 连接硬件的设备状态。这里的硬件设备包括伺服控制单元、遥测接收器、加密设备,等等。

　　布置于仿真引擎上的地面段仿真元素是为 VME 连接的硬件设备建模的元素。这些模型通常比地面段仿真的其余部分更具周期性。因此,这些模型以及空间段仿真和环境段仿真可以充分利用仿真引擎上的速率单调调度。另外,仿真通信处理器上的处理主要是事件驱动和更多 I/O 密集型。选择运行 Sun Solaris O/S 的单个 Sun

Ultra Workstation 作为模拟通信处理器,以便于重用运行的 GA/MS 工作站软件。仿真通信处理器运行 GA/MS 工作站软件的多个实例。这些实例与 MCS 之间的所有通信必须通过另一个过程,该过程模拟 GA/MS 工作站的可用性、网络可用性和网络延迟。此外,MCS 通常链接到多个外部用户终端,这些用户终端通常直接从 MCS 接收各种数据,也可以在模拟通信处理器上建模。

最后,仿真引擎控制和 HCI 域配置于两个 Sun 工作站;一个用于开发脚本和任务目标,另一个用于执行这些实体。开发工作站还包含数据库服务器和日志记录功能。同样,这些功能并不是特别处理器,因此选择了 Sun Ultra 工作站。

总结系统架构,我们的核心是一个对称多处理器,执行空间和环境仿真的处理器密集型功能,而一组分布式处理器实现各种用户和通信接口。各个子系统之间的接口关系如图 7.6 所示。

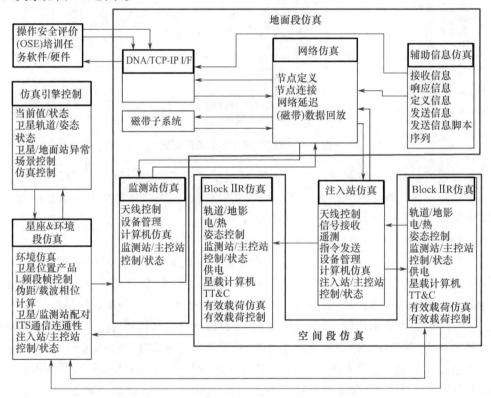

图 7.6　HFSS 各子系统之间的接口关系

### 7.2.2.3　数据库设计

GPS 模拟器中的十五个软件模型中的每一个通常具有数百到数千个状态数据项,其定义航天器子系统或地面段的当前状态,并且在仿真运行的过程中得到更新。正常运行将模拟多个航天器和地面段组件,从而将状态数据的数量相乘。在初始化仿真时,必须将完整的这些状态数据项读入每个为该特定运行指定的航天器和地面段组件的存储器中。这些被称为"初始条件"。在运行期间的任何时刻,都可以保存一组这些状态数据项,可能用做后续运行的初始条件。

模拟器的操作由模拟器操作员/工程师(SO/E)使用 HCI 域在 Sim 工作站控制。SO/E 的三个主要功能是为训练运行构建脚本,主持仿真运行(执行先前构建的脚本),以及为运行选择或操作状态数据集(初始条件)。SO/E 还有显示房间内任何人员都能看到的 MCS 软件的显示。这些可用于监控任何数据点、消息或警报,以及受训者在会话中采取的操作。在准备仿真时,SO/E 必须从列表中选择一组初始条件,之后他/她可以选择在初始化之前更新任何状态数据值。通过这种方式,可以定制仿真,可以引入异常(这是一种方法),或者可以设置某些值以警告或测试训练中的人员。

状态数据驻留在数据库表中,其中表对应于每个模型或子系统。例如,航天器上的电力子系统(EPS)具有需要跟踪的值的表格。由于目前在 GPS 星座中使用了两代不同的航天器,这有点复杂。这些通常称为 Block 类型。尽管存在一些重叠,但每种 Block 类型具有与其对应的不同状态数据集。因此,EPS 在数据库中确实有两个状态数据表,并且软件必须在请求读取或写入数据库时指示正在使用哪种 Block 类型的航天器。

由于状态数据值具有多种不同的数据类型,因此提出了如何最好地将这些值存储在数据库表中的问题。必须键入表中的每列,这意味着该列中的每个项必须具有相同的数据类型。换句话说,您不能在同一列中存储整数和字符串。如果您将一组状态数据视为一系列值,则可以查看状态数据表。

但是,要使这种方法起作用,该列中的数据必须都是相同的类型。因此,GPS 模拟器已选择将所有状态数据转换为字符类型以便存储在表中,并在初始化时将其转换回常规数据类型。这些转换由数据库接口软件执行,因此模型软件无需了解有关转换的任何信息。由于表中的数据有时在初始化之前显示在 SO/E 中,因此该方案具有不需要对该显示进行数据转换的额外便利性。它还使维护人员或其他相关方更容易离线查看状态数据表。用于此项目的数据库商用货架(COTS)产品将不允许字符类型列包含超过 2000 个字符,因此该表在一行中使用一系列这些 2000 个字符的列。关键信息包括航天器或地面段的标识符(ID)以及这组状态数据(或初始条件)的名称。使用此方法,表的一行包含特定模型的整个状态数据集。

在初始化仿真时,软件工程师控制发出请求以将状态数据读入各个模型。通常会为运行确定多个航天器和地面部件。这意味着每个模型将运行多个(Ada)软件任务,每个模型都需要读取与其航天器或地面组件相对应的一组状态数据。模型初始化并开始模拟后,模型软件将不断更新本地存储器中的状态值。GPS 模拟器是一个专注于时间性能的实时系统,因此在运行期间模型软件不允许直接访问数据库中的状态数据。

SO/E 在模拟过程中的一个选项是随时执行"保存状态"。选择此选项时,将立即向所有模型发送消息,以便将它们的状态数据值集合到数据结构中,并调用例程将数据写入数据库。每个写请求都会导致一个较低优先级的软件任务被启动,以便不超过必要的速度减慢模型软件。这样,任何给定的空间/地面组件配置的状态数据的多个版本可能存在于存储中。当保存了完整的状态数据集时,软件会给它一个临时名称。在运行完成时,将提示 SO/E 查看临时保存的数据集,并决定哪些数据集将被永久保存。当一组状态数据被永久保存时,必须由 SO/E 给出名称。所有未保存的临时集合将从数据库中删除。SO/E 可以在该点(或未来的任何时间)启动一个新的运行,使用任何一个永久保存的数据集作为运行的初始条件。此方案允许操作人员能够备份到模拟中的任意选择点,或者简单地保存可能对未来培训或测试有用的配置。

总之,模拟器数据库系统允许在不影响仿真软件性能的前提下随时保存模拟运行的整体状态,并允许用户在初始化时对状态数据进行操作以定制运行。

### 7.2.3　HFSS 高保真仿真模型

#### 7.2.3.1　高保真仿真模型的定义

我们所说的高保真是什么意思?保真度是模拟器模仿系统的程度。在 GPS 程序中,保真度级别定义如下。

1)低保真度

意味着系统的功能以及它们对整个系统的影响是有限的。使用查找表的模拟器是低保真度的一个示例。低保真度系统不允许模型交互。除了查找表之外,低保真度还利用在实时规划过程中可更改的数据库和静态值。

2)中等保真度

意味着系统或其组件功能满足低保真度要求和模型最显著的次要影响。这可以通过一个由查找表扩充的开环模型的组合来完成。中等保真度模型允许模型交互。中等保真还包括使用环境模型(例如,日食因子)。

3)高保真度

要求系统或其组件功能满足低保真度和中保真度要求,并考虑到所有重大的环境影响。正在模拟的特定特征被建模为在实际条件下精确地执行,这是通过闭环模型来完成的。高保真模型具有模型交互作用。高保真度结合了交互式环境模型参数,例如扭转体的影响、第三体效应、空间大气扰动,以及导致影响标准子系统操作的小扰动的其他影响。这些是以异常分析和轨道分析为中心的要求。预期随着保真度的提高,对相关功能的实现和测试有相应的更高要求。

#### 7.2.3.2　HFSS 高保真仿真模型组成

本小节给出 HFSS 空间段、环境段和地面段的模型组成。其中,空间段和环境段模型的功能和组成在 7.2.4 节给出。

1)空间段仿真模型

空间段考虑如下仿真模型。

(1)姿态。

(2)电力子系统(EPS)。

（3）综合转换系统（ITS）。

（4）L 频段系统（LBS）。

（5）导航载荷（NAV）。

（6）核爆检测系统（NDS）。

（7）反作用（推进）控制系统（RCS）。

（8）星载处理器（SPU）。

（9）卫星轨道（ORB）。

（10）热控制（子）系统（TCS）。

（11）遥测、遥控。

2）环境段仿真模型

环境段考虑如下仿真模型。

（1）岁差，章动，地球自转，极移。

（2）自由空间传播延迟。

（3）对流层延迟。

（4）电离层延迟。

（5）相对论效应。

（6）电离层闪烁。

（7）日、月位置。

（8）多路径效应。

（9）信号衰减。

（10）阴影计算。

（11）伪距和载波相位观测值生成。

（12）卫星跟踪和可见性。

（13）噪声产生。

3）地面段仿真模型

地面段考虑如下仿真模型。

（1）注入天线/监测站工作站。

（2）GA 设备模拟。

（3）MS 设备模拟。

4）异常数据仿真

卫星功能的模拟包括响应地面遥控指令和下传遥测数据都依据 ICD-GPS-201、ICD-GPS-401 和相关的轨道操作手册（OOH）等文件。根据 HFSS 功能要求，模型中应包含异常情况，以便教师（训练教官）模拟特定的异常情况。

HFSS 中仿真的一些异常情况如下。

（1）原子频率标准退化和故障。

（2）电池过度充电/放电和故障。

（3）RCS 推进器卡住了。

（4）NAV 处理器故障和失效。

（5）非标准代码。

（6）导航数据误码（不一致）。

（7）太阳传感器未对准和故障。

每个异常都有特定的算法和/或与之相关的数据，根据已经发生的异常情况，用尽可能掌握的知识进行建模。

## 7.2.4　模拟训练系统功能模块

以下是一些模拟器模型的简要描述。每种模型的完整描述超出了本书的范围。所有空间段和地面段子系统都提供完整的遥控和遥测响应功能。图 7.7 所示是 HFSS 空间段各子系统的接口关系图。

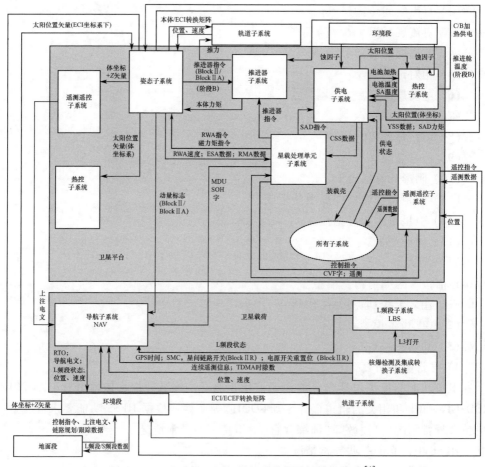

图 7.7　HFSS 空间段仿真模型组成及其接口关系[4]

（对本图的详细解释请见参考文献）

#### 7.2.4.1 导航子系统

导航子系统包括用于存储器、处理器、基带、频率合成器单元/频率标准分配单元（FSU/FSDU）、原子频率标准和相位反馈的模型。NAV 处理发送到 SV 的所有控制元素和导航数据上传。NAV 还模拟选择性可用性并产生完整且一致的导航数据流。NAV 不产生伪随机噪声（PRN）码，而是基于命令输入对 PRN 状态建模。一个完整的 L 频段信号：载体，PRN 码和 NAV 数据；HFSS 模拟 PRN 码和导航数据的状态。在 NAV 子系统中考虑码片级 PRN 的变化（导致由该 SV 产生的伪距的变化），并且将其发送到环境段以生成伪距（PR）。

在 NAV 子系统内实现了以下几个异常。

（1）缺省导航数据。

（2）原子频率标准漂移。

（3）高估计距离偏差（ERD）（在 MCS 计算的指标）。

（4）导航处理器交链故障。

在 L 频段子模块返回状态为"坏"或者 NAV 处理器模块发生故障等情况下，导航子系统将停止下行链路数据的传输。

导航子系统是 HFSS 中最复杂的模型之一。它必须完全像真正的卫星那样，接受并处理上传电文和遥控指令，输出导航电文和遥测数据。

某些型号还具有改变模型参数的能力。其中一个例子是导航子系统内的原子频率标准（AFS）模型。AFS 模型模拟铯钟和铷钟产生的误差，包括钟差、钟漂和相应的钟漂率。表示这 3 个值的常数是"参数变量"，这意味着培训师可以在模拟过程中"即时"更改它们，并且模拟操作员/工程师和受训人员可以立即看到效果。

#### 7.2.4.2 L 频段子系统

由于 HFSS 不发送无线电信号，因此 L 频段子系统仅模拟根据遥控指令和仿真任务输入提供遥测状态的功能。L 频段子模块模拟的异常情况包括 L1、L2 和 L3 失效。通过设置 L1 高功率放大器（HPA）失效实现 L1 失效仿真，并且不再响应遥控指令。L2 和 L3 故障采用类似的方法仿真。

#### 7.2.4.3 星载处理器（SPU）子系统

Block II R SPU 使用 HFSS 中的实际 SPU 飞行代码建模。虽然需要进行一些修改以适应接口差异，但模拟器使用 SV 上的相同控制算法。SPU 飞行软件未在 1750A 处理器上运行，因此必须构建内存模型以接受 SPU 程序上载。HFSS SPU 模型无法执行 SPU 程序上载，因为上传是为特定处理器构建的，但模型可以将上载转储回地面。一些 SPU 异常如下。

（1）SPU 宏执行延迟。

（2）虚假切换到备份组件。

（3）冗余管理（REDMAN）失效。

（4）REDMAN 虚假遥测。

#### 7.2.4.4　轨道子系统

近几十年来,轨道预报问题已经得到很好的解决。模拟器小组选择使用既定方法进行轨道预报。所使用的力模型包括地球引力、太阳引力、月球引力和太阳光辐射压力。太阳和月球引力按照点质量效应计算。地球引力的影响根据 WGS-84 模型计算,使用阶数和次数均为 8 的带谐、田谐和球谐系数。轨道预报中还考虑推进器推力的影响,下面将进行更详细的讨论。

卫星轨道模型为每颗卫星计算星历,即卫星在地心惯性坐标系中的位置和速度矢量。HFSS 中使用的轨道模型与主控站使用的模型类似。力模型包括 WGS-84 地球重力模型,Block Ⅱ/Ⅱ A 和 Block Ⅱ R 卫星的太阳光压模型,太阳和月球点质量效应和推进器推力。根据模拟器的状态,使用不同的积分器(4 阶或 8 阶龙格-库塔(Runge-Kutta),或者预估-校正(Predictor-Corrector)算法)积分轨道力模型。轨道模型产生的星历信息主要用于生成伪距并计算卫星可见性。

#### 7.2.4.5　热控子系统

热控制(子)系统(TCS)控制 HFSS 内所有加热器和温度相关效应的模型,计算卫星每个面板上来自太阳的热量,并将其用于为每个组件建模的温度测定。TCS 组件模型包括:CatBed 加热器,用于原子频率标准的有源底板温度单元(ABPTU),反应轮加热器和电池加热器。TCS 模型异常将使电池加热器处于打开状态。

热控制子系统计算航天器表面和部件的温度。它还模拟了需要的加热器,以保持适当的热范围的各种组件。目前正在利用几种不同的技术对热控制子系统进行建模。

第一种是外部表面和太阳阵列高保真度能量平衡,用来计算给定曲面温度的控制微分方程由:

$$mc\frac{\mathrm{d}T_{\mathrm{SV}}}{\mathrm{d}t} = \dot{Q}_{\mathrm{Joule-heating}} + \alpha_{\mathrm{SV}}A_{\perp}KI_{\mathrm{SUN}} - \sigma A_{\mathrm{SV}}\varepsilon_{\mathrm{SV}}T_{\mathrm{SV}}^{4} +$$
$$\sigma A_{\mathrm{SV}}\left(F_{\mathrm{SV-Space}}\varepsilon_{\mathrm{Space}}T_{\mathrm{Space}}^{4} + F_{\mathrm{SV-Earth}}\varepsilon_{\mathrm{Earth}}T_{\mathrm{Earth}}^{4}\right) \tag{7.1}$$

式中:$m$ 为计算温度的表面质量;$c$ 为表面材料的比热容;$\dot{Q}_{\mathrm{Joule-heating}}$ 为航天器内部电气部件产生的热量;$\alpha_{\mathrm{SV}}$ 为表面的吸收系数;$A_{\perp}$ 为与太阳垂直的表面面积;$K$ 为太阳蚀因子;$I_{\mathrm{SUN}}$ 为太阳辐射能;$A_{\mathrm{SV}}$ 为辐射的表面区域;$\sigma$ 为斯蒂芬·玻耳兹曼(Stephan-Boltzmann)常数;$\varepsilon_{\mathrm{SV}}$ 为表面的辐射率;$T_{\mathrm{SV}}$ 为航天器的温度;$F_{\mathrm{SV-Space}}$ 为空间可见的曲面量;$\varepsilon_{\mathrm{Space}}$ 为空间的辐射性;$T_{\mathrm{Space}}$ 为空间温度;$F_{\mathrm{SV-Earth}}$ 为地球可见的曲面量;$\varepsilon_{\mathrm{Earth}}$ 为地球的辐射率;$T_{\mathrm{Earth}}$ 为地球温度。

对于太阳阵列,对方程进行了调整,以补偿来自两个表面的能量辐射和来自一个表面的太阳能吸收。为航天器的每个表面计算一个独立的微分方程,然后这些方程被数值积分,为每个曲面产生一个新的温度状态。

第二种是计算航天器内部部件的温度。对于 GPS 航天器,许多部件安装在组成航天器外部结构的面板的内部表面。当一个特定的表面被照亮时,热量被转移到安装在这个表面的另一边的组件上。因此,一个简单的热模型可以用太阳辐射角 $\theta$ 的余弦(00 被定义为表面常态)作为一个标量到预定的温度范围来构造。该构成部分的作战国和非作战国的幅度不同。日食因子 $K$ 也包括在内,以解释日食导致的太阳辐射的任何减少。内部温度建模的方程式为

$$T = K(T_{hi} - T_{lo})\cos\theta + T_{lo} \tag{7.2}$$

式中: $T_{hi}$ 为特定航天器部件的最高温度限值; $T_{lo}$ 为特定航天器部件的较低温度限值。

考虑了将航天器划分为节点并求解各节点热方程的全尺度热模型。由于需要包含每个航天器部件的节点数目,因此没有引入这一方法。该系统的求解是计算密集型的,不适合实时仿真。

其中一个被建模的组件加热器是电池加热器。这个加热器是由一个高和低的节温器控制的。电池温度的方程式为

$$\frac{dT_{battery-N}}{dt} = \frac{1}{mC}\left( \eta_{heater} Q_{heater} + Q_{heater-of-reaction} - A_{battery} K_{SV} \frac{T_{battery} - T_{SV}}{L} \right) \tag{7.3}$$

式中: $m$ 为电池的质量; $C$ 为电池的热容; $\eta_{heater}$ 为从电池加热器到电池的传热效率; $Q_{heater}$ 为从电池加热器转移到电池的热能; $Q_{heater-of-reaction}$ 为由于电池内的化学反应而转移到电池上的热能; $A_{battery}$ 为与航天器表面接触的电池面积; $k_{SV}$ 为导热系数; $T_{battery}$ 为目前的电池温度; $T_{SV}$ 为电池安装表面的当前温度; $L$ 为安装表面的厚度。

这里,值得注意的是电池温度与安装表面温度 $T_{SV}$ 的关系。这种相互作用导致复杂的热动力学。图 7.8 显示了电池温度和航天器安装表面温度与时间的对比图。该图涵盖几天,以便显示轨道位置和航天器姿态的周期效应。这些因轨道而产生的变化是由太阳因子表示的。太阳因子值为 1 表示完全在太阳光照下,0 表示表面处于全阴影下。

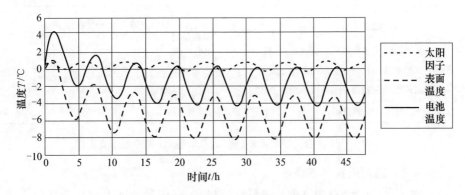

**图 7.8　电池温度与航天器表面温度变化曲线**

如图 7.8 所示,电池温度与表面温度迅速同步。也可以看出,电池的最高温度与太阳输入的温度略有出入。由于航天器安装结构和电池之间的热容不同,这很容易用热滞后来解释。

通过在模型的保真度和计算性能之间进行折中,可以对航天器的热行为进行精确的模拟。

### 7.2.4.6 姿控子系统

航天器姿态系统的模型包含计算角加速度、速度和位置所需的算法。航天器的姿态是通过使用地球和太阳传感器来估计的。这些传感器提供地球指向误差以及太阳指向误差,然后在姿态控制回路中用做反馈。一旦检测到姿态误差,姿态控制系统就会向反应轮发出指令,然后改变速度。反应轮速度的这种变化会导致航天器体扭矩的变化。姿态模拟是从初始姿态角度开始的。对于 GPS 卫星,航天器 +z 轴始终被控制为指向地球,x 轴被控制为指向太阳。因此,姿态模拟不是具有三个独立指向角度的初始条件,而是使用初始偏航角(围绕 z 轴旋转)以及初始俯仰和滚动误差,然后在姿态模拟中预报这些参数。根据反应轮产生的扭矩和磁扭矩对三个预报角的加速度进行计算。

这些加速度积分产生速度,然后速度再积分产生偏航角、俯仰角误差和滚动角误差的新状态。从这种新的状态,新的太阳和地球指向矢量是在航天器体坐标系中计算的。然后,这些新的指向矢量用于计算新的偏航角、俯仰角和滚动角误差。同样,随着俯仰角和滚动角误差的检测,反应轮的速度发生了变化,并重复了这一过程。俯仰角和滚动误差控制系统框图如图 7.9 所示。

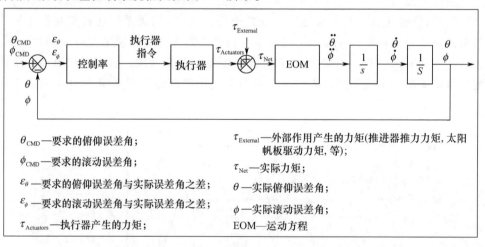

$\theta_{CMD}$—要求的俯仰误差角;

$\phi_{CMD}$—要求的滚动误差角;

$\varepsilon_\theta$—要求的俯仰误差角与实际误差角之差;

$\varepsilon_\phi$—要求的滚动误差角与实际误差角之差;

$\tau_{Actuators}$—执行器产生的力矩;

$\tau_{External}$—外部作用产生的力矩(推进器推力力矩,太阳帆板驱动力矩,等);

$\tau_{Net}$—实际力矩;

$\theta$—实际俯仰误差角;

$\phi$—实际滚动误差角;

EOM—运动方程

图 7.9　HFSS 的卫星姿态角(俯仰、滚动等)误差控制仿真框图

### 7.2.4.7 遥测遥控子系统

遥测、跟踪和指挥(TT&C)子系统与地面相连,以接受地面控制指令并提供星上遥测信息。在仿真中,此子系统负责接收所有地面控制指令并将其转发到相应的子系统。它还从其他子系统采样数字的和模拟的信号(信息),并从有效载荷接收串行数据,然后将这些数据格式化为标准帧。该子系统几乎没有动力学行为,因此对仿真的挑战也不大。

### 7.2.4.8　电力子系统

电力子系统的模拟涉及电池、太阳能电池阵列、太阳传感器和功率调节设备的建模。对于电池,使用电池电压与电池温度的预设曲线,然后写入等式以基于来自太阳能电池阵列的输入电流的水平来描述电池的充电行为。电力系统还包含太阳能电池阵列跟踪太阳的控制逻辑。太阳传感器安装在太阳能电池阵列上并测量太阳能电池阵列的俯仰角误差。通常情况下,当太阳能电池阵在俯仰轴上与太阳垂直时,该传感器计算零俯仰角误差。该计算出的俯仰角误差被反馈给控制逻辑,然后控制逻辑命令太阳能电池阵列驱动电动机移动。然后,该运动导致新的感测俯仰角误差。太阳帆板的控制仿真框图如图 7.10 所示。

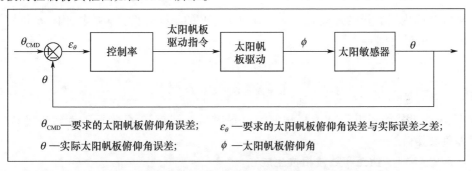

$\theta_{CMD}$—要求的太阳帆板俯仰角误差;　　$\varepsilon_\theta$—要求的太阳帆板俯仰角误差与实际误差之差;

$\theta$—实际太阳帆板俯仰角误差;　　　　$\phi$—太阳帆板俯仰角

**图 7.10　HFSS 的卫星太阳帆板驱动控制仿真框图**

### 7.2.4.9　推力控制子系统

推力控制子系统的模拟包括航天器推进器以及推进剂储罐和管线。为了确保推进器效率最大化,使用催化剂加热推进剂。使用加热器加热催化剂,该加热器在推进器点火之前名义上接通。催化剂加热器的模型包含在热控制子系统中。对于推进器模型,使用标准火箭方程为

$$T = \dot{m}V_e + (p_e - p_a)A_e \tag{7.4}$$

式中:$T$ 为推力;$\dot{m}$ 为质量流量;$V_e$ 为喷嘴出口速度;$p_e$ 为喷嘴出口的排气压力;$p_a$ 为环境压力;$A_e$ 为喷嘴出口面积。

已知喷嘴出口区域的环境压力,并估计喷嘴出口压力,推力方程的解仅涉及质量流量和出口速度的计算。通过几个简化的假设,如一维、绝热流和热量理想的气体,可以得到一个模拟出口速度的方程为

$$V_e^2 = kR_{gas}T_c \frac{1 - \left(\dfrac{p_e}{p_c}\right)^{\left(\frac{k-1}{k}\right)}}{k - 1} \tag{7.5}$$

同样假设下,可以推导出质量流量的方程为

$$\dot{m} = p_e A_t \left[ \frac{k}{RT_c} \left( \frac{2}{k+1} \right)^{\frac{k+1}{k-1}} \right]^{\frac{1}{2}} \tag{7.6}$$

式中：$k$ 为推进剂的比热比；$R_{gas}$ 为通用气体常数；$T_c$ 为燃烧室温度；$p_c$ 为燃烧室压力；$A_t$ 为喷嘴喉部面积。

这仍然存在计算燃烧室的压力和温度值的问题。若已知催化剂加热器的性能便可以估计燃烧室的温度。但要估计燃烧室的压力则困难一些。由于航天器推进器的推力性能是已知的，因此可以使用简单的试验和误差推导出燃烧室的压力值。

### 7.2.4.10 岁差、章动、(格林尼治恒星)时角和极移

环境段中的一些更复杂的计算模型包括地球的岁差、章动、(格林尼治恒星)时角和地球极移的运动。地心惯性(ECI)坐标系和地心地固(ECEF)坐标系的成功转换需要计算这些参数。这些量都可以通过变换矩阵表示，也称为旋转矩阵，最终旋转是给定时间内所有量的总效果。从 ECI 到 ECEF 的坐标转换可由旋转矩阵 $\vec{E}$ 作用于 ECI 坐标矢量得到：

$$X_{ECEF} = \vec{E} \cdot X_{ECI} \tag{7.7}$$

$$\vec{E} = \vec{A} \cdot \vec{B} \cdot \vec{C} \cdot \vec{D} \tag{7.8}$$

式中：$\vec{A}$ 为极移旋转矩阵；$\vec{B}$ 为格林尼治恒星时角旋转矩阵；$\vec{C}$ 为章动旋转矩阵；$\vec{D}$ 为岁差旋转矩阵。

### 7.2.4.11 伪距和载波相位生成

模拟伪距(PR)需要一个向后的工作。也就是说，GPS 接收机通过跟踪从 SV 接收的特定 PRN 码，并移动由接收机产生的相同 PRN 码直到两个码匹配，从而生成 PR。在接收机 PRN 码上完成的移位量即表示 SV 的伪距。PR 中包含接收机需要修正的许多误差项。在修正这些误差之后，剩下的是(理想地)自由空间传播延迟，或者称为 SV 的真实距离。(自由空间延迟是在无阻碍的空间中以光速行进的电磁波(EM)信号的发送和接收之间的时间量)。为了模拟没有 PRN 码锁定过程的 PR，必须模拟这些误差项和自由空间传播延迟。这正是 HFSS 所做的。电离层延迟、对流层延迟、相对论延迟和自由空间传播延迟的单独算法都用于生成具有正确的 PR。当然，主控站 MCS 会修正这些错误，分离出模拟器输入的内容。

电离层延迟是一种改进的 Hopfield 模型，提供比未修改的 Hopfield 模型产生的更简单的电离层延迟。更简单版本的原因是 MCS 使用双频率差分来消除任何 Iono 延迟，从而使任何额外的处理变得多余。

对流层延迟由天顶干湿延迟以及偏离天顶指向的倾斜函数计算得到。

相对论延迟是由略微非圆形的轨道引起的。延迟很简单：

$$\delta t_{relativity} = -2 \frac{\boldsymbol{r} \cdot \boldsymbol{v}}{c^2} \tag{7.9}$$

式中：矢量 $r$、$v$ 为生成 PR 时的 SV 位置和速度；$c$ 为真空中的光速。此延迟的单位为秒，可以通过将 $\delta t_{relativity}$ 与 $c$ 相乘变为距离。

自由空间传播延迟相对复杂一些，因为在模拟信号传输期间必须考虑地球的旋

转问题。这涉及小的旋转矩阵和 ECI 到 ECEF 的旋转矩阵相乘。积分多普勒的生成由伪距得到,并同时产生。环境段处理的唯一异常是高伪距残差(PRR)异常。

#### 7.2.4.12　电离层闪烁

闪烁也是电离层作用的结果,影响信号的质量。闪烁倾向于导致导航数据误码,并且偶尔导致监测站对 SV 信号失锁。电离层闪烁主要针对靠近磁赤道(对于 HF-SS,磁赤道与地理赤道一致)的那些监测站,闪烁强度是监测站的当地午夜起算时间的函数。

#### 7.2.4.13　跟踪和可见性

当建立链路的指示被转发到地面段时,地面段通知环境段,环境段执行可见性检查。然而,MCS 没有给出卫星的标识,例如要跟踪的卫星 ID 或 PRN 码。MCS 提供 GA 必须指向的方位角和仰角,以开始建立链路。在 HFSS 中,该信息被传递到环境段,并且必须针对每个 SV 计算发射 GA 所看到的方位角和仰角。如果 SV 落在半角半径等于 0.9°的圆锥内,则会通知 SV 即将建立链路。任何属于可访问锥体的 SV 都将被通知即将建立链路,这种情况称为星地链路。

环境段将禁止 5°或更小的仰角的数据传输;如果在指定的时间内没有从发射器(SV 或 GA)接收到数据,则将停止数据传输。

#### 7.2.4.14　噪声

为了使模拟器逼真,必须将噪声添加到传输的数据中。目前,HFSS 将噪声添加到 MS 的每个信道跟踪获得伪距(PR)和积分多普勒(ADR)。如果单个 MS 在多个通道上跟踪一个 SV,则每个通道将具有不同的噪声值。噪声总量是可变的,在信号的 0%～1000%之间变化。噪声模型是具有零均值的高斯白噪声,其源自均匀分布的随机数。由于高斯噪声是正态分布的,因此均匀分布的随机数(在任何计算机上容易生成)必须通过一种算法,使它们正常分布。

### 7.2.5　模拟训练系统运行流程

模拟器以及 MCS 在使用之前需要初始化,这里仅讨论模拟器初始化功能,因为 MCS 初始化超出了本文的范围(虽然它本身就是一个有趣的主题)。

#### 7.2.5.1　模拟器初始化

当第一次登录到模拟器时,会出现一个屏幕,允许用户在定义新脚本、从预定义脚本开始或从保存状态恢复之间进行选择。一些术语及其定义如表 7.1 所列。

表 7.1　HFSS 术语定义

| 术语 | 含义 |
| --- | --- |
| 指令 | 发送到模拟器的命令,以在模拟中引发某种变化。可以从 Builder 菜单中选择指令 |
| 任务 | 一个指令的集合,通常是异常的集合,所有这些指令就定义了特定的培训目标 |
| 脚本 | 多个任务的集合,每项任务旨在完成一个培训目标 |

在允许开始模拟之前,模拟器的用户必须选择脚本和初始条件集。选择该脚本以反映要完成的培训类型。例如,如果培训师要训练到任务数据单元(MDU)异常,就必须将 MDU 故障、AFS 异常等叠加在预先构建的正确任务和指令脚本上。

初始条件(IC)设置将定义以下内容:

(1)仿真开始时间。

(2)星座的轨道配置。

(3)SV、GA、MS 的数量和类型。

(4)仿真中是否包含环境段。

(5)所选择的每个段中各个模型的模型参数。

要了解典型 IC 中的数据量,请考虑以下事项。模拟器需要模拟具有 4 个同时 S 频段链路和 6 个同时 L 频段链路的 30SV 星座。由于 S 频段和 L 频段链路可以与 30 个 SV 中的任何一个建立,因此 SV 必须同时预报。在每个 SV 内,大约有 11 个独立的子系统在预报,每个子系统都有自己的子系统。对于每个主要的 SV 子系统,大约有 100 项"状态数据":用于建模目的的数据,在子系统之间传递的数据等。所有 SV 的状态数将达到大约 33 000 个数据项。该状态数据存储在模拟器数据库中,并在初始化时作为 IC 读入。

IC 可由数据库管理员更改,并且通常可在必要时在两次仿真之间进行调整。

模拟器还支持状态保存。此概念允许将每个模型的状态保存到一个条件集中。这些称为"状态保存"的条件集实际上与 IC 的数据类型相同;事实上,HFSS 可以选择将状态保存转换为 IC。例如,培训师可以选择设置一组受训者必须做出反应的特定任务。在培训课程之前,培训师可以通过实际运行仿真然后将模拟器的状态保存在特定点来设置这些条件。然后可以将该保存的状态转换为初始条件集,未来的任何培训师可以使用该初始条件以及相关联的脚本来训练该特定场景。在受训开始时,教师可以简单地使用该 IC 集开始模拟并立即出现异常或警报状况。

### 7.2.5.2 模拟器执行

创建或选择脚本并选择初始化条件后,将出现模拟器主界面,如图 7.11 所示 HFSS 主界面。从左到右,界面上的按钮及其功能描述分别如表 7.2 所列。

表 7.2 模拟训练控制主界面元素说明

| 界面元素 | 说明 |
|---|---|
| 终止仿真 | 停止当前的仿真 |
| 仿真状态 | 提供所有网络组件的运行状况 |
| 查看指令 | 打开一个窗口,允许 SO/E 查看此脚本的队列中的所有指令 |
| 查看模型 | 打开一个窗口,显示所选模型的实时状态数据 |
| 保存状态 | 将当前时刻所有模型状态数据写入磁盘(在预报周期当中的模型允许运行完成后再写入数据) |

（续）

| 界面元素 | 说明 |
|---|---|
| 以保存状态重置 | 使用保存的状态文件中的状态数据重新初始化模拟器 |
| 任务注入 | 允许 SO/E 将先前未在脚本中定义的任务添加到仿真中。这对于"即时"异常非常有用 |
| 手动/自动模式 | 在手动模式下，SO/E 必须手动注入每个任务，自动模式则允许 SO/E 在仿真开始时间起算的某一偏移时间内将任务插入到仿真中 |
| 仿真时间 | 左下角的时钟表示仿真时间 |
| 暂停 | 暂停按钮暂时停止仿真，直到再次按下开始按钮 |
| 停止 | 停止仿真 |
| 开始 | 开始仿真 |
| 快进 | 此功能不会在模拟器的阶段 A 或阶段 B 中实现，但其目的是提高模拟器内部时间推进的速率 |
| 当前仿真速度（倍速） | 显示当前时间的仿真推进速率（以实时倍数） |
| 儒略日 | 显示当前模拟的年儒略日 |

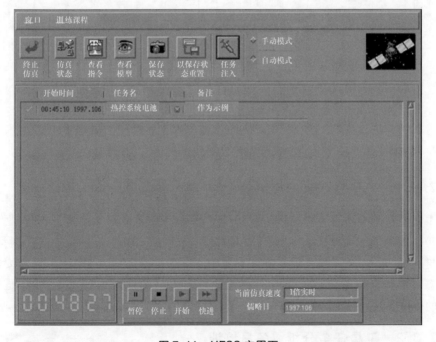

图 7.11　HFSS 主界面

　　HFSS 还具有注入没有关联至当前脚本的任务的能力。如果需要特殊的异常，例如，教师（训练教官）可以注入推进器异常，以详细说明概念或调整培训人员的兴趣。

## ◢ 7.3　GPS 模拟训练系统对人员培训的支持

下面是每个成员的概要位置,图 7.12 描述了 MCS 操作人员与模拟器的交互。粗框部分即支持系统和模拟器的部分。

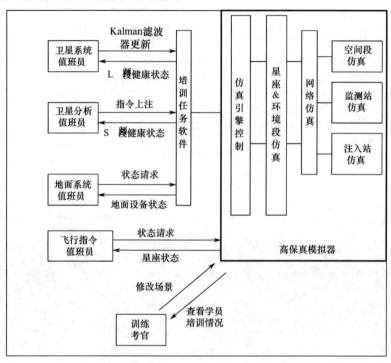

图 7.12　HFSS 在人员培训中的应用示意图

### 7.3.1　卫星系统操作员培训

卫星系统操作员(SSO)负责各个卫星联系,包括发送卫星任务分析业务员(SAO)生成的上注导航电文、检查卫星健康状态、存储遥测数据以及发送控制指令。SSO 与卫星的大部分交互是通过 S 频段遥测数据实现的。但对于 SSO,更重要的是模拟器可以与真实的卫星子系统进行连接。利用卫星系统进行闭环控制,是训练 SSO 的一个重要特征。

### 7.3.2　卫星任务分析业务员培训

卫星任务分析业务员(SAO)负责卫星的导航任务,并监视运行控制系统(OCS)Kalman 滤波器的性能。与 SSO 相比,SAO 主要与源自监测站的 L 频段数据进行交互,而 SSO 则是与源自地面天线的 S 频段进行交互。需要注意的是,Kalman 滤波数据是在 OCS 系统上而不是在模拟器上计算的。为了保持该数据与实际运行的系统隔离,它是在 OCS 系统的物理独立部件上产生的。

### 7.3.3　地面系统操作员培训

地面系统操作员(GSO)负责"操作地面",而不是操控卫星。GSO 负责监控包括主控站、监控站和地面天线在内的所有地面资源的状态。这些信息源于 MCS 或者在外场站点,通过传输控制协议/互联网协议(TCP/IP)和简单网络管理协议(SNMP)接口与模拟器连接。这些信息也被称为"伪遥测",因其与卫星 S 频段遥测数据的处理方式相同而得名。

### 7.3.4　飞行指挥官培训

除了管理操作之外,飞行指挥官还负责星座的整体状态。飞行指挥官可以访问每个卫星的健康状况及其状态监视器。模拟器能够同时模拟 30 颗卫星的 L 频段数据,完全支持这一操作。

### 7.3.5　训练教官的作用

训练教官负责培训上述这些操作人员,并控制用于培训的仿真场景。训练教官使用仿真控制引擎准备仿真场景、修改现有场景,以及查看学生的响应。在所有人员中,训练教官与模拟器的交互量最大。

## 7.4　GPS 模拟训练系统的优势

HFSS 作为培训工具提供的一些好处包括缩短 2SOPS 组织新成员的训练操作时间,从而减少培训费用。经过短时间的培训后,经过 HFSS 培训的操作员将拥有与经验丰富的 GPS 操作员相当的专业知识。由于 HFSS 仿真,受训者获得的重要信息量大大增加了 MCS 内关于 GPS 星座及其许多相互依赖性的知识基础。HFSS 以合理的方式提供以前无法获得的信息,无可否认地使整个控制部门受益。

培训系统对 GPS 操作也会产生直接影响,因为在做出关于上注电文、异常等的关键决定之前所需的分析量将减少。这并不是说分析不再需要,但分析不再是混乱或耗时的。然后,训练有素的操作员可以更自信地在更短的时间内响应异常情况,从而提供世界上最好的全球导航覆盖。

目前,2SOPS 初始和定期培训在猎鹰空军基地进行。在这里,新的卫星操作员第一次接触到运控系统,并通过一系列的练习来提高他们的技能。除了关于 GPS 卫星及其如何工作的课程之外,新的卫星操作员还接受关于使用 MCS 计算机系统的培训。随着时间的推移,2SOPS 已经创建了一个被称为终端目标(TO)的训练场景库。

终端目标是针对特定的例程或异常活动的操作场景。常规活动的一个例子是卫星健康状态检查,在这个状态中检查卫星的子系统以确保它们在额定范围内。异常活动可能是卫星子系统故障或灾难性活动,如地球环境的丢失。除了针对卫星的问题外,操作人员还将对地面系统的异常情况进行培训,例如通信链路故障或主件和备件之间的切换。

然而,缺少高保真模拟器意味着大部分培训必须在纸上进行,以避免操作任务的风险。在这种基于本书的方法中,卫星工作人员被给予实时工作的情况和问题。工作人员必须描述他们解决问题的方法以及他们如何与地面系统互动以解决问题。通过这些基于纸张的培训方案,工作人员从不与实际系统进行交互,因此他们的知识主要是学术性的。类似的情况是飞行员在教室里训练,他们从教练那里进行口头练习,并且知道如何处理"失速"状态,但从未在飞机(甚至是模拟器)中进行过机动。

并非所有培训都是在纸上进行的。可以在真实系统上执行某些"安全"场景,例如日常操作。然而,没有模拟器意味着必须使用实际的卫星飞行器。考虑到全球定位系统的重要性以及与操作错误相关的风险,这种类型的培训只包括最温和的活动,很少针对异常情况。

在卫星工作人员完成初始资格培训并成为业务人员后,他们必须接受定期培训,以使他们的技能保持最新状态。这对于不常发生的问题尤为重要。目的是让整个工作人员作为一个协调的团队响应问题,在问题发生时通知合适的人员和组织,并在地面系统上执行正确的功能。如果不经常进行培训,他们的技能会随着时间的推移而逐渐消失,并且可能会做出不正确或冒险的决定。

### 7.4.1　通过模拟器改进培训方法

就像 HFSS 作为一种培训工具一样,它作为一种分析工具甚至更好。在 HFSS 中,可以在任何面/点配置中初始化 SV 的任何组合,从而允许模拟许多场景。为了说明模拟器如何使 2SOPS 组织受益,可以参考 MCS Kalman 滤波器练习的例子。这项练习以前需要进行 12 个月,旨在找到特定 Kalman 滤波器参数的精确值,以消除 SV 星历表中出现的误差。使用 HFSS 可以将以前所需的几个月时间减少到目前的大约 1 周时间。

模拟器在 2SOPS 内提供可量化的培训质量和数量改进。2SOPS 卫星操作人员获得初始资格的时间大幅减少,如图 7.13 所示。再加上更详细和准确的培训,2SOPS 将在更短的时间内培训更好的操作员。

一个"固定"场景库也将改进重复训练。目前,对系统进行重复培训所花费的时间非常有限。模拟器的可用性将增加时间性并确保操作人员在所有操作方案和程序中保持最新状态。

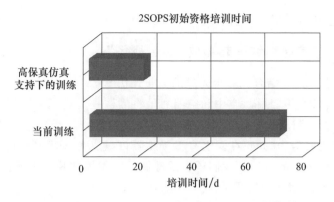

2SOPS初始资格培训时间

图 7.13　在高保真仿真训练系统支持下培训时间的改进

## 7.4.2　支持异常情况的实时排查

由于模拟器提供了卫星、卫星子系统/有效载荷（包括实际卫星软件）和远程地面站的高保真模型,因此模拟器将使操作人员能够在异常发生时实时地再现和分析异常。这将使操作人员在实际系统操作之前,利用模拟器开发、测试和改进这些异常。这也将允许评估几种不同的纠正措施,不仅评估它们解决异常的能力,而且评估它们使卫星及其消耗品的寿命最大化的能力。

新的 GPS 地面系统还提供了一个基于专家系统的决策支持系统。决策支持系统监测所有 GPS 遥测的异常,当它检测到一个异常时,根据专家系统"规则"数据库向操作人员提供纠正异常的推荐行动,该数据库是从先前异常期间所吸取的经验教训发展而来的。模拟器提供了一个强大的离线环境,可以在其中为已知和潜在但尚未经历的异常开发和测试解决方案。

## 7.4.3　支持任务规划与实战演练

该模拟器还可用于开发新的操作概念,如（导航星座）自主导航操作,星座变化以改善覆盖范围或开发新战术从而支持军事行动。一旦定义和测试了这些操作概念,模拟器就可用于在操作系统上执行任务之前计划和预演任务。

以这种方式,模拟器将允许操作者在实际运控系统上"操控"任务之前,在模拟器的无惩罚环境中熟悉任务。可以注入异常来测试操作员的反应,并确保提前准备好突发事件。这种类型的任务规划和排练活动明显降低了对卫星和 GPS 星座的风险。

## 7.4.4　提供系统级测试与评估工具

该模拟器还可用于评估对 GPS 提出的更改的好处,例如更改操作概念、添加操作资源（卫星、地面天线、操作员等）或减少资源。在这种能力下,模拟器可以直接支持权衡研究,包括空军成本运营有效性分析(COEA)过程。

### 7.4.5　与其他系统一起形成"综合战场"

美国空军把 HFSS 结合到一个先进的分布式仿真(ADS)环境,以形成一个"综合战场"。在这种环境下,地面、空中和空间力量将能够一起训练和锻炼。在这些模拟战场上,将开发和测试利用我们所有部队最大优势的新作战概念。

我们了解这些努力,并正在探索 GPS 模拟器可以成为 ADS 环境的一部分以提供基于空间的导航模拟的方法。我们还尝试遵循不断发展的模拟器标准,以促进与其他模拟器的集成,并降低生命周期成本。

如上所述,GPS 模拟器提供了一个环境,通过改进的培训、测试、异常解决方案支持和任务规划来提高系统可靠性并降低风险。它为 2SOPS 和 GPS 联合计划办公室(JPO)提供了令人兴奋的新功能,这将进一步提高 GPS 的性能。

## 参考文献

[1] MARCHESELLO T L. Improvements by the USAF 2nd space operations squadron at the master control station are benefiting GPS users [J]. GPS Solutions, 1995, 1(1): 65-73.

[2] HUTSELL S T, SMETEK R T. The 2 SOPS ephemeris enhancement endeavor (EEE) [C]//29th Annual Precise Time and Time Interval (PTTI) Systems and Applications Meeting, Long Beach, CA:IEEE 2-4 Dec 1997.

[3] OLLIE L, LARRY B, ART G, et al. GPS Ⅲ system operations concepts [J]. IEEE Aerospace and Electronic Systems Magazine,2005,20(1):10-18.

[4] DRIVER T. GPS high fidelity system simulator-a tool to benefit both the control and user segments [C]// Proceedings of the 54th Annual Meeting of The Institute of Navigation (1998), Denver, CO, June 1998:507-515.

[5] CORRIE L, GREENHUT D, HAZLEHURST R,et al. Simulating the GPS constellation for high fidelity operator training[C]// Proceedings of Position, Location and Navigation Symposium-PLANS'96, Atlanta, GA, USA, 22-25 April 1996, DOI: 10.1109/ PLANS.1996.509081.

[6] MARK B, BRAD D,WILLIAM G. High fidelity GPS satellite simulation[C]//AIAA 1997,Reston, VA:AIAA:213-223.

# 第8章 一种北斗地面运控系统模拟训练方法

地面运控维护人员作为运控系统的维护主体,其实际操作和故障处置能力对保障北斗卫星导航系统的稳定运行至关重要。但系统开通运行后,由于连续运行不间断的要求,系统所属设备技术状态要求固化,技术参数的调整等技术状态变更需严格按照操作规程和相关规定执行,客观上不允许对在线系统设备的技术状态进行随意调整和模拟操作,运控系统目前缺乏相应的业务训练与考核平台。因此,有必要研制满足运行管理多任务要求实战化训练系统,达到提升人员业务素质,最终服务于系统稳定运行的目的。

本章根据北斗运控系统实际操作训练需求,在不影响北斗导航系统正常运行条件下,利用地面运控系统已有软件、硬件和数据资源,完成系统训练、考核等方案的研究和论证,实现北斗运控系统相关软件的操作训练、数据模拟、人员培训和上岗考核等功能。

## 8.1 仿真数据驱动的模拟训练方法

地面运控系统的人员培训显然应该是在系统运转的情况下进行的,而不仅是对"静态"系统(没有运转起来)的认知和学习。正如前面第3章至第6章一样,地面运控系统的运转需要外部数据进行驱动。

全球卫星导航系统是一个巨大、复杂的系统。如果直接在真实环境中进行试验验证和人员培训,除了耗费巨大的系统资源外,可能还会存在巨大的风险。通过建立卫星导航系统高保真度的空间段和地面段模型,并实现由 ICD 定义的系统间接口仿真,研制一款支持全球卫星导航系统级仿真与分析平台。本节针对"北斗三号"地面段高复杂和高精度的特点,提出基于仿真系统高保真度数据驱动真实系统的沉浸式人员培训与考核方法。

### 8.1.1 基于仿真系统的模拟训练原理

借鉴 GPS 地面人员培训方法和模拟训练环境构建原理及方法[1-2],使用仿真系统进行卫星系统、运控系统之间的数据仿真与数据交互,模拟实际系统的运行流程产生相关数据,并实时监控仿真进度,可用于地面操作人员的培训,如图 8.1 所示,各组成部分说明如下。

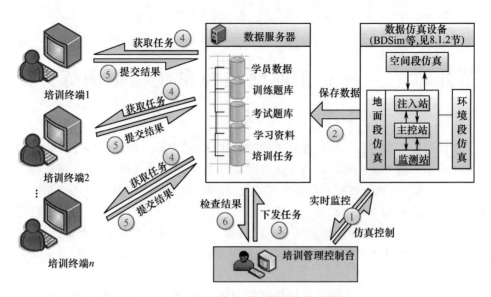

图 8.1　地面操作人员模拟训练体系架构

1）培训终端

培训终端可以进行某系统的软件操作训练和资料学习,受培训管理台控制,登录后可参与培训考核,能连接数据服务器下载学习资料和训练任务,训练完成后能上传训练结果,支持用户进行知识掌握方面的在线习题练习,支持用户对自身训练情况、评估结果进行查阅。

2）培训管理控制台

培训管理控制台具有对学员、训练任务、训练过程、训练结果的管理和控制功能,通过配置训练任务上传到数据服务器并指定部分学员接收任务参与训练,在训练考核阶段还可以随时监控学员实时考核情况,最后对考核结果进行统计评估。

3）数据仿真设备

在培训管理控制台的配置下,数据仿真设备 BDSim 仿真空间段、环境段、地面段数据及相互之间的接口数据,通过系统级的仿真[3],输出运控接口数据到数据服务器,再由培训终端获取并开展预案演练。

4）数据服务器

数据服务器负责存储学员的用户数据、培训任务数据、培训结果数据、接口数据等,向其他各个子系统提供数据访问功能,并对数据库进行定期备份与恢复,并可以输出数据报表。

培训与考核系统采用内嵌实际目标系统软件的结构,如图 8.2 所示。从而使学员在培训终端的操作与实际操作具有同等体验,从而达到"沉浸式"的训练目的。为了实现多方面的培训,培训与考核系统设计了三种培训考核模式。

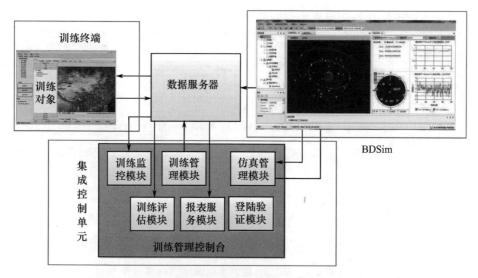

**图 8.2 BDSim 驱动真实系统的沉浸式模拟训练与考核模式**

1）在线学习模式

学员可以随时在培训与考核系统机房开展自主学习,在线学习相关的文献资料,在线观看教学视频,还可以下载部分资料,此外还可以选择题库自主进行模拟考核,对自己的学习进行评估,此模式只需要培训终端和数据服务器参与运行。

2）训练考核模式

训练考核模式下,培训管理员通过下达考核任务到参与考核的学员,学员根据训练任务完成试题和动手实验,通过统一的考核模式为学员的学习进行评估,评估学员是否达到岗位要求,再决定是否上岗操作真实系统。

3）预案演练模式

在预案演练模式下,培训管理控制台通过配置数据仿真设备进行数据仿真,数据经服务器输入到培训终端,学员在培训终端嵌入的实操系统监控软件中进行实际操作,实际操作系统监控软件包括训练目标系统软件。此模式下,管理员可以在培训管理控制台向数据仿真设备添加故障和异常数据,训练学员的实际操作能力和对故障、异常情况的解决能力。

## 8.1.2 高保真仿真系统及其产品

不难看出,高保真仿真系统及其产品是整个训练系统的核心部分。下面重点阐述高保真仿真系统的功能组成及其提供的数据产品。

### 8.1.2.1 卫星导航高保真仿真软件(BDSim)

BDSim 是本书作者及其团队研发的国内首款北斗全球卫星导航系统仿真软件工具[4],它可以完成全球卫星导航系统空间段、环境段、地面控制段和用户段的仿真以及数据分析。具有全系统数据仿真与处理、性能指标分析与评估、与外部软件兼容使用等功能。BDSim 功能和用户主界面分别如图 8.3 和图 8.4 所示。

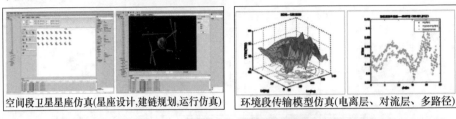

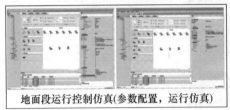
空间段卫星星座仿真(星座设计,建链规划,运行仿真)

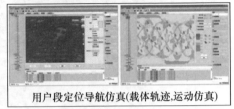
环境段传输模型仿真(电离层、对流层、多路径)

地面段运行控制仿真(参数配置,运行仿真)

用户段定位导航仿真(载体轨迹,运动仿真)

图 8.3　BDSim 功能示意图(见彩图)

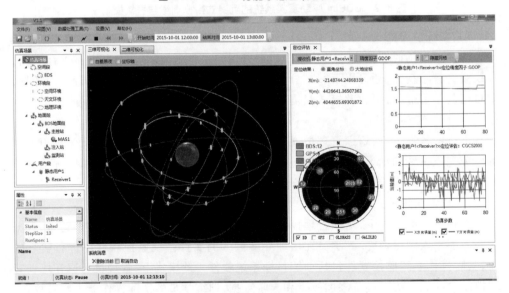

图 8.4　BDSim V1.1 软件界面(见彩图)

　　BDSim 主要包含以下几个模块:系统仿真模块、仿真场景及模型参数配置模块、仿真控制模块、数据分析与评估模块和数据导入导出模块、模型加载与验证模块。各模块之间关联结构如图 8.5 所示。

　　下面对模拟训练中主要用到的几个功能模块进行说明如下。

　　1) 系统仿真模块

　　全球卫星导航系统仿真软件可以实现全球卫星导航系统全系统的仿真功能,仿真模块主要实现以下 4 类仿真。

　　(1) 空间段仿真:可实现对全球卫星导航系统的全星座仿真,可同时仿真北斗卫

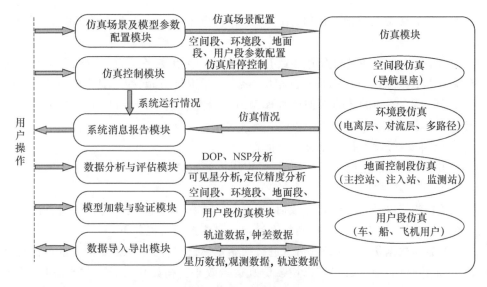

**图 8.5　BDSim 模块结构图**

星导航系统、GPS、GLONASS、Galileo 系统等全球卫星导航系统卫星,总数超过 120 颗。

（2）环境段仿真:可实现对空间环境、天文环境、地理环境的仿真。

（3）地面段仿真:可实现对主控站、监测站、注入站及锚固站 4 种类型控制站的仿真。各类地面站总数超过 40 个。

2）仿真场景及模型参数配置模块

（1）仿真场景配置。

BDSim 提供了 GNSS 仿真功能,包括空间段、环境段、地面段和用户段四个段的仿真,针对每个段,用户都可根据自己的需要对仿真场景进行灵活配置,可配置内容如下。

① 整体配置:仿真模式(实时、超实时、演示)配置,仿真时间段以及仿真步长的设置。

② 空间段:导航星座配置,主要是轨道参数、钟差参数等。

③ 环境段:是否启用环境段影响参数的开关;对电离层、对流层、多路径各模型类型的配置。

④ 地面段:可对主控站、监测站和注入站 3 种类型的控制站进行场景仿真配置,可配置的参数主要为接收机参数、钟差参数和控制参数。

⑤ 用户段:配置车、船、飞机 3 种类型的用户,可配置的参数有接收机参数、钟差参数和控制参数。

（2）模型参数配置。

配置好仿真场景、设定好各仿真模型类型后,需对其模型参数进行设置。BDSim

提供了全面的模型参数设置接口,用户可根据自身需求灵活配置各模型参数,可配置参数如下。

① 空间段:主要涉及可配置参数有单颗卫星中卫星初始位置、速度、卫星钟差及导航星座中卫星总数、轨道面个数、相位参数、种子卫星历元、种子卫星轨道等。

② 环境段:不同的环境误差仿真模型所需模型参数不同,用户可根据所选模型设定相应的模型参数。

③ 地面段:可设置各站点位置等信息。

④ 用户段:可根据用户类型配置,设定用户初始位置及运动状态。

3)仿真控制模块

当场景建好以及参数配置完成后,即可运行仿真,BDSim 提供专门的仿真控制功能。通过该功能,用户可灵活控制仿真运行。主要控制功能如下。

(1)启动数据仿真:对场景信息进行初始化,对仿真的一些必要信息进行初始化计算,并将仿真信息写入内存,以增强仿真运行效果。初始化时长与仿真时长、系统步长、星历拟合仿真开关以及观测数据生成仿真开关有关系,当以上两个开关都打开时,初始化时间会增长。

(2)开始仿真:控制仿真开始运行。

(3)暂停仿真:控制暂停仿真。

(4)结束仿真:仿真运行过程中或暂停过程中,手动结束仿真。

(5)加速/减速仿真:加速仿真运行或减速仿真运行。

4)数据导入导出模块

BDSim 中的数据信息支持导入导出功能,主要支持数据有以下几类。

(1)支持导入的数据:卫星导航标准产品3(SP3)数据、导航电文、用户轨迹数据。

(2)支持导出的数据:空间段数据(轨道数据、钟差数据、星历数据)、地面控制段数据(钟差数据、观测数据)、用户段数据(钟差数据、观测数据、轨迹数据)。

数据导入功能增强了 BDSim 的规范性、外部扩展性及实用性,如在星座设计环节用户可利用相关机构提供的标准精密星历文件(.sp3)或导航电文文件生成卫星等;数据导出功能支持 BDSim 用户根据需要自由导出轨道、钟差、星历等仿真数据,可方便地将所得数据用于仿真测试及导航定位研究等,使软件价值得到更好的体现。

#### 8.1.2.2 BDSim 的仿真数据产品

BDSim 可以提供空间段、环境段、地面段和用户段等相关对象产生的数据产品。其中,空间段的数据产品包括轨道数据、钟差数据、星间观测数据等;环境段的数据产品包括电离层数据、对流层数据等大气数据;地面段的数据产品包括监测站观测数据、星地双向观测数据、激光测距观测数据,以及卫星播发的导航电文等。用户段的数据产品包括用户轨迹数据、接收机观测数据等。各类数据的格式及其用途如表8.1所列。

表 8.1 BDSim 数据产品概述表

| 数据类型 | | 格式 | 用途 |
|---|---|---|---|
| 空间段数据 | 轨道数据 | 自定义格式(.txt) | 存放不同仿真时段、不同摄动力影响下的卫星 ECI、ECF 位置和速度数据集 |
| | | SP3 格式(.sp3) | |
| | 钟差数据 | 自定义格式(.txt) | 存放任意仿真时段的卫星钟差数据集 |
| | | RINEX 格式(.clk) | |
| | 星间观测数据 | 自定义格式(.txt) | 存放任意仿真时段、设置不同星间误差项的星间观测数据集 |
| 环境段数据 | 电离层数据 | IONEX 格式(.I) | 存放二维格网的电离层图、各格网点的 VTEC 值和 RMS |
| | 对流层数据 | zpd 格式(.zpd) | 高级版本实现 |
| 地面段数据 | 监测站观测数据 | 自定义格式(.txt) | 存放接收机 3 个频点的伪距、载波相位、多普勒频移以及伪距变率观测数据 |
| | | RINEX2.1 版观测值文件格式(.O) | |
| | | RINEX3.02 版观测值文件格式(.O) | |
| | 星地双向观测数据 | 自定义格式(.txt) | 存放星地双向观测数据 |
| | 激光测距观测数据 | 国际激光测距数据处理工作组制定的统一激光测距数据格式(CRD) | 存放不同仿真时段、不同误差模式下的激光站观测数据集 |
| | | CRD 数据预处理后的激光站观测数据 | |
| | 导航电文 | RINEX2.10 版 GPS 导航电文格式(.N) | 存放系统时间、卫星星历、卫星时钟的修正参数和电离层延迟模型参数等 |
| | | RINEX3.02 版导航电文格式(.N) | |
| 用户段数据 | 轨迹数据 | 自定义格式(.txt) | 存放飞机、汽车、轮船等的轨迹数据 |
| | 观测数据 | RINEX2.1 版观测值文件格式(.O) | 存放不同仿真时段、不同观测误差和传播误差影响下的用户段接收机的观测数据集 |
| | | RINEX3.02 版观测值文件格式(.O) | |
| | | 自定义格式(.txt) | |

1)空间段数据

BDSim 提供了以下几种空间段的仿真数据产品,分别是空间段轨道数据、卫星钟差数据和星间观测数据。

(1)轨道数据。

(2)钟差数据。

在 GNSS 测量中,由于信号的传播速度值很大,由卫星钟差和地面站钟差引入的测距误差是非常大的,因此在 GNSS 测量中必须考虑钟误差的影响。通常情况下,星载原子钟和地面原子钟的时间偏差可以用确定性变化分量(即初始钟差、初始钟漂、初始钟速)和随机变化分量来描述。在 BDSim 的钟差仿真过程中,用户可设置初始钟差参数来获取仿真时段的钟差信息。BDSim 为用户提供空间段添加的所有卫星钟差数据。用户可以根据需要获取任意仿真时段的卫星钟差数据集。

（3）星间观测数据。

导航星座星间链路信息是卫星导航系统的一个重要新增信息。卫星之间通过发射和接收测距信号实现双向测距。BDSim 主要仿真星间双向测距几何距离以及星间测距信号的传播误差项。用户可获取任意仿真时段、添加不同星间误差项的文本格式的星间观测数据集。

2）环境段数据

BDSim 提供的环境段的数据产品，主要指电离层相关数据产品和对流层相关数据产品。

（1）电离层数据产品。

BDSim 提供的电离层数据产品为 IONEX 格式的全球电离层图。1998 年，伯尔尼大学的 Schaer 等学者向 IGS 电离层工作组推荐了电离层 TEC 数据交换格式文件 IONEX，IGS 在其基础上进行适当修改后批准实施。IONEX 文件作为 IGS 及各分析中心的常规产品，在地固坐标系下以格网形式，按天为单位存放该天中时间分辨力为 2h（2015 年 1 月 1 日起改为 1h）的二维格网的 GIM 和相关的辅助说明，该文件把全球按照 $5° \times 2.5°$（经度×纬度）的空间分辨力分成了 5183（73×71）个格网点，包含对应格网点的 VTEC 值和 RMS 值。IONEX 文件提供的全球 TEC 信息覆盖广、精度高且易获取，是目前 TEC 研究中使用最广泛的数据源。

BDSim 可提供 IONEX 格式的高精度的电离层数据产品，较好地反映了电离层的分布和变化，可用于电离层 TEC 的研究，也可用于精密单点定位、观测数据仿真与处理等方面。

（2）对流层数据产品。

BDSim 可提供监测站对流层天顶延迟改正量。BDSim 的对流层数据产品可由不同的对流层仿真模型计算得来，本软件有 3 种对流层模型可选，分别为：Hopfield 模型、改进的 Hopfield 模型、Saastamoinen 模型。此三类模型计算得到的天顶对流层延迟具有较高的精度，可用于对流层的研究，也可用于观测数据仿真与处理等方面。

气象参数数据是对流层模型的输入参数，BDSim 提供了全球格网气象参数仿真功能。可仿真的气象参数有气温、气压、相对湿度等。

3）地面段数据

BDSim 提供了以下几种地面段的仿真数据产品，分别是地面段监测站数据、星地双向观测数据、激光测距观测数据和导航电文数据。

（1）地面段监测站观测数据。

地面监测站接收视场中的卫星信号，产生监测站观测数据。监测站对观测值进行处理后传送给主控站，作为产生导航电文的原始数据。BDSim 仿真监测接收机 3 个频点的伪距、载波相位、多普勒频移以及伪距变化率观测数据。在仿真过程中，可考虑添加卫星钟差、地面站钟差、相位中心偏移、相对论效应、电离层延迟和对流层延迟对监测站观测数据的影响。

　　BDSim 为用户提供地面段添加的所有监测站观测数据。用户可以根据需要获取不同仿真时段、不同观测误差和传播误差影响下的监测站观测数据集。

　　（2）星地双向观测数据。

　　星地双向观测数据是根据卫星及可见地面站信息,生成的双向伪距观测数据。

　　BDSim 为用户提供仿真的星地双向观测数据,在数据仿真过程中可根据需要添加地面站钟差、卫星钟差、地面接收机接收时延、空间环境误差等对观测值的影响。

　　（3）激光测距观测数据。

　　激光测距数据的测距精度可达毫米级,是检验导航卫星定轨的最佳外部基准,被现行的 GLONASS、北斗卫星导航系统、Galileo 系统、QZSS 和 IRNSS 导航卫星所应用。激光测距系统在实际观测中,获得的是激光从主波到探测器获得的回波信号之间的时间间隔。这个时间间隔包括测量系统的光路时延、电路时延等,把全部时延量统一称为系统时延。

　　BDSim 充分考虑激光测距的实际运行机理,仿真激光从主波到探测器获得的回波信号之间的时间间隔。仿真过程中,只考虑固体潮和对流层影响,并使用特定的对流层激光专用模型计算对流层影响值。

　　BDSim 为用户提供地面段添加的所有激光站观测数据。用户可以根据需要获取不同仿真时段、不同误差模式下的激光站观测数据集。

　　激光站观测数据有两种可选输出格式:一种是国际激光测距数据处理工作组制定的统一激光测距数据格式(CRD)的激光站观测数据,一种是对 CRD 数据预处理后的激光站观测数据。

　　（4）导航电文数据。

　　卫星导航电文是由导航卫星播发给用户的描述导航卫星运行状态参数的电文,包括系统时间、卫星星历、卫星时钟的修正参数和电离层延迟模型参数等。导航电文的参数给用户提供了时间信息,利用导航电文参数以及观测数据等可以计算用户的位置坐标和速度。

　　BDSim 根据空间段添加的卫星星座、卫星轨道数据、卫星时钟数据、电离层仿真数据等仿真生成 GNSS 导航电文。BDSim 采用 RINEX2.10 版和 RINEX3.02 版输出导航电文数据。

### 8.1.2.3　卫星异常情况仿真方法

　　作为模拟训练的驱动系统,BDSim 不仅能够仿真系统正常运行的数据,还可以仿真系统故障的数据。作为地面运控系统而言,其输入的故障数据,主要来源于卫星故障,因此,在训练中,对卫星故障情况进行了仿真。此处给出卫星故障仿真的方法。

　　1）卫星运行故障和中断的概率

　　依据每颗卫星的单粒子翻转平均故障间隔时间(MTBF)、单粒子翻转平均修复时间(MTTR);每颗卫星的轨道机动 MTBF、轨道机动 MTTR;每颗卫星的其他故障模

式的 MTBF 和 MTTR 等;计算每颗发生单粒子翻转、轨道机动及其他故障的概率分别为

$$p_i = \frac{MTTR_i}{MTBF_i + MTTR_i} \qquad i = 1,2,3 \qquad (8.1)$$

2)卫星运行故障和中断仿真模型

借鉴美国 GPS 单星运行故障情况,参考北斗二号卫星(区域系统)发生各类故障的概率,在单星故障仿真时按照 0 - 1 分布,进行单星运行故障和中断仿真。

由于单粒子翻转属于非计划中断,依据北斗卫星发生单粒子翻转的概率 p1,把卫星的状态分为 0 - 1(正常工作状态或单粒子翻转状态),利用 Monte Carlo 仿真方法产生 0 - 1 的伪随机数。单粒子翻转故障分类见表 8.2。

假定卫星各类故障修复时间服从正态分布(正态分布是自然界最广泛的一种分布),即 $\eta \sim N(MTTR, \sigma_\eta^2)$,其中,MTTR 为故障平均修复时间,$\sigma_\eta$ 为标准差,可设定为某一特定值(根据 $3\sigma$ 原则确定,即恢复时间介于最小值与最大值的概率为 99.7% )。

表 8.2 单粒子翻转故障分类

| 工作单元 | 故障现象 |
|---|---|
| 导航任务处理单元(P1) | 电文错误(S0) |
| | 某支路捕获异常(S1) |
| | 频差超限(S2) |
| | 某支路失锁(S3) |
| | 工况显示错误(S4) |
| | 某支路伪距出现缓慢(S5) |
| | 某支路周内秒计数错误(S6) |
| | 下行频点出现跳变(S7) |
| | 上行测距出现分层现象(S8) |
| 上注接收机单元(P2) | 上行注入失败(S9) |
| | 上行通道测距值有台阶(S10) |
| | 上行通道某支路不能捕获(S11) |
| | 上行通道测距跳变(S12) |
| 卫星平台单元(P3) | 平台工作异常(S13) |
| 卫星时钟单元(P4) | 钟自动切换(S14) |
| | 铷钟参数异常(S15) |

## ◢ 8.2 离线实测数据驱动的模拟训练方法

卫星导航系统一旦开通运营,就是一个永不归零的数据流服务系统。在系统运

行过程中,地面运控系统保存了大量的历史实际数据。这些数据真实反映了系统实际运行的情况,如果用来做人员培训的训练素材,对于培训人员而言,就是直接面向系统最真实的状态。但是,这些数据虽然分门别类进行了归档,但是数据量非常巨大,而且不仅有正常运行的数据,还有异常情况下的数据,不能够直接用于培训,必须根据训练需求,进行必要的加工后才能使用。图 8.6 所示为一种基于实际数据驱动的地面操作人员模拟训练架构。

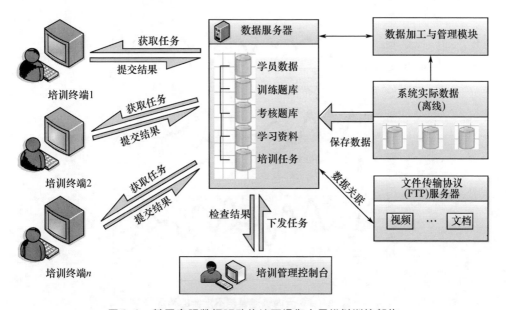

**图 8.6　基于实际数据驱动的地面操作人员模拟训练架构**

由于模拟训练的操作终端都是以嵌入实际系统的方式进行培训,而实际系统是不接受和处理历史数据的。如果把历史实际数据记为"(历史)时间戳 + 数据体",那么,利用实际数据是指利用其"数据体"部分,形成"(现在)时间戳 + 数据体"的"新"数据,等效于把历史数据进行了时间平移。

但这种方法会引入一个新问题:由于时间的改变,整个时空关系也将发生改变。以监测站对卫星的观测为例,如果只是进行时间平移,由于地球自转,原来"地面站-卫星"之间的几何关系就可能发生改变,甚至由地面站对卫星可见变成不可见。

为了解决这个问题,此处采用"保留基础数据,重构观测数据"的思路,即卫星轨道、钟差、电离层等数据保留不变(只进行时间平移),但对于观测数据,则根据实测数据信息进行重构,如在几何距离的基础上,叠加由实测数据分离得到的电离层延迟、对流层延迟、多路径效应、观测噪声等数据,形成新的符合时空关系的观测数据。不难看出,这部分观测数据介于仿真数据和实测数据之间。下面给出生成这些数据的核心方法。

### 8.2.1 轨道数据平滑方法

由于实际系统的卫星轨道是按照一定时间进行更新的,处于更新前后的轨道数据一般不连续,如图 8.7 所示。从图中不难看出,在每天的交接处,大约有 0.1m 的位置跳变。这将会影响伪距变化率和载波相位值的计算。

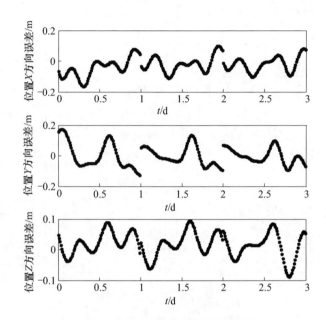

图 8.7 3 天内轨道误差不连续的情况

为了构建一个能与实际卫星导航系统长期保持时空一致的轨道计算模型,此处提出多积分器级联的连续轨道计算方法,确保轨道数据平滑不发生跳变。主要思想是采用多个积分器分别计算重置时间点后一小段时间的轨道值,然后以平滑算法将误差较大的轨道值不断逼近误差较小的轨道,或将多个轨道值以时变加权方式相加,从而完成从前一时间段到后一时间段轨道的连续过渡的解决方案[5]。具体方法如下。

#### 8.2.1.1 精确轨道动力学参数的轨道计算方法

分别设 $P_1$ 和 $P_2$ 为积分器 1 和积分器 2 计算所得轨道,$P$ 为最终计算所得轨道,改进的轨道计算式为

$$P = \begin{cases} P_1 & 0 \leqslant t < D(i) \\ \alpha P_1 + \beta P_2 & D(i) \leqslant t < D(i) + Ch \\ P_2 & D(i) + Ch \leqslant t < D(i+1) \\ \beta P_1 + \alpha P_2 & D(i+1) \leqslant t < D(i+1) + Ch \\ P_1 & D(i+1) + Ch \leqslant t < D(i+2) \end{cases} \quad i = 1,3,5,\cdots,2n+1 \quad (8.2)$$

式中：$D(i) = 86400\text{s}$ 为一天的时间；$\alpha$、$\beta$ 为可变权重系数；$Ch$ 为两个积分器共同工作的时间段，$C$ 为整数，$h$ 为积分步长，两个积分器交替工作，在 $D(i-1)$ 时刻重置参数并开始积分，在 $(D(i) + Ch)$ 时刻停止积分。

### 8.2.1.2　轨道数据平滑方法

式(8.2)中可变权重系数 $\alpha$ 和 $\beta$ 的作用是使重置时间点前后两时间段轨道计算的结果实现平稳连续过渡。可采用比例、积分、微分(PID)增量式算法或时变加权法确定 $\alpha$ 和 $\beta$。

1）PID 增量式算法

要使轨道计算结果连续平滑，须将先启动的积分器计算结果逐渐靠近后启动的积分器计算结果，因此，将后启动的积分器结果 $P_2$ 视为给定值，将先启动的积分器结果 $P_1$ 视为实际输出值，通过将两者偏差的比例、积分和微分进行线性组合形成控制量，使两个积分器平滑切换。PID 增量式算法原理公式为

$$u(n) = K_\text{p}\left\{e(n) + \frac{T}{T_\text{i}}\sum_{i=0}^{n} e(i) = \frac{T_\text{D}}{T}[e(n) - e(n-1)]\right\} + u_0 \tag{8.3}$$

$$\Delta u(n) = u(n) - u(n-1) =$$

$$K_\text{p}[e(n) - e(n-1)] + K_\text{p}\frac{T}{T_\text{i}}e(n) + K_\text{p}\frac{T_\text{D}}{D}[e(n) - 2e(n-1) + e(n-2)] \tag{8.4}$$

式中：$K_\text{p}$、$K_\text{i} = \dfrac{T}{T_\text{i}}$、$K_\text{D} = \dfrac{T_\text{D}}{T}$ 为 PID 三个控制参数，可采用归一参数整定法求得（即根据齐格勒—尼柯尔斯经验公式进行求解，此时令 $T = 0.1T_\text{r}$，$T_\text{i} = 0.5T_\text{r}$，$T_\text{D} = 0.125T_\text{r}$，$T_\text{r}$ 为纯比例控制作用下的临界振荡周期，$T$ 为采样周期）；$e(n)$ 为给定值与实际输出值的偏差，且

$$e(n) = P_2\big|_{t=D(i)+nh} - P_1\big|_{t=D(i)+nh} \tag{8.5}$$

根据 PID 控制算法理论得

$$P\big|_{t=D(i)+nh} = P_1\big|_{t=D(i)+nh} + \Delta u(n) \tag{8.6}$$

又由式(8.2)可知

$$P\big|_{t=D(i)+nh} = \alpha P_1\big|_{t=D(i)+nh} + \beta P_2\big|_{t=D(i)+nh} \tag{8.7}$$

$$D(i) \leqslant t < D(i) + t_m$$

联合式(8.4)~式(8.7)可解得 $\alpha$ 和 $\beta$ 的值。其他情况也可采用此方法求得 $\alpha$ 和 $\beta$。

多积分器同时工作时，采用 PID 增量式算法进行数据平滑，使得先启动的积分器计算结果逐渐靠近后启动的积分器计算结果，从而实现轨道计算结果连续，实现数据平滑的功能。

2）时变加权平滑方法

时变加权法通过使误差较大的分目标权因子值随着时间等间隔减小，直至为 0，

而将误差较小的分目标权因子值随着时间等间隔增大,直至为1,使总目标不断靠近误差较小的分目标。其原理公式如下:

$$\alpha = \frac{1}{C}(C-k), \beta = 1 - \alpha \qquad k = 0, 1, 2, \cdots, C \tag{8.8}$$

多积分器同时工作时,将源积分器的权因子值 $\alpha$ 随着时间由1至0等间隔减小,而将目标积分器权因子值 $\beta$ 随着时间由0至1等间隔增大,从而使多个积分器的轨道计算数据连续,实现了数据平滑的功能。

为了验证本书提出的导航星座轨道计算方法可使轨道计算结果始终与实际卫星导航系统保持高度一致,以2014年1月2日0时刻作为起始时刻,对PRN1卫星进行轨道计算,得到如图8.8所示的仿真结果。

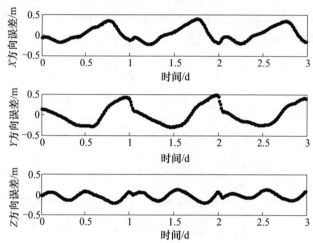

图8.8　3天内轨道平滑的效果

## 8.2.2　电离层延迟分离方法

电离层延迟和信号频率的平方呈反比,因此在有双频观测值的条件下,可以直接利用双频组合的方式计算得到电离层延迟[6]。设 $P_1$ 和 $P_2$ 分别代表双频接收机用户在同一时刻对同一颗卫星发射的频率 $f_1$ 信号和频率 $f_2$ 信号的伪距观测值,考虑卫星硬件延迟和接收机硬件延迟有

$$\begin{cases} P_1 = r + I_1 + B_1^S - B_1^R + E \\ P_2 = r + I_2 + B_2^S - B_2^R + E \end{cases} \tag{8.9}$$

式中:$r$ 为卫星 S 至接收机 R 之间的几何距离;$I_1$ 和 $I_2$ 分别为相应频率信号上的电离层延迟;$B_1^S$ 和 $B_2^S$ 为卫星 S 的相应频率信号上的硬件延迟;$B_1^R$ 和 $B_2^R$ 为接收机 R 的相应频率信号上的硬件延迟;$E$ 为其他与频率无关的综合项。

将 $P_1$ 和 $P_2$ 作差,消去频率无关项得

$$P_1 - P_2 = I_1 - I_2 + \Delta B_{12}^{\mathrm{S}} - \Delta B_{12}^{\mathrm{R}} \qquad (8.10)$$

式中：$\Delta B_{12}^{\mathrm{S}}$、$\Delta B_{12}^{\mathrm{R}}$ 分别为伪距观测值的卫星频间差和接收机频间差。

结合电离层延迟和频率之间的比率关系，对式(8.10)进行解算可得

$$
\begin{cases}
I_1 = \dfrac{f_2^2}{f_1^2 - f_2^2}(P_1 - P_2 + \Delta B_{12}^{\mathrm{S}} - \Delta B_{12}^{\mathrm{R}}) \\[3mm]
I_2 = \dfrac{f_1^2}{f_1^2 - f_2^2}(P_1 - P_2 + \Delta B_{12}^{\mathrm{S}} - \Delta B_{12}^{\mathrm{R}})
\end{cases} \qquad (8.11)
$$

值得注意的是，由于各种因素的影响，实测数据中不可避免地存在周跳和不良数据，且由于载波相位观测值比伪距观测值的精度高 1 ~ 2 个量级，在实际数据处理中通常利用载波相位平滑伪距的方法来提高伪距观测值的精度。

### 8.2.3　多路径效应分离方法

从卫星 j 到接收机 r 的伪距和以距离表示的载波相位观测量分别表示如下：

$$
\begin{cases}
P_{r,i}^{j} = \rho_r^{j} + \delta\rho_{\mathrm{Tro}}^{j} + \dfrac{\delta\rho_{\mathrm{Ion}}^{j}}{f_i^2} + M_{r,i}^{j} + c(\delta t_r - \delta t^{s,j}) + e_{r,i}^{j} \\[3mm]
\phi_{r,i}^{j} = \rho_r^{j} + \delta\rho_{\mathrm{Tro}}^{j} - \dfrac{\delta\rho_{\mathrm{Ion}}^{j}}{f_i^2} + m_{r,i}^{j} + c(\delta t_r - \delta t^{s,j}) + N_{r,i}^{j}\lambda_i + \varepsilon_{r,i}^{j}
\end{cases} \qquad (8.12)
$$

式中：$\rho_r^{j}$ 为卫星与接收机之间的几何距离；$\delta\rho_{\mathrm{Tro}}^{j}$ 为对流层延迟；$\delta\rho_{\mathrm{Ion}}^{j}$ 为电离层延迟；$f_i$ 为载波频率；$M_{r,i}^{j}$，$m_{r,i}^{j}$ 为载波频率为 $f_i$ 的伪码观测和载波观测的多路径效应；$\delta t_r$、$\delta t^{s,j}$ 分别为接收机和卫星的时钟钟差；$N_{r,i}^{j}$ 为 $f_i$ 频率的载波相位模糊度；$e_{r,i}^{j}$、$\varepsilon_{r,i}^{j}$ 为伪码观测和载波观测的随机误差；$\lambda_i$ 为载波频率为 $f_i$ 的信号的波长。

仅仅通过简单的比较伪距或载波相位与真实几何距离的差异难以评估多路径效应，这是因为伪距和载波相位中除包含多路径外，还包括接收机误差、系统误差、观测噪声等其他误差。因此，为研究多路径效应的特性，分离多路径数据或提取多路径混合数据是必需的。目前，可用 Karla Edwards McGhee 提出的码(伪距)减载波(相位)(CMC)方法对伪距多路径效应进行提取。假定 L1 和 L2 信号的传播路径相同，从卫星 j 到接收机 r 经电离层修正后 L1 信号的多路径效应计算公式为

$$
\begin{aligned}
\mathrm{MP}_{r,1}^{j} &= P_{r,1}^{j} - \phi_{r,1}^{j} - \frac{2}{\alpha - 1}(\phi_{r,1}^{j} - \phi_{r,2}^{j}) = \\[2mm]
& M_{r,1}^{j} - N_{r,1}^{j}\lambda_1 - \frac{2}{\alpha - 1}(N_{r,1}^{j}\lambda_1 - N_{r,2}^{j}\lambda_2) + e_{\mathrm{MP_1}} = \\[2mm]
& M_{r,1}^{j} + B_{r,1}^{j} + e_{\mathrm{MP_1}}
\end{aligned} \qquad (8.13)
$$

式中：$\alpha = f_1^2/f_2^2$；载波相位多路径 $m_{r,1}^{j}$ 相对于伪距多路径 $M_{r,1}^{j}$ 较小，可忽略不计[7]；$e_{\mathrm{MP_1}}$ 为计算过程中的随机误差；$B_{r,1}^{j} = -N_{r,1}^{j}\lambda_1 - \dfrac{2}{\alpha - 1}(N_{r,1}^{j}\lambda_1 - N_{r,2}^{j}\lambda_2)$，为相位不确定

度引入的误差。

以 GPS 卫星为例,由于 GPS 卫星的运动周期为 11h58min,因此卫星的多路径效应具有周期性,卫星在一个周期中的可见时段内多路径效应与卫星高度角的变化关系如图 8.9 所示[7]。

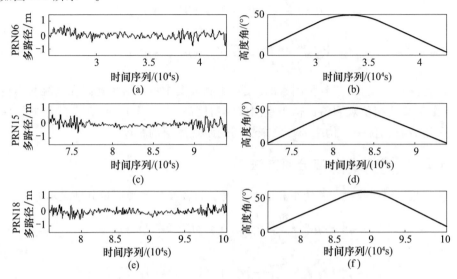

图 8.9　各卫星的多路径及高度角

由图 8.9 可知,多路径效应随着卫星的高度角、方位角的变化而变化。多路径效应随卫星高度角的增加而减小。其中,在两端部分,高度角较小,多路径效应抖动幅度较大,在中间部分,高度角达到最大值,多路径效应在零附近抖动且幅度较小。

## 8.3　仿真系统的开放式体系架构设计方法

前面各章中,无论是仿真测试与评估,还是基于仿真驱动的模拟训练,其核心部分总离不开仿真系统。如果说前面各章主要介绍仿真系统的理论方法和应用问题,那么本节作为全书的最后一节,主要讨论仿真系统的实现问题。

### 8.3.1　"内核＋总线接口＋扩展组件"的体系结构

基于开源开放的思想,针对卫星导航系统模型组成复杂、接口众多、数据精度要求等特点,提出一种卫星导航系统级开源仿真软件体系架构设计方法。该体系架构借鉴计算机冯·诺依曼体系结构的特点,建立一种"内核＋总线接口＋扩展组件"的新型软件体系架构,实现系统核心部分的高度集成与封装,并对外公开算法模型、应用程序、表现层的开发接口,实现自定义扩展组件的动态集成调用。

总的技术方案是:首先,确定系统由内核层、总线接口层、扩展组件层组成的结构;其次,对卫星导航仿真模型进行矩阵式体系结构分析,使仿真模型的集成方式与实际系统平行,仿真模型所集成的算法模型采用组件式开发,公开算法模型开发接口,使算法模型具有二次开发与动态集成特性。再对内核的业务逻辑进行模块化设计,同时集成卫星导航仿真模型,并根据仿真测试的需求,提供数据接口模型,开发表现层的视图。最后根据系统的特殊需求,开发应用程序扩展接口模型,并集成于业务逻辑中,使框架具有扩展其他相关应用程序功能的特性[8]。

该体系架构具有很强的灵活性、可扩展性、可维护性、可开源性等特点。它具有以下优点。

（1）开发测试简单、开放性强,便于协同开发。

（2）可灵活集成基于公开接口开发的自定义扩展组件,可扩展性强。

（3）能够对现有导航相关的成熟软件展现出一定的兼容性,能够互相交互。

（4）清晰的卫星导航仿真模型体系。

（5）系统逻辑结构清晰,功能模块之间耦合度低,仿真调度机制灵活,系统核心、接口与视图区分明确。

"内核 + 总线接口 + 扩展组件"的体系结构如图 8.10 所示。体系结构体现为以下 3 个方面。

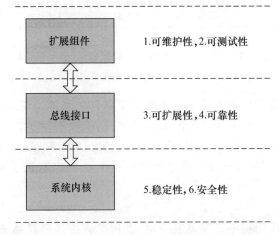

图 8.10　"内核 + 总线接口 + 扩展组件"的体系结构

（1）内核部分是高度集成的,是体系结构的计算与驱动部分,系统内核一旦设计开发完成就不轻易再修改,体现了系统运行的稳定性和安全性。

（2）各类接口模型是连接内核与扩展组件的数据桥梁,接口可以根据需求进行功能模块的扩展,使系统具有很好的可扩展性和可靠性。

（3）扩展组件体现为即插即用的系统子模块,可以在无须重复编译的情况下动态集成,开发者只需关注接口模型的属性来开发自己的扩展组件,具有很好的可维护性和可测试性。

根据内核、总线、扩展组件的体系结构组成,可以将数学仿真子系统设计为如

图 8.11 所示的系统架构。

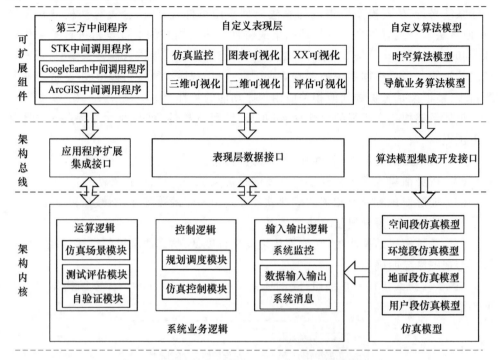

**图 8.11 "内核 + 总线接口 + 扩展组件"的体系结构**

1）架构内核

数学仿真子系统的架构内核由系统业务逻辑和仿真模型组成,仿真模型包含了空间段、环境段、地面段以及用户段的仿真模型,仿真模型对包含的可配置属性和所承担的卫星导航业务高度集成封装,系统业务逻辑包含运算逻辑、控制逻辑和输入输出逻辑 3 部分,实现卫星导航业务数据处理以及规划调度,保证了数学仿真子系统的稳定性与安全性。

2）架构总线

架构总线包含应用程序扩展集成接口、表现层数据接口及算法模型集成开发接口,使系统具有很好的开放式特性,可以不断根据需求开发新的组件并集成使用,使系统具有更好的灵活性、可扩展性,统一的接口格式也保证了系统的可靠性。

3）可扩展组件

可扩展组件是根据系统架构公开的接口开发并集成的,可以单独进行测试和维护,对于庞大的测试保障系统的维护来说,无疑减轻了整个系统的后期维护工作量和工作效率。

## 8.3.2 "内核 + 总线接口 + 扩展组件"体系结构实现方法

"内核 + 总线接口 + 扩展组件"的体系结构的实现步骤如下。

步骤 1：基于开源的目的，结合卫星导航系统的特性以及现有架构技术特点，确定"内核＋总线接口＋扩展组件"的体系架构设计思想。

根据卫星导航系统级开源软件体系架构的设计思想，此体系架构一定是易于开源开放，能够在开源平台上实现多人在线开发与测试的目的。为此体系架构的设计遵循开放封闭原则，对外开放扩展组件开发集成接口，对内实现核心部分的封装。内核即高度封装部分，总线体现为对外开放的接口，扩展组件是根据接口开发的类似于可热拔插硬件的软件程序，此体系架构灵活多变，具有很强的自主开发特性与开源特性。

步骤 2：根据高度集成封装的思想设计内核的结构：首先把内核分为仿真模型与业务逻辑，又把业务逻辑分为运算逻辑、控制逻辑、输入输出逻辑 3 部分，仿真模型用于建立运算逻辑中仿真场景，控制逻辑管理控制仿真场景的仿真，并输出数据到测试评估模块与自验证模块，根据用户需求输入输出模块实现外部数据导入到仿真场景，内部数据按照选定的格式输出。

步骤 3：梳理卫星导航仿真系统组成结构和相关功能，建立矩阵式卫星导航仿真模型体系。如图 8.12 所示，其具体实现步骤如下。

第一步：纵向分层。卫星导航仿真系统包括 4 个段，空间段、环境段、地面控制段、用户段。这 4 个段共同组成一个卫星导航仿真系统的场景，而每个段又由具体的子级对象组成，再对子级对象进行分层，具体层次划分按照各个对象的实际构成以及系统仿真需求而定。

第二步：横向分层。针对每个段及其对应的子级对象，根据其具体功能列出各模块组成。此举降低了系统架构与功能模块之间的耦合度，同时使代码的具体实现过程更清晰、更有层次感，更有利于软件的开源。

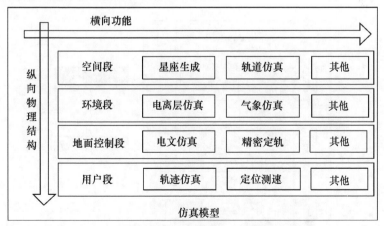

图 8.12　矩阵式仿真模型体系结构示意图

步骤 4：根据仿真模型需要实现的功能要求，开发算法模型组件，并动态集成到仿真模型中。

步骤5：根据系统的扩展性，开发通用的第三方应用程序插件接口模型，并把第三方应用程序插件的调用逻辑集成到业务逻辑中，实现即插即用。

步骤6：所述自定义表现层技术，首先确定要实现哪类数据的可视化设计，设计视图，然后利用数据绑定技术建立视图控件与模型数据的联系，实现界面的自定义开发。

步骤7：所述卫星导航仿真自动化调度规划机制，是通过界面的部分手动操作配置后，根据系统设置的内部规则，安全有序地执行系统的管理控制任务，对要执行的事件与任务均按照优先级别从高到低依次执行，同级别将按照事件队列规则，先进先出执行，并对系统的突发事件进行中断处理，最终保证卫星导航仿真测试与评估任务的有效进行。

### 8.3.3 "即插即用"算法组件实现方法

"即插即用"算法组件实现方法如图 8.13 所示，其具体实施步骤如下。

步骤1：在上述矩阵式仿真模型体系结构的基础上，在所述框架的总线层中对卫星导航系统级仿真中涉及的所有算法进行接口定义，并公开算法组件接口，由此，可以支持多方同时对各个算法进行开发实现，提高了软件的开放性。

步骤2：根据框架公布的每一个算法接口模型、算法功能以及对应的数学模型进行算法开发，开发测试完成后形成独立的算法组件；算法组件之间相互独立，降低了耦合度，同时为各组件的更新、优化创造了条件。

步骤3：把测试通过的算法组件动态集成至架构的扩展组件层，这些算法组件中的算法会通过架构的总线接口层，最终被内核层调用，实现软件的一部分功能。动态集成技术使得算法组件的加载、更新等行为更加灵活。

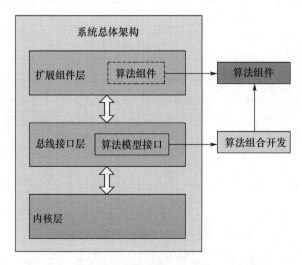

图 8.13 "即播即用"算法组件实现示意图

### 8.3.4　第三方应用程序插件实现方法

第三方应用程序插件实现方法如图 8.14 所示,其具体实施步骤如下。

步骤 1:上述架构的总线层对系统的运行控制接口、菜单栏数据接口、输入输出接口、工具栏接口、运行时接口、可视主窗接口等接口进行公开。

步骤 2:根据框架架构公开的接口模型以及第三方应用程序公开的函数接口,通过调用第三方应用程序的函数完成特定的功能,在插件中实现卫星导航系统级仿真软件架构的公开接口,形成第三方应用程序插件,这样既可以利用插件实现功能,又节省了软件开发的时间。

步骤 3:插件开发并测试完成后,集成到上述架构的扩展组件层,该插件通过架构的总线接口层,最终被内核层调用,实现对插件的利用与控制,做到即插即用。在不需要用到该插件功能时,可卸载插件,不影响整个架构的运行,最大程度上保证了架构的可扩展性,并降低了与其他软件的耦合度。

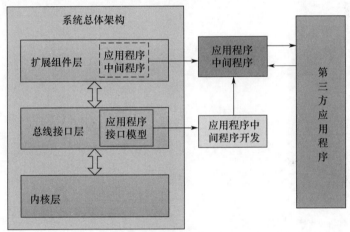

图 8.14　第三方应用程序插件技术示意图

## 参考文献

[1] OLLIE L, LARRY B, ART G, et al. GPS Ⅲ System Operations Concepts [J]. IEEE aerospace and electronic systems magazine, 2005, 20(1):10-18.

[2] DRIVER T. GPS high fidelity system simulator-a tool to benefit both the control and user segments [C]//Proceedings of the 54th Annual Meeting of The Institute of Navigation (1998), Denver, CO: IEEE June 1998: 507-515.

[3] 杨俊, 黄文德, 陈建云, 等. 卫星导航系统建模与仿真[M]. 北京:科学出版社, 2016.

[4] 杨俊, 黄文德, 陈建云, 等. BDSim 在卫星导航中的应用[M]. 北京:科学出版社, 2016.

［5］刘友红，黄文德，盛利元．导航星座自主运行平行系统的轨道计算方法［J］.宇航计测技术，
2015，35(6)：14-18,27.

［6］李阳林，黄文德，盛利元．基于 BP 神经网络的伪距观测值电离层误差分离［J］.全球定位系统，2015，40(6)：1-5.

［7］张利云，黄文德，明德祥，等．多路径效应分段仿真方法［J］.大地测量与地球动力学，2015，35(1)：106-110.

［8］杨俊，黄文德，李靖，等．卫星导航系统级开源仿真系统的建立方法：201710608722.9［P］.2017-07-24.

# 缩　略　语

| | | |
|---|---|---|
| 2SOPS | 2nd Space Operations Squadron | (美国空军)第二空间操作中队 |
| ABPTU | Active Base Plate Temperature Unit | 有源底板温度单元 |
| ADR | Accumulated Delta Range | 积分距离变化量(亦称"积分多普勒") |
| ADS | Advanced Distributed Simulation | 先进的分布式仿真 |
| AEP | Architecture Evolution Plan | 体系结构演进计划 |
| AFS | Atomic Frequency Standard | 原子频率标准 |
| AFSCN | Air Force Satellite Control Network | (美国)空军卫星控制网 |
| AGC | Automatic Gain Control | 自动增益控制 |
| AGI | Analytical Graphic Incorporation | 分析图形公司 |
| AI | Artificial Intelligence | 人工智能 |
| BDS | BeiDou Navigation Satellite System | 北斗卫星导航系统 |
| BDT | BDS Time | 北斗时 |
| C/A | Coarse/Acquistion | 粗/捕获(码) |
| CC | Central Clock | 中央时钟 |
| CCH/CMDR | Crew Chief/Crew Commander | 班组长/班组指挥官 |
| CDMA | Code Division Multiple Access | 码分多址 |
| CGCS 2000 | China Geodetic Coordinate System 2000 | 2000 中国大地坐标系 |
| CLK | Clock | 钟差(文件) |
| CMC | Code Minus Carrier | 码(伪距)减载波(相位) |
| CNAV | Civil Navigation | 民用导航 |
| CODE | Center for Orbit Determination in Europe | 欧洲定轨中心 |
| COEA | Cost Operational Effectiveness Analysis | 成本运营有效性分析 |
| COTS | Commercial – off – the – Shelf | 商用货架 |
| CPU | Central Processing Unit | 中央处理器 |

| CRC | Cyclic Redundancy Check | 循环冗余校验 |
|---|---|---|
| CRD | Consolidated Laser Ranging Data Format | 统一激光测距数据格式 |
| CRDSS | Comprehensive Radio Determination Satellite Service | 广义卫星无线电测定业务 |
| CS | Commercial Service | 商业服务 |
| CTS | Command and Tracking Station | 指令及跟踪站 |
| DCM | Digital Clock Manager | 数字时钟管理模块 |
| DE/LE | Development Ephemerides/ Lunar Ephemerides | (行星)演进/月球星历表 |
| DOP | Dilution of Precision | 精度衰减因子 |
| DSN | Deep Space Network | 深空(探测)网 |
| EC | European Commission | 欧盟委员会 |
| ECEF | Earth Centered Earth Fixed | 地心地固(坐标系) |
| ECF | Earth Centered Fixed | 地心固联(坐标系) |
| ECI | Earth Centered Inertial | 地心惯性(坐标系) |
| ECOM | Empirical CODE Orbit Model | 欧洲定轨中心经验轨道模型 |
| EGM | Earth Gravity Model | 地球引力模型 |
| EGNOS | European Geostationary Navigation Overlay Service | 欧洲静地轨道卫星导航重叠服务 |
| EKF | Extended Kalman Filtering | 扩展 Kalman 滤波 |
| EM | Electromagnetic | 电磁波 |
| EMP | Electromagnetic Pulse | 电磁脉冲 |
| ENU | East, North and Up | 东北天(坐标系) |
| EOM | Equation of Motion | 运动方程 |
| EOP | Earth Orientation Parameters | 地球定向参数 |
| EPS | Electrical Power Subsystem | 电力子系统 |
| ERD | Estimated Range Deviation | 估计距离偏差 |
| ESA | European Space Agency | 欧洲空间局 |
| FAA | Federal Aviation Administration | 美国联邦航空管理局 |
| FCMDR | Flight Commander | 飞行指挥官 |
| FDMA | Frequency Division Multiple Access | 频分多址 |
| FEC | Forward Error Correction | 前向纠错 |

| | | |
|---|---|---|
| FF | Flicker Frequency | 频率闪变噪声 |
| FP | Flicker Phase | 相位闪变噪声 |
| FSU/FSDU | Frequency Synthesizer Unit/Frequency Standard Distribution Unit | 频率合成器单元/频率标准分配单元 |
| FTP | File Transfer Protocol | 文件传输协议 |
| GA | Ground Antenna | 地面天线 |
| GATE | Galileo Test Environment | Galileo 测试环境 |
| GCC | Ground Control Centres | 地面控制中心 |
| | Galileo Control Centres | Galileo(星座)控制中心 |
| GCS | Ground Control Segment | 地面控制段 |
| GDGPS | Global Differential GPS | 全球差分 GPS |
| GDOP | Geometric Dilution of Precision | 几何精度衰减因子 |
| GEM | Goddard Earth Model | 戈达德地球模型 |
| GEO | Geostationary Earth Orbit | 地球静止轨道 |
| GIM | Global Ionosphere Model | 全球电离层模型 |
| GIPSY | GNSS – Inferred Positioning System | GNSS 推断定位系统 |
| GIOVE | Galileo In – Orbit Validation Element | Galileo 在轨试验卫星 |
| GLONASS | Global Navigation Satellite System | (俄罗斯)全球卫星导航系统 |
| GMF | Global Mapping Function | 全局映射函数 |
| GMS | Ground Mission Segment | 地面任务段 |
| GNSS | Global Navigation Satellite System | 全球卫星导航系统 |
| GPS | Global Positioning System | 全球定位系统 |
| GPST | GPS Time | GPS 时 |
| GRC | Galileo Receiver Chain | Galileo 接收机链 |
| GSF | GPS Support Facility | GPS 支持设施 |
| GSO | Ground Systems Operator | 地面系统操作员 |
| GSS | GPS System Simulator | GPS 系统模拟器 |
| | Ground Sensor Station | 地面传感器站 |
| GSSF | Galileo System Simulation Facility | Galileo 系统仿真设施 |
| GST | Galileo System Time | Galileo 系统时 |
| | Greenwich Sidereal Time | 格林尼治恒星时 |

| GSTB | Galileo System Test Bed | Galileo 系统测试床 |
|---|---|---|
| HCI | Human Computer Interface | 人机界面 |
| HDOP | Horizontal Dilution of Precision | 水平精度衰减因子 |
| HEO | Highly Elliptical Orbit | 大椭圆轨道 |
| HFSS | High Fidelity System Simulator | 高保真系统模拟器 |
| HPA | High Power Amplifier | 高功率放大器 |
| I/O | Input/Output | 输入/输出 |
| IAU | International Astronomical Union | 国际天文学联合会 |
| IC | Initial Condition | 初始条件 |
| ICADS | Integrated Correlation and Display System | 综合相关和显示系统 |
| ICD | Interface Control Document | 接口控制文件 |
| ICRS | International Celestial Reference System | 国际天球参考系统 |
| ID | Identification | 标识符 |
| IERS | International Earth Rotation Service | 国际地球自转服务(机构) |
| IGS | International GNSS Service | 国际 GNSS 服务 |
| IGSO | Inclined Geosynchronous Orbit | 倾斜地球同步轨道 |
| INS | Inertial Navigation System | 惯性导航系统 |
| IONEX | Ionosphere Exchange | 电离层交换(格式) |
| IP | Internet Protocol | 互联网协议 |
| IPA | Intermediate Power Amplifier | 中间功率放大器 |
| IPP | Ionospheric Pierce Point | 电离层穿刺点 |
| IRNSS | Indian Regional Navigation Satellite System | 印度区域卫星导航系统 |
| ITRF | International Terrestrial Reference Frame | 国际地球参考框架 |
| ITRS | International Terrestrial Reference System | 国际地球参考系统 |
| ITS | Integrated Transfer System | 综合转换系统 |
| IUGG | International Union of Geodesy and Geophysics | 国际大地测量学和地球物理学联合会 |
| JGM | Joint Gravity Model | 联合引力模型 |
| JPL | Jet Propulsion Laboratory | 喷气推进实验室 |
| JPO | Joint Project Office | (GPS)联合计划办公室 |

| LADO | Launch, Anomaly Resolution, and Disposal Operations | 发射－异常处理－入轨操作 |
|---|---|---|
| LBS | L – Band System | L 频段系统 |
| LEO | Low Earth Orbit | 低地球轨道 |
| LSB | Least Significant Bit | 最低有效位 |
| MCC | Measurement Control Center | 测量控制中心 |
| MCS | Main Control Station | 主控站 |
| MDU | Mission Data Unit | 任务数据单元 |
| MEO | Medium Earth Orbit | 中圆地球轨道 |
| MS | Monitor Station | 监测站 |
| MSB | Most Significant Bit | 最高有效位 |
| MSLM | Modified Single Layer Model | (电离层)修正的单层模型 |
| MTBF | Mean Time Between Failures | 平均故障间隔时间 |
| MTP | Mid – Term Plan | 中期规划 |
| MTTR | Mean Time to Repair | 平均修复时间 |
| NAV | Navigation Payload | 导航载荷 |
| NDS | NUDET Detection System | 核爆检测系统 |
| NGA | National Geospatial – Intelligence Agency | 国家地理空间情报局 |
| NORAD | North American Aerospace Defense Command | (美国)北美空防司令部 |
| NSP | Navigation System Precision | 导航系统精度 |
| NUDET | Nuclear Detonation | 核爆 |
| OCS | Operational Control System | (地面)运行控制系统 |
| OCX | Next Generation Operational Control System | (GPS)下一代(地面)运行控制系统 |
| ODTK | Orbit Determination Toolkit | 轨道确定工具包 |
| OOH | Orbital Operations Handbook | 轨道操作手册 |
| ORB | Satellite Orbit | 卫星轨道 |
| OS | Open Service | 开放服务 |
| OSE | Operational Security Evaluation | 操作安全评价 |
| OSPF | Orbit Synchronization Processing Facility | 轨道与时间同步处理设备 |

| OSS – IMOSC | Operational Support System – Integrated Mission Operations Support Center | 运行支持系统与任务操作支持中心 |
|---|---|---|
| PD | Position Difference | 位置差异 |
| PDOP | Position Dilution of Precision | 位置精度衰减因子 |
| PDU | Protocol Data Unit | 协议数据单元 |
| PECE | Predictor – Corrector | 预估－校正(算法) |
| PICM | Programmable Interface Component Model | 可编程信息接口组件模型 |
| PID | Proportional – Integral – Differential | 比例、积分、微分 |
| PNT | Positioning, Navigation and Timing | 定位、导航与授时 |
| POSIX | Portable Operating System Interface of UNIX | 可移植操作系统接口 |
| PPP | Precise Point Positioning | 精密单点定位 |
| PPS | Precise Positioning Service | 精确定位服务 |
| | Pulse Per Second | 秒脉冲 |
| PR | Pseudo – Range | 伪距 |
| PRN | Pseudo Random Noise | 伪随机噪声 |
| PRR | Pseudo – Range Residual | 伪距残差 |
| PRS | Public Regulated Service | 政府授权服务 |
| PS | Performance Specification | 性能规范 |
| PSO | Payload Systems Operator | 载荷系统操作员 |
| PVT | Position, Velocity and Time | 位置、速度和时间 |
| QZSS | Quasi – Zenith Satellite System | 准天顶卫星系统 |
| RABF | Robust Adaptive Beam Forming | 鲁棒自适应波束 |
| RAIM | Receiver Autonomous Integrity Monitoring | 接收机自主完好性监测 |
| RCS | Reaction Control System | 反作用(推进)控制系统 |
| RDSS | Radio Determination Satellite Service | 卫星无线电测定业务 |
| REDMAN | Redundancy Management | 冗余管理 |
| RINEX | Receiver Independent Exchange Format | 与接收机无关的交换格式 |
| RMCS | Replica MCS | 主控站副本 |
| RMS | Root Mean Square | 均方根 |
| RNSS | Radio Navigation Satellite Service | 卫星无线电导航业务 |
| RSIM | Receiver Simulation | 接收机仿真 |

| RTK | Real Time Kinematic | 实时动态 |
| --- | --- | --- |
| RTN | Radial,Transverse and Normal | 径向、横向、法向(坐标系) |
| RWF | Random Walk Frequency | 频率随机游走噪声 |
| SA | Selective Availability | 选择可用性 |
| SAO | Satellite Mission Analysis Officer | 卫星任务分析业务员 |
| SAR | Search and Rescue | 搜寻与救援 |
| SCC | System Control Centre | 系统控制中心 |
| SCPF | Spacecraft Constellation Planning Facility | 卫星星座规划设施 |
| SDP | Simplified Deep – space Perturbations | 简化深空摄动 |
| SGP | Simplified General Perturbations | 简化通用摄动 |
| SHAO | Shanghai Astronomical Observatory | 上海天文台 |
| SHAOI | Shanghai Astronomical Observatory Ionosphere | 上海天文台电离层(模型) |
| SHAOT | Shanghai Astronomical Observatory Troposphere | 上海天文台对流层(模型) |
| SIS | Signal in Space | 空间信号 |
| SISMA | Signal – in – Space Monitoring and Assessment | 空间信号监测与评估 |
| SLM | Single Layer Model | (电离层)单层模型 |
| SLR | Satellite Laser Ranging | 卫星激光测距 |
| SMP | Symmetric Multiprocessor | 对称多处理器 |
| SNMP | Simple Network Management Protocol | 简单网络管理协议 |
| SO/E | Sim Operator/Engineer | 模拟器操作员/工程师 |
| SOFA | Standards of Fundamental Astronomy | 基础天文学标准库 |
| SOH | State – of – Health | 健康状况 |
| SP3 | Standard Product 3 | 标准产品3 |
| SPS | Standard Positioning Service | 标准定位服务 |
| SPU | Space Vehicle Processor Unit | 星载处理器 |
| SRP | Solar Radiation Pressure | 太阳光辐射压 |
| SSO | Satellite Systems Operator | 卫星系统操作员 |
| SST | Standardized Space Trainer | 标准化空间培训系统 |
| STK | Satellite Tool Kit | 卫星工具包 |
| STP | Short – Term Plan | 短期规划 |
| SV | Spacecraft Vehicle | 卫星 |

| SVO | Satellite Vehicle Officer | 卫星平台管理员 |
| TAI | International Atomic Time | 国际原子时 |
| TBD | To Be Determined | 待确定的 |
| TC | Telecommand | 遥控 |
| TCP | Transmission Control Protocol | 传输控制协议 |
| TCS | Thermal Control System | 热控制(子)系统 |
| TDB | Barycentric Dynamical Time | 质心动力学时 |
| TDOP | Time Dilution of Precision | 时间精度衰减因子 |
| TDRS | Tracking and Data Relay Satellite | 跟踪与数据中继卫星 |
| TEC | Total Electron Content | 电子总含量 |
| TECU | Total Electron Content Unit | 电子总含量单位 |
| TEME | True Equator Mean Equinox | 真赤道平春分点 |
| TLE | Two Line Elements | 两行轨道根数 |
| TM | Telemetry | 遥测 |
| TO | Terminal Objective | 终端目标 |
| TOA | Time of Arrival | 到达时间 |
| TT | Terrestrial Time | 地球时 |
| TT&C | Telemetry, Track and Command | 遥测、跟踪和指挥 |
| TTCF | Telemetry, Tracking and Commanding Facility | 遥测、跟踪和指挥设施 |
| TWSTT | Two Way Satellite Time Transfer | 卫星双向时间传递 |
| UEE | User Equipment Error | 用户设备误差 |
| UERE | User Equivalent Range Error | 用户等效测距误差 |
| UHF | Ultra High Frequency | 特高频 |
| ULS | Up-Link Local Station | 上行注入站 |
| UNB | University of New Brunswick | 新不伦瑞克大学 |
| UPC | Polytechnic University of Catalonia | 加泰罗尼亚理工大学 |
| UPSIM | User Platform Simulation | 用户平台仿真 |
| URE | User Range Error | 用户测距误差 |
| USNO | United States Naval Observatory | 美国海军天文台 |
| UT | Universal Time | 世界时 |
| UTC | Coordinated Universal Time | 协调世界时 |

| VDOP | Vertical Dilution of Precision | 垂直精度衰减因子 |
| VME | VERSA Module Eurocard | VERSA（公司）模块化欧罗卡 |
| VMF | Vienna Mapping Function | 维也纳映射函数 |
| VTEC | Vertical Total Electron Content | 垂直电子总含量 |
| WAAS | Wide Area Augmentation System | 广域增强系统 |
| WF | White Frequency | 频率白噪声 |
| WGS | World Geodetic System | 世界大地坐标系 |
| WP | White Phase | 相位白噪声 |
| XML | Extensive Makeup Language | 可扩展标示语言 |
| ZTD | Zenith Total Delay | （对流层）天顶总延迟 |